iblu pagine di scienza

T0222424

A Ruben e Gioele,
le mie creature
mooolto reali!

Francesco Alinovi

GAME START!

Strumenti per comprendere
i videogiochi

 Springer

Francesco Alinovi
Nuova Accademia di Belle Arti, Milano

Collana *i blu - pagine di scienza* ideata e curata da Marina Forlizzi

ISBN 978-88-470-1955-3   ISBN 978-88-470-1956-0 (eBook)
DOI 10.1007/978-88-470-1956-0

© Springer-Verlag Italia 2011

MISTO
Carta da fonti gestite
in maniera responsabile
FSC® C007287

Questo libro è stampato su carta FSC amica delle foreste. Il logo FSC identifica prodotti che contengono carta proveniente da foreste gestite secondo i rigorosi standard ambientali, economici e sociali definiti dal Forest Stewardship Council

Coordinamento editoriale: Pierpaolo Riva
Layout copertina: Valentina Greco, Milano
Progetto grafico e impaginazione: Valentina Greco, Milano
Stampa: GECA Industrie Grafiche, Cesano Boscone (MI)

Springer-Verlag Italia S.r.l., via Decembrio 28, I-20137 Milano
Springer-Verlag fa parte di Springer Science+Business Media (www.springer.com)

Indice

Introduzione

Chi sa fare fa, chi non sa fare insegna.
Friedrich Wilhelm Nietzsche

Appunti per aspiranti videogiocatori

Imparare a giocare

I videogiochi nascono da un semplice desiderio: poter manipolare le immagini che compaiono sullo schermo televisivo. Prendiamo il giro alla larga: grazie alla fotografia è stato possibile riprodurre fedelmente la realtà e con il cinema è stato possibile catturare anche il movimento; la TV ha fatto poi in modo che l'esperienza cinematografica venisse trasportata tra le pareti domestiche. A quel punto, c'era bisogno di un'altra innovazione, di quelle radicali. Perché, quando si guarda un film o qualsiasi altro programma alla TV, l'unica possibilità di scelta è di cambiare canale. Ma cosa accadrebbe se gli spettatori potessero modificare quella scena, se potessero fare in modo che il protagonista si comportasse in maniera diversa ogni volta che ripete quella stessa sequenza? Questo è proprio ciò che accade nei videogiochi. Possiamo essere piloti, calciatori, imperatori di galassie, soldati speciali, pallavoliste, detective, condottieri e chi più ne ha più ne metta. Il bello dei videogiochi è l'avere a disposizione un mondo intero, con le sue leggi e le sue regole fisiche: un micro-universo in cui il giocatore può agire come più gli piace. I videogiochi offrono storie che non sono ancora state scritte, storie che il giocatore può cambiare in ogni passaggio, che conducono a finali diversi, che non finiscono mai. Quando si legge un libro o si guarda un film è possibile andare avanti e indietro, ma gli eventi non cambiano, restano impressi sulla carta o sulla pellicola così come li ha pensati l'autore. In un videogioco, invece, l'intervento del giocatore è fondamentale: è il giocatore che decide cosa fare in qualsiasi momento, dove andare, con chi o cosa interagire. E come per i libri e per i film, ci sono giochi d'azione, d'avventura, storici, comici, horror e di fantascienza; giochi che fanno riflettere, che fanno tremare, che fanno sudare. La cosa più interessante è che nel fare questo si può anche non essere soli: tutti i giochi sono più divertenti in compagnia e grazie a Internet, tramite un cavo di collegamento, quando non addirittura sullo stesso televisore, è possibile giocare insieme con gli altri: uno, tre, sette, cento, tremila amici. Videogiocare permette fin da subito di entrare a far parte di una complessa rete di comunicazione: tramite il gioco si scatena lo spirito agonistico, si creano alleanze e amicizie e si condivide uno stesso codice, in pratica si diventa parte di una grande comunità.

Ma come si fa a giocare? I metodi sono davvero tanti: si può giocare usando un computer, magari equipaggiato con un'apposita scheda grafica, oppure collegando una console al televisore o ancora su un dispositivo portatile come il proprio telefono cellulare. L'importante è non lasciarsi scoraggiare perché i videogiochi sono concepiti apposta per favorire l'apprendimento: si sbaglia una volta e si riprova, fino a quando non si riesce a superare un determinato ostacolo e poi, quando ci si sente padroni della situazione, si può correre a sfidare gli altri giocatori. Nessun'altra forma d'intrattenimento è in grado di adattarsi in maniera così duttile alle proprie esigenze di divertimento. La sfida è troppo complicata? Si può abbassare il livello di difficoltà! Siamo diventati veri campioni? Possiamo passare a una modalità di gioco più impegnativa. Il videogioco è un'attività democratica, che non ha barriere d'età e di condizione fisica, in cui tutti hanno la possibilità, se non di eccellere, per lo meno di sentirsi gratificati dall'interazione stessa.

Non bisogna necessariamente dare retta a chi dice che i videogiochi fanno solo male, perché probabilmente non sa di cosa parla. Di certo, come strumenti per il consumo euforico del tempo libero, distolgono l'attenzione da attività più produttive. In realtà non è sempre tempo "sprecato". Uno studio pubblicato nel 2010 dall'Università di Rochester ha dimostrato, per esempio, come i videogiochi d'azione migliorino le capacità decisionali, permettendo di risolvere i problemi (anche quelli della vita reale) in modo rapido e accurato. Inoltre, giocare fa bene al morale, gratificando per le sfide superate; permette di tenere in allenamento la memoria e di sviluppare una più veloce coordinazione tra quello che si vede e la risposta che si fornisce. Quando si gioca, non ci si limita a guardare e sentire, ma è richiesto anche di interagire, e l'interazione chiama in causa un altro senso fondamentale, il tatto. Grazie a sistemi di controllo come mouse, joystick, pad ma anche volanti e pedaliere, è possibile ricreare ogni genere d'azione. Tecnicamente viene chiamata "amplificazione dell'input", detta in parole molto più semplici significa che la lieve pressione di un pulsante permette di eseguire un'acrobazia che neanche in dieci anni di duro allenamento riusciremmo mai a compiere, oppure di muovere un intero esercito all'attacco, o di costruire un grattacielo, o di distruggere una nave spaziale.

I videogiochi non si limitano però a richiedere solo una reazione veloce, molto spesso c'è da vedersela con enigmi di natura logica e matematica, con la gestione di uomini e risorse scarse (siano queste boschi, attrazioni turistiche o punti bonus) o con la necessità di imparare un sistema di controllo complesso, magari come quello di un aereo militare o di un treno della metropolitana di Tokyo. La nostra mente è strutturata appositamente per fare inferenze, mettere in evidenza le ricorrenze e stabilire delle relazioni per costruire percorsi di senso, ovvero apprendere: attività che il videogioco consente di esercitare in maniera chiara, univoca e gratificante, presentando in maniera interessante ai suoi utenti tutti i presupposti per aderire correttamente alle regole che sottendono i vari mondi virtuali.

Ed è proprio nella costruzione e nella manipolazione di questi mondi che i videogiochi rappresentano la frangia più evoluta della rivoluzione, non solo tecnologica ma soprattutto culturale, portata dal computer e dalla distribuzione digitale delle informazioni: sono lo stato dell'arte a livello di ingegneria (tanto hardware quanto software) e, sempre più spesso, mostrano un livello di creatività che non trova paragoni negli altri mezzi espressivi e di intrattenimento.

Per tutti questi motivi (senza contare il fatto che l'industria dei videogiochi continua a essere una delle più dinamiche sul mercato, in barba alla crisi economica) non è più possibile trascurare la portata di questo fenomeno.

Next Generation

Per quanto riguarda l'autore di questo libro, ci tengo a sgombrare il campo da ogni dubbio: avrei tanto voluto fare il game designer, ma non ci sono riuscito; un po' perché non ho avuto il coraggio di lasciare l'Italia, e un po' perché ho trovato subito altro da fare a tempo pieno. E questo è più o meno l'iter seguito dalla maggior parte degli aspiranti al ruolo che hanno avuto i natali in questa splendida penisola. Diciamocelo onestamente: il mercato italiano è ai margini della scena internazionale, per tutta una serie di motivi. Innanzitutto perché il giro d'affari non è paragonabile a quello di nazioni come Giappone, USA, Regno Unito o Germania (ma anche l'Olanda ha un business che è il doppio del nostro con la metà degli abitanti), rendendo di fatto poco invitante l'insediamento dei colossi esteri e, allo stesso tempo, penalizzando l'emergere di team di sviluppo autoctoni, che prima di rivolgersi al mondo intero dovrebbero almeno avere la possibilità di farsi le ossa in casa. In secondo luogo, fatta eccezione per alcuni rari esempi, non esistono percorsi formativi adeguati e, per il discorso di cui sopra, le opportunità per imparare il mestiere sono affidate unicamente alla buona volontà del candidato. Per questo, chi è riuscito a compiere il passo l'ha fatto da solo e poi è emigrato all'estero.

Tuttavia questa era la situazione di una generazione che ha visto arrivare e affermarsi una tecnologia che le generazioni precedenti non erano preparate a ricevere. Chi si affaccia ora al mondo del lavoro o agli studi superiori è nato in un contesto completamente differente, cullato dalle suonerie dei telefoni cellulari, con l'iPod sempre in tasca, e una connessione a banda larga disponibile tutti i giorni a tutte le ore: da quando è venuto al mondo convive con videogiochi di diverse forme e su differenti formati, la sua mente è già predisposta per fruire questo genere di contenuti. La speranza del sottoscritto è proprio quella che i nativi digitali riescano a trovare in questo libro – uno strumento anacronistico e profondamente analogico – uno stimolo per non perdersi d'animo ma dare il via a un nuovo Rinascimento interattivo. Come docente, ogni anno mi trovo di fronte classi sempre più motivate e interessate all'argomento e questa, già di per sé, è una ragione più che valida per rallegrarmi del non essere espatriato.

Al di là di specifiche aspirazioni professionali, avere la possibilità di sondare e analizzare le fondamenta di un linguaggio così complesso e costantemente in evoluzione come quello dei videogiochi permette di individuare soluzioni peculiari che possono essere poi adattate a progetti di design in altri settori.
E se le informazioni contenute in queste pagine non dovessero servire per lo sviluppo delle proprie aspirazioni professionali, riuscire a decifrare la natura intrinseca del mezzo consente in ogni caso di diventare dei giocatori migliori: i manuali di istruzioni, infatti, non spiegano tutte le regole di un gioco e le guide passo per passo dicono solo cosa compiere e non perché. Per imparare a decodificare correttamente un gioco nella sua interezza occorre entrare nella testa di chi ha concepito l'ossatura del progetto. Lo scopo di questi appunti, raccolti in anni di intensissime sessioni di prova (che ancora non ho finito di giustificare alle persone che mi vivono accanto), è proprio quello di cercare di individuare le basi su cui si fonda un buon *concept* di game design: tutti siamo in grado di distinguere un gioco bello da uno brutto, ma non sempre riusciamo a spiegare il perché.

Com'è strutturato il libro

Questo volume raccoglie riflessioni e appunti maturati in oltre dieci anni di analisi del settore da professionista, sia in ambito editoriale sia come docente di Game Design in uno dei primi corsi accademici istituiti in Italia. L'obiettivo principale è stato quello di riuscire a far convergere in un'unica opera una mole di materiali piuttosto eterogenea: dossier, saggi, recensioni, editoriali, interviste, post di blog, chat, presentazioni in Power Point. Dato che gran parte dei concetti esposti è stata metabolizzata e rielaborata in forme così diverse nel corso degli anni, ho necessariamente dovuto rinunciare a un'accurata ricerca e citazione delle fonti, sia esterne sia "interne". Tuttavia in fondo al libro si trova una bibliografia essenziale con i testi principali consultati in questi anni e gran parte dei dati e delle informazioni è stata verificata nell'estate del 2010 incrociando numerose fonti digitali online.
Lo sforzo di rendere quanto più organico questo materiale facilita la lettura lineare ma non è escluso che si possa saltare da una sezione all'altra a seconda dell'interesse per i temi trattati. Il volume è infatti suddiviso in cinque parti:

- La prima parte, "Conoscere il videogioco", presenta le tappe evolutive fondamentali che hanno portato all'affermazione di questa tecnologia per l'intrattenimento: ripercorreremo la storia del videogioco dalle origini ai giorni nostri, con il commento delle scelte di design più importanti, sia a livello di dispositivi sia in termini di approcci ludici.

- "La matrice tecnologica" prende in esame la componente hardware/software, soffermandosi sui concetti di interfaccia grafica e simulacralità, analizzando lo sviluppo dei dispositivi meccanici/elettronici (sistemi di controllo e di memorizzazione), per arrivare a definire i vari generi di gioco.

- "Gioco e intrattenimento" parte dagli studi classici sul gioco per arrivare a delineare il valore umanistico delle opere interattive, fino a presentare i mattoni fondamentali del game design, dalla definizione delle regole alle meccaniche di gioco.

- "Costruire il contesto" presenta invece il videogioco in termini di opera narrativa, mettendo in evidenza le fondamentali differenze rispetto alla linearità delle storie classiche e definendo le linee guida per lo sviluppo di una narrazione interattiva in termini di Character e Level design.

- L'ultima sezione, "L'industria del videogioco", offre una panoramica sull'organizzazione del lavoro, le competenze richieste e i principali attori sul mercato.

A chi si rivolge

Il presente volume è stato concepito innanzitutto come strumento didattico, come manuale di riferimento per i miei corsi teorici sull'argomento. Chiaramente il mio auspicio è che anche il semplice curioso possa trovarla una lettura agevole dato che i toni non sono mai troppo accademici.

Il secondo obiettivo è stato quello di creare un testo di riferimento per i professionisti (programmatori, grafici, autori) che operano nel campo della comunicazione e delle nuove tecnologie e che vedono nella sempre maggiore interattività offerta dai nuovi gadget hi-tech una modalità molto efficace per la trasmissione dei propri contenuti. Sia che si tratti di applicazioni per iPad o di strumenti ludici per l'apprendimento scolastico, non esistono opere di riferimento sull'argomento: il gioco presenta delle peculiarità a livello di progettazione che non si riscontrano nella produzione di un audiovisivo né tanto meno nella redazione di un testo scritto. Ecco perché serve un manuale che consenta di approcciarsi alla materia in modo nuovo, capendo quali sono le sfide uniche da affrontare nell'implementazione di una struttura ludica/interattiva. Esistono sul mercato anglosassone diverse opere tecniche, scritte da game designer per condividere con aspiranti professionisti i propri commenti sulla materia. Lo sforzo compiuto in questo volume è stato quello di raccogliere e reinterpretare quanti più approcci possibili, in modo da offrire una panoramica completa, arricchita da qualche spunto culturale; la speranza è che si possa avviare la riflessione sul potenziale offerto dal videogioco come forma di comunicazione per la trasmissione di determinati valori e non solo come strumento per il consumo del tempo libero. Proprio per questo motivo mi auguro che, in ultima analisi, dalla consultazione di questo volume, anche gli studiosi di comunicazione possano trovare validi stimoli per lo sviluppo del dibattito. A tutti indistintamente auguro comunque una buona lettura.

Ringraziamenti

Questo volume raccoglie più di dieci anni di appunti sull'argomento: riuscire a ringraziare singolarmente tutte le persone che hanno contribuito a stuzzicare la vena creativa (amici, parenti, studenti, colleghi e il pubblico delle testate con cui ho collaborato) è un'impresa che, già in partenza, ho reputato destinata al fallimento. Per questo motivo, ringrazio tutti di cuore, senza fare distinzioni. Grazie!

Non posso invece esimermi dal menzionare chi ha contribuito a rendere questo progetto un prodotto "fisico" vero e proprio. Grazie innanzitutto a Giorgio Donegani, che mi ha aperto la strada e, subito dopo, a Marina Forlizzi, che ha accolto con entusiasmo l'idea. Ringrazio Pierpaolo Riva per la pazienza dimostrata in fase di revisione bozze e poi Lorenzo Antonelli, Simone Soletta e Luca Papale, che si sono presi la briga di fornirmi i loro riscontri sul manoscritto, evitandomi qualche brutta figura di troppo.

Il grazie più sentito (che in realtà è una richiesta di perdono) va a mia moglie Silvia e ai nostri figli Gioele e Ruben, per aver sopportato che passassi anche tutti i fine settimana davanti al monitor del PC.

L'ultimo ringraziamento speciale è per te, caro lettore, che sei arrivato a leggere anche queste righe. Nel caso volessi condividere le tue opinioni su questa materia, ti invito a visitare il sito www.videogamedesign.it. A presto!

Conoscere il videogioco

Noi scandagliamo la struttura della materia con la massima precisione, sperando di scoprirvi l'unità e la semplicità di un mondo che a prima vista sorprende per la sua diversità e complessità. Quanto più la nostra ricerca si approfondisce, tanto più ci confondono la semplicità, l'universalità e la bellezza delle leggi della natura.

Carlo Rubbia

Cos'è il videogioco

Terminologia

Il primo passo da compiere è quello di individuare l'oggetto di indagine. Può sembrare un'operazione triviale ma, in effetti, non esiste una definizione univoca: chiunque si sia avvicinato allo studio dei videogiochi ha provato a inquadrarli a proprio modo, dando poi vita a una particolare scuola di pensiero. I videogiochi rappresentano infatti un settore così eterogeneo dell'intrattenimento che riuscire a organizzare una tassonomia sintetica ed esauriente al tempo stesso è una contraddizione in termini. Nella dizione anglosassone, per esempio, si tende a tenere distinti "videogame" e "computer game" e, per quanto in italiano si preferisca risparmiare, facendo ricorso al solo "videogioco" (esteso per metonimia dal solo software – accezione propria - al sistema hardware e software insieme), il termine ha un uso così generico da prestarsi a interpretazioni fin troppo devianti (come, per esempio, i micidiali videopoker che ogni tanto vivacizzano le pagine di cronaca nera).

Secondo gli studiosi più "seri", possiamo superare questa impasse linguistica dotandoci di uno strumento descrittivo efficace e flessibile ricorrendo al termine anglosassone "interactive electronic entertainment", che possiamo agevolmente tradurre come "intrattenimento elettronico interattivo". Sotto la voce "intrattenimento" possiamo fare rientrare tutte le tradizionali forme di fruizione di beni e servizi a scopo di svago, come le rappresentazioni teatrali, gli spettacoli sportivi, le proiezioni cinematografiche, i concerti musicali, i parchi a tema, ma anche la lettura, la televisione e la radio.

"Elettronico", invece, riguarda solo le tecnologie di supporto e non contempla i contenuti: l'elettronica, infatti, è una scienza applicata, rivolta allo sviluppo delle tecniche per la raccolta, la trasmissione a distanza, l'elaborazione e l'utilizzazione dell'informazione. Compito delle tecniche elettroniche è di amplificare il segnale, di portarlo cioè a un livello energetico tale da non essere più corrotto dal rumore. Nel 1950, l'introduzione del transistor, un dispositivo capace di controllare il flusso degli elettroni della materia allo stato solido, ha rivoluzionato tali tecniche. Sfruttando come materiale di base cristalli semiconduttori di silicio, è diventato possibile costruire dispositivi attivi e passivi dalle dimensioni microscopiche che possono essere associati a migliaia su un'unica piastrina. Tutto ciò ha portato alla diffusione di quelle apparecchiature che vanno sotto il nome di elettronica di consumo (dagli hi-fi ai computer, dagli apparecchi radiotelevisivi alla telefonia) e, più in generale, ha favorito l'affermazione della tecnologia digitale, che permette la trasmissione dell'informazione sotto forma di stringhe di bit (serie numeriche di 1 e 0 che codificano lo stato acceso/spento di un circuito elettrico).

L'aggettivo "interattivo" risale alle prime ricerche riguardanti le interfacce uomo-macchina. L'interattività è pensata come la possibilità che più utenti possano condividere uno stesso computer (negli anni '50 una risorsa molto costosa e "monolitica"). Si sovrappone quindi alla definizione di "time sharing". In generale, possiamo considerare interattivo qualsiasi processo di scambio comunicativo caratterizzato da feedback bidirezionale, tale definizione può quindi applicarsi anche a categorie distanti dal videogioco e dalla fruizione di software computerizzato. La zona di intersezione fra i tre insiemi semantici delineati coincide con la definizione di intrattenimento elettronico interattivo, così riassumibile: l'insieme delle forme di intrattenimento basate sull'uso della tecnologia digitale e caratterizzate da una comunicazione attiva, pluridirezionale e in tempo reale.

Volendo rendere le cose più semplici, possiamo farci andare bene anche l'amato termine "videogioco". Scomponendo la parola, difatti, riusciamo a individuare le due anime che caratterizzano il mezzo, ovvero quella tecnologica (la parte hardware), rappresentata dal prefisso "video-" e quella legata alla componente emotiva e di intrattenimento (relativa all'esecuzione del software), ovvero il suffisso "-gioco". Da una parte la macchina e dall'altra l'uomo.

VIDEO + GIOCO

- **Tecnologie screen based:**
  - Impianto A/V
  - Sistema di controllo
  - CPU/magazzino dati

- **Flusso di informazioni:**
  - Esperienza ludica
  - Micro-universo di regole e modelli fisico/dinamici propri
  - Intrattenimento

HARDWARE | SOFTWARE

I quattro volti della macchina

Cominciamo esaminando grossolanamente la "macchina". Per poter essere fruito, un videogioco ha bisogno infatti di una tecnologia di supporto, che comprende almeno quattro componenti: un impianto audio/video per consentire la rappresentazione, un sistema di controllo per garantire l'interazione, un processore interno per elaborare i dati e un dispositivo per immagazzinarli (in alcuni casi questi due componenti possono essere integrati). Mentre il cuore computazionale rimane per lo più nascosto all'utente, la zona comandi insieme allo schermo costituisce la sede dell'interfaccia, ovvero il punto di dialogo tra la macchina e l'uomo. In base alla disposizione di tali apparati siamo in grado di distinguere quattro diverse configurazioni, contraddistinte da una determinata ubicazione e da precise regole di accesso.

Coin-op

La prima manifestazione di intrattenimento elettronico interattivo capace di catalizzare l'interesse dell'opinione pubblica è quella dei cabinati da sala, conosciuti come coin-op[erated] (che devono il nome alla necessità di inserire un gettone, "coin", per poter essere giocati). L'ubicazione è di natura pubblica e, per attirare i potenziali utenti, la caratteristica peculiare è data dalla sagoma dei vari cabinati, studiata per combinarsi efficacemente con l'impianto audiovisivo, in modo da offrire un elevato coinvolgimento sensoriale, il cui fine è ovviamente quello di indurre gli avventori a pagare – spesso d'impulso – la cifra necessaria per una o più partite (della durata media che varia dai due ai dieci minuti). La logica che sottende le manifestazioni ludiche della sala giochi è di tipo cronologico/finanziaria, improntata a una strategia comunicativa che impone una temporalità di fruizione a senso unico, evidenziata dalla stessa modalità d'impiego: solitamente in piedi, circondati da altri giocatori in attesa del proprio turno. Dopo i giochi "infiniti" degli albori (Space Invaders, Pac-Man), nella seconda metà degli anni '80 i produttori di coin-op, pur offrendo cabinati dalla tecnologia più avanzata, hanno cominciato a inserire schermate e filmati di congratulazioni, attivati in seguito al superamento di un determinato numero di livelli, proprio per interrompere definitivamente l'interazione e consentire a un nuovo utente di prendere il posto di quello precedente – o allo stesso di sganciare altre monete per migliorare la propria prestazione. Mentre le sale gioco si sono quasi estinte in occidente, il mercato giapponese continua a manifestare grande interesse nei confronti di questa tecnologia grazie, soprattutto, alla possibilità di poter sfidare altri avversari umani trasferendo nel cabinato i dati di gioco ottenuti con le versioni domestiche del prodotto.

Console

La console nasce per portare l'intrattenimento videoludico della sala giochi tra le pareti di casa, in quello che, di solito, viene considerato il centro nevralgico dell'abitazione, il soggiorno. Si accede alla console come al lettore DVD, collegandola al televisore, scegliendo il titolo che si vuole giocare e sedendo in poltrona con il joypad/telecomando in mano. La distanza dallo schermo televisivo (nell'ordine del metro e oltre) spinge fin da subito alla realizzazione di giochi caratterizzati dalla velocità d'azione, capaci di coinvolgere tramite il movimento piuttosto che la ricerca del particolare. Non è un caso che i titoli più venduti per questo formato siano generalmente le riproduzioni di sport come il calcio o la Formula 1, oppure abbiano per protagonisti personaggi fortemente caratterizzati come il baffuto Mario. Queste considerazioni continuano a essere valide anche con l'arrivo dell'alta definizione, dato proprio il metodo di fruizione della console, che vede l'utente fuso con il divano o la poltrona grazie al controller senza fili. Wii di Nintendo e Kinect di Microsoft rappresentano una nuova casistica, così come le periferiche per interagire con i giochi musicali, ma il discorso verrà approfondito in un secondo momento (cfr. pag. 108).

Computer

In genere isolato dalle frenesie della vita familiare, il computer si distingue nettamente dalla console per quanto concerne l'impiego ludico: mentre lo stesso computer che viene utilizzato per i videogiochi può rivelarsi anche uno strumento di lavoro, l'uso di televisore e console viene relegato unicamente alla sfera del tempo libero. Una seconda differenza riguarda l'accessibilità ai mezzi: l'utente del computer è solitamente più consapevole dell'aspetto tecnologico rispetto all'utente console, questo perché l'impiego del computer richiede competenze specifiche che devono essere apprese e costantemente aggiornate. Nonostante i sistemi operativi odierni consentano una maggiore facilità di accesso, i giochi per PC, quando non direttamente giocabili online, richiedono almeno l'installazione e la configurazione di svariate opzioni per ottenere la configurazione ottimale. In terzo luogo, la maggiore definizione dell'immagine del monitor offre la possibilità di soffermarsi sui particolari, che possono essere apprezzati anche nella loro staticità (ciò è reso possibile dal fatto che la distanza dall'apparato di visualizzazione varia mediamente tra i 10 e i 50 cm). Aggiungiamo che dispositivi di controllo come mouse e tastiera necessitano di una base d'appoggio (richiedendo quindi una postura ottimale con la schiena dritta per poter interagire correttamente) e tutto ciò si rivelerà particolarmente indicato per l'offerta di titoli di maggiore spessore, caratterizzati dal taglio riflessivo e dall'interazione più rarefatta, come Giochi di Ruolo, giochi di

Strategia in tempo reale e avventure grafiche (che richiedono di osservare attentamente lo schermo per trovare indizi nascosti nello scenario di gioco).

Handheld (palmari)

Per ultimo arriva l'handheld, letteralmente "tenuto in mano". Si tratta di una vera e propria console palmare: lo schermo è incorporato nella stessa struttura portatile che contempla il sistema di controllo, l'alloggiamento per le batterie ed eventualmente il vano per sostituire i supporti software. Storicamente gli handheld hanno costituito un mercato a parte, più vicino a quello dei giocattoli che a quello dell'informatica; tuttavia, lo sviluppo di dispositivi cellulari sempre più complessi, in grado di elaborare mondi poligonali oltre a comporre chiamate telefoniche, ha consentito l'emergere di un nuovo segmento di mercato che, tramite il digital delivery (ovvero la distribuzione di opere e servizi tramite canali digitali), si è prepotentemente insidiato a fianco di quello tradizionale per la fruizione di contenuti interattivi.

In entrambi i casi, sia che si tratti prodotti per console prettamente dedicate sia che si parli di software per telefoni cellulari, si ha a che fare con modalità di intrattenimento per lo più destinate a utenti occasionali e meno smaliziati, con contenuti che offrono un diversivo nei momenti di pausa o di attesa (per esempio, all'interno di una coda o durante un viaggio di trasferimento). L'utilizzo frammentato e generalmente di breve durata influisce direttamente sulla struttura di gioco, che deve essere necessariamente semplificata.

Preistoria

Palle quadrate

Per comprendere meglio l'evoluzione di questa tecnologia in relazione allo sviluppo dei contenuti, diventa necessario ripercorrere le tappe di affermazione più significative, cominciando proprio dall'idea stessa di videogioco. Ma indicare un "chi" e un "quando" non è un'operazione così triviale come si potrebbe inizialmente ritenere. Difatti, se è vero che la storia del settore videoludico inizia ufficialmente nel 1972, anno in cui il videogioco comincia ad assumere una certa rilevanza economica, al contrario, le origini di quella che potremmo definire la "preistoria" del genere, non hanno mai trovato un'unica, condivisa ricostruzione, nonostante l'ampia documentazione. A spingersi più indietro nel tempo è stato Benjamin Wolley (1992), che risale addirittura al 1949. In quell'anno, un gruppo di ricercatori che partecipavano al Progetto Whirlwind (lanciato nel 1944 da Jay W. Forrester del MIT, su richiesta della Marina degli Stati Uniti) si dedicò all'esplorazione di caratteristiche che non avrebbero dovuto fare parte del piano originario - che si sarebbe dovuto limitare alla costruzione di un analizzatore di controllo di stabilità per velivoli. Giocherellando con gli schermi degli oscilloscopi utilizzati per visualizzare le informazioni del sistema, i ricercatori notarono come, fornendo istruzioni adeguate al computer, fosse possibile manipolare le forme d'onda prodotte dall'apparecchio. Crearono un gioco in cui un punto tracciava la traiettoria dei vari rimbalzi di un'ipotetica palla: variando l'input, ovvero l'altezza dalla quale la palla veniva lasciata cadere, la palla stessa spariva in una sorta di "buco nel pavimento". Si trattava di una dimostrazione abbastanza eloquente di come un computer potesse venire impiegato per riprodurre le dinamiche di un vero gioco con la palla senza usare nient'altro che la matematica pura. Scrive Wolley: "Questo risultato venne rivendicato come primo esempio di 'controllo interattivo uomo-macchina del display', e anche come primo videogioco computerizzato" (Wooley, 1993, p. 72).

Una schiera più nutrita di sostenitori ritiene invece che il primo videogioco risalga al 1958 e sia opera di Willy Higinbotham, fisico nucleare al Brookhaven National Laboratory di Upton, nello stato di New York. Per intrattenere le scolaresche in visita al laboratorio, Higinbotham pensò di collegare un oscilloscopio a due potenziometri e di sviluppare ulteriormente il concetto della palla rimbalzante. Nacque così la prima rudimentale simulazione tennistica. Facendosi aiutare dal collega David Potter, Higinbotham ricreò su uno schermo circolare da cinque pollici il movimento di una pallina da tennis; una linea verticale posizionata al centro dell'oscilloscopio fungeva da rete: ricorrendo ai potenziometri era possibile variare l'angolazione del tiro e, premendo un pulsante, la pallina veniva respinta dalla parte opposta dello schermo. Interamente sviluppata su un computer analogico (funzionante cioè sul principio di voltaggi variabili piuttosto che su quello di impulsi on/off per l'elaborazione dell'informazione) la creazione di Higinbotham venne battezzata *Tennis for Two*, ma l'autore non pensò mai di brevettarla personalmente, ritenendola un'idea troppo banale. Se ciò fosse accaduto, il Governo degli USA sarebbe stato l'unico depositario del brevetto e chiunque avesse voluto in seguito sviluppare una variante di *Tennis for Two* avrebbe dovuto prima ottenere una licenza governativa!

Guerra Spaziale

Era il 1962 quando un gruppo di universitari del Massachusset Institute of Technology capitanati da Steve Russell diede vita a *Spacewar!* Si trattava di un complesso duello fra due astronavi, sviluppato tanto per diletto quanto per dimostrare le potenzialità del costoso (120.000$) e ingombrante PDP-1 (Programmed Data Processor-1), il primo "mini-computer" (grande come una scrivania e non una stanza intera) della Digital Equipment Corporation, donato di recente all'Istituto.

Il gioco base venne svelato in una giornata di febbraio: sul monitor erano presenti due astronavi, una dalla forma snella e allungata, l'altra a forma di sigaro con una protuberanza centrale, ciascuna dotata di trentuno proiettili. Quattro interruttori posti sul quadro comandi del PDP-1 consentivano l'accelerazione, il lancio dei proiettili e la virata in senso orario e antiorario.

Il successo fu clamoroso – gli studenti facevano lunghe code per una sfida, e l'accessibilità al codice sorgente permetteva a chiunque di apportare le proprie migliorie: Peter Samson riprodusse un'accurata mappa stellare in grado di scorrere in tutte le direzioni; Dan Edwards aggiunse un sole al centro dello schermo che, dotato di gravità, attirava le astronavi e deviava la traiettoria dei proiettili; Shag Garetz inserì la possibilità di effettuare tre salti nell'iperspazio a partita per scappare dalle situazioni più pericolose; altri due amici di Russell, Kotok e Saunders, utilizzarono gli scarti abbandonati in uno sgabuzzino da appassionati di trenini elettrici per costruire il primo joystick, dotato di leva e tre pulsanti (accelerare, sparare, saltare nell'iperspazio).

In breve tempo il gioco di Russel cominciò a diffondersi in tutte le università degli Stati Uniti: la stessa Digital Equipment Corporation pensò di inserire il programma nella memoria dell'elaboratore per mostrarne le potenzialità ai clienti. Sebbene la fama di *Spacewar!* fosse riuscita a valicare le mura accademiche, la complessità dei comandi, ma soprattutto l'esorbitante costo dell'hardware necessario per far girare il programma, non ne consentirono la diffusione di massa. *Spacewar!* arrivò comunque in un laboratorio dell'Università dello Utah, dove un certo Nolan Bushnell era studente di ingegneria. Folgorato dal gioco di Russel, costui cominciò fin da subito a pensare al modo più efficace per convertire quell'idea anarchica (usare un costosissimo computer come piattaforma da gioco) in una macchina per produrre soldi.

Laureatosi nel 1968, Bushnell si trasferì in California e venne assunto dalla Ampex. Trasformata in laboratorio la camera da letto, Bushnell se ne servì per costruire una versione semplificata di *Spacewar!*, ribattezzata *Computer Space*, composta da circuiti integrati connessi a un televisore in bianco e nero da diciannove pollici. L'intraprendente Bushnell era convinto che, non richiedendo tutti i componenti di un computer da laboratorio, la sua creazione avrebbe potuto essere facilmente realizzata a basso costo. Nella speranza di riuscire a mettere in produzione la propria macchina, Bushnell lasciò la Ampex per la Nutting Associates, una minuscola azienda che produceva flipper. Nonostante il design avveniristico del cabinato (o forse proprio a causa del suo arrivo in anticipo rispetto ai tempi), le 1500 copie di *Computer Space* prodotte rimasero per lo più invendute, e l'allora ventisettenne ideatore si convinse che la colpa era da imputare unicamente alla difficoltà dei comandi. Senza darsi per vinto, decise di mettersi in proprio. Riuscì a coinvolgere l'amico e collega Ted Dabney e, con un capitale di 500 dollari (250 a socio), fondò la Syzygy. Purtroppo il nome era già stato registrato da un'altra ditta e così Bushnell optò per Atari, un termine giapponese che nel gioco del Go indica l'equivalente di mettere sotto scacco il re avversario.

Tra le pareti di casa

Nel frattempo Ralph Baer, capo ingegnere alla Sanders Associates (che produceva attrezzature elettroniche per l'esercito), continuava a rimuginare su una banale intuizione: negli Stati Uniti 62 milioni di persone possedevano un televisore; se ciascuna di esse fosse stata disposta a collegare qualcosa al proprio apparecchio (per esempio un gioco), anche solo per un dollaro, si sarebbero potuti fare notevoli guadagni. Di fatto Baer aveva ipotizzato i videogiochi domestici. L'unico imprenditore abbastanza lungimirante da dargli ascolto fu

Jerry Martin della Magnavox, la divisione americana della Philips. Dopo lunghe tribolazioni, il 27 gennaio 1972 venne immessa sul mercato la prima console della storia, l'Odissey (il cui progetto risaliva già al 1966) che, collegata a un televisore (sul cui schermo dovevano venire preventivamente applicate pellicole adesive rappresentati lo sfondo), permetteva di giocare con una decina di varianti della palla rimbalzante. Le differenze rispetto a *Tennis For Two* riguardavano la presenza di due rettangoli respingenti e l'inquadratura dall'alto sostituita a quella laterale. Le voci dei maligni, secondo cui era possibile giocare solo con TV prodotte dalla Magnavox, e il prezzo (100$ - decisamente alla portata di pochi) ne decretarono il parziale fallimento: nonostante gli ingenti sforzi promozionali, il primo anno furono venduti solo centomila esemplari, un risultato troppo modesto se confrontato con le aspettative. In molti cominciarono a ritenere che si trattasse solo di una moda passeggera. La situazione, comunque, cominciava lentamente a fermentare.

Storia: dal boom al crash (1972-1983)

L'impero Atari: Bushnell, Pong e Apple

Alla presentazione dell'Odissey partecipò anche Nolan Bushnell, che se ne andò con il sorriso sulla faccia, sicuro di poter fare molto meglio. Convinse l'ex-collega di lavoro Allen Alcorn a lasciare la Ampex e passare all'Atari e gli chiese di programmare una versione di quel ping-pong elettronico fingendo l'interessamento di un importante committente. In realtà, il committente era interessato a un gioco di guida, e quell'esercitazione di ping-pong sarebbe servita solo per tenersi stretto Alcorn in attesa di tempi più maturi. Tuttavia, come spesso la storia insegna, è proprio dalle idee più stupide che nascono le rivoluzioni. Bushnell intuì all'improvviso il potenziale del suo raggiro ed egli stesso si occupò di fabbricare il cabinato che avrebbe dovuto materialmente contenere quel ping-pong elettronico sviluppato da Alcorn. Il gioco, nelle parole di Bushnell, era "il più semplice che si sarebbe potuto immaginare. La gente capiva subito le regole, e poteva essere giocato con una mano e basta, così che l'altra poteva stringere una birra" (cfr. Sheff, 1993, p. 135). Una palla (in realtà un quadrato luminoso) viene fatta rimbalzare da una parte all'altra dello schermo da due linee verticali, comandate tramite paddle dai giocatori. Se un giocatore non riesce a respingere la palla, questa tocca l'estremità dello schermo e il suo avversario guadagna un punto: chi arriva per primo a 15 vince (proprio il punteggio è la maggiore discriminante rispetto alla versione di Baer). Detta nelle lapidarie parole dell'unica linea di istruzioni presente: "Avoid missing ball for high score". Il nome del gioco: *Pong*, dal rumore che la palla produceva rimbalzando (e dal fatto che "Ping Pong" era già un marchio registrato).

Il 29 novembre 1972 quel curioso cabinato di legno con un televisore in bianco e nero incorporato (il design era molto più scialbo rispetto alle morbide linee di *Computer Space*) venne posto in mezzo ai flipper di una sala da biliardo di Sunnyvale, California, la Andy Capp's Tavern. Una folla di curiosi si assiepò subito davanti alla macchina. La leggenda narra che dopo due giorni Bushnell e Alcorn furono chiamati dal gestore a causa di un guasto avvenuto a poche ore dall'installazione di quel prototipo. La causa: le troppe monetine da 25 cent avevano provocato un corto circuito, strabordando dal cartone del latte usato per contenerle. Il nuovo contenitore inserito nel cabinato, dalla capienza di circa 1200 monete, ci mise una settimana a riempirsi. Facendo due conti, quel semplice, monotono gioco procurava a Bushnell 300$ la settimana, dieci volte l'incasso di un flipper. Si vendevano dieci cabinati al giorno, il massimo che il piccolo staff riuscisse a produrre. Per poter incrementare la produzione sarebbero infatti stati necessari maggiori fondi; tuttavia, le voci che l'Atari fosse collegata alla mafia e che, in alcuni casi, la gente avesse rubato i televisori dai cabinati, bastavano alle banche per declinare ogni prestito. Il fatto poi che lo stabilimento assomigliasse a una comune di hippies scoraggiava anche gli investitori più decisi. Nonostante tutto, Bushnell riuscì a convincere Don Valentine, un astuto imprenditore, e la piccola azienda cominciò a espandersi in maniera prodigiosa.

Fra i primi impiegati dell'Atari vi era il diciassettenne Steve Jobs. In cambio di partite gratuite a *Grand Trak* (il primo, rudimentale gioco di corse della storia, dotato però di un'incredibile interfaccia di controllo: volante, cambio a quattro marce – fra cui la retro, pedale del freno e dell'acceleratore), Jobs si faceva aiutare dall'amico Steve Wozniak, ingegnere alla Hewlett Packard, nella risoluzione dei problemi di circuitazione più complicati. Bushnell affidò loro la realizzazione di *Breakout*, gioco in cui un muro viene distrutto mattone per mattone dal rimbalzo della solita pallina colpita dall'altrettanto solita racchetta. Il maggiore problema di realizzazione riguardava l'elevato numero di costosi chip necessari per implementare l'idea di gioco. Jobs e Wozniac avrebbero ricevuto come bonus 100$ per ogni chip che sarebbero riusciti a eliminare. Riuscirono a guadagnarne cinquemila. Questi soldi permisero loro, nel tempo libero, di assemblare nel garage dei Jobs la scheda madre di un eventuale microcomputer. I due amici pensarono di battezzarla Apple I. Messa in mostra durante un raduno di appassionati di computer, la scheda raccolse così tanto successo da spingere Jobs alla decisione di lasciare l'Atari e fondare la propria impresa, l'Apple. Stavolta Bushnell non riuscì a fiutare l'affare e declinò la proposta di Jobs di investire sul suo computer domestico.

Frattanto l'ascesa dell'Atari pareva inarrestabile. Nel 1973 più di sei mila *Pong* erano stati venduti a 1000$ l'uno. L'anno successivo ne furono prodotti 100.000 esemplari, solo un decimo dall'Atari, il resto da ditte che avevano ottenuto la licenza dalla piccola azienda californiana. Il '74 fu anche l'anno in cui Atari mise in commercio il proprio sistema domestico, una console contenente alcune varianti di *Pong*. Questa volta il successo dei videogiochi domestici fu così grande che numerose altre imprese nel settore dell'elettronica misero in cantiere il progetto di un sistema proprietario da collegare al televisore.

Nel 1976 l'azienda di Bushnell venne acquistata da Warner per 28 milioni di dollari. Forti divergenze tra i nuovi vertici dell'azienda e il visionario imprenditore lo portarono all'allontanamento nel novembre del 1978. Il nuovo interesse di Bushnell divenne la ristorazione hi-tech: già nell'81 in tutti gli States si contavano ben 278 Chuck E. Cheese Pizza Time Theater (un curioso ibrido tra pizzeria, sala giochi e parco a tema - ancora attivo negli USA).

Nel frattempo, gli scaffali dei negozi cominciarono a riempirsi di cloni di *Pong*. Per poter sbaragliare la concorrenza, all'Atari venne progettato un nuovo sistema, questa volta a colori e dotato di suono. La console, messa in vendita nel periodo natalizio del 1977, era l'Atari VCS 2600 (acronimo di Video Computer System): dotata di 128 byte di RAM, 4Kbyte di ROM e originariamente venduta assieme a un paddle e a un joystick, permetteva l'utilizzo di cartucce di gioco intercambiabili, caratteristica che la differenziava immediatamente da tutti gli altri sistemi domestici, solitamente equipaggiati con un paio di giochi residenti in memoria. Il VCS 2600 fu supportato da un'ossessiva campagna pubblicitaria il cui slogan recitava: "Don't just watch TV. Play it!": fu così che il nuovo giocattolo televisivo cominciò a convertire in tutto il mondo milioni di adepti al culto videoludico.

Invasione spaziale

Nel 1978 un evento straordinario segnò indelebilmente l'immaginario collettivo di un'intera generazione di adolescenti: fu infatti l'anno in cui vide la luce *Space Invaders*, il coin-op della giapponese Taito. Con *Space Invaders* i videogiochi diventarono un fenomeno di costume planetario; gli altri media cominciarono a interessarsi al fenomeno e fu inaugurata l'era delle manifestazioni contro, a opera di genitori, psicologi e sociologi. Sfruttando la nuova ondata di interesse nei confronti della fantascienza, stimolata enormemente dal successo cinematografico di "Guerre Stellari", *Space Invaders* riproponeva l'epico confronto fra invasori provenienti da una lontana galassia e terrestri militarmente impreparati, armati solo di strenuo coraggio. Nel gioco i nemici alieni non finiscono mai, disposti in cinque file da undici continuano imperterriti la loro discesa verso la Terra sputando missili a raffica. Tutte le speranze dei terrestri sono riposte in una minuscola postazione di difesa che può muoversi lungo l'asse orizzontale e rispondere al fuoco nemico. Ma più nemici si fanno fuori, più questi diventano aggressivi e veloci. Eliminati tutti i mostri dallo schermo, questi ricompaiono, stavolta una linea più in basso. Non c'è via di scampo, il gioco finisce inevitabilmente con l'annientamento dell'ultima postazione a disposizione del giocatore, ma c'è ora il punteggio a differenziare il campione dal principiante. Con *Space Invaders* il videogioco acquista la dimensione narrativa: gli oggetti che compaiono sullo schermo non sono più semplici rettangoli da respingere o da evitare, come nelle scarne simulazioni sportive seguite a *Pong*, ma mostri alieni inseriti in un contesto fantascientifico.

Fu proprio la trasposizione per il mercato domestico di *Space Ivaders* il motivo che spinse alle stelle le vendite dell'Atari VCS. Dato il successo di *Space Invaders*, il filone fantascientifico diventò così uno dei più fruttuosi: nel 1979 comparì nelle sale giochi di tutto il mondo *Asteroids* di Atari. Lo scopo del gioco consisteva nel disintegrare con la propria astronave una serie di grossi meteoriti che, quando colpiti, si scindevano in parti sempre più minuscole (fino a scomparire). Gli elementi trainanti del successo sono da ricondurre alla grafica vettoriale - minimalista ma assai elegante, alla libertà di movimento in tutte le direzioni e, soprattutto, alla possibilità, concessa per la prima volta, di lasciare le proprie iniziali accanto al punteggio nella "vanity board", la tabella che riporta i punteggi più elevati e i nomi dei giocatori che li hanno ottenuti (quella di *Asteroids* fu la prima; accanto al punteggio era possibile firmarsi utilizzando tre caratteri. Nonostante la possibilità, in seguito offerta da altri giochi, di poter scrivere il proprio nome per intero, nel tempo ha prevalso l'uso dei soprannomi di soli tre caratteri).

Sempre nello stesso anno accadde un singolare avvenimento, che portò progressivamente alla separazione nel mercato tra hardware e software. Alcuni programmatori lasciarono infatti Atari e formarono Activision, la prima software house dedita unicamente allo sviluppo dei giochi. Nelle intenzioni dei soci fondatori (Jim Levy, David Crane, Larry Kaplan, Alan Miller e Bob Whitehead, alcune fra le menti migliori della scuderia Atari), Activision avrebbe dovuto rappresentare un consorzio di sviluppatori indipendenti pronti a rivoluzionare un settore dominato, ingiustamente, da poche grandi multinazionali (Atari, Philips e Mattel) e non da chi i giochi li creava davvero. Difatti, fino ad allora, i programmatori ricevevano uno stipendio fisso e il loro nome non compariva nelle schermate del gioco. L'iniziativa ebbe un enorme seguito e la nascita di Activision segnò il passaggio a una nuova era dell'intrattenimento digitale.

Il videogioco come fenomeno di costume

Gli anni '80 si aprirono al settore videoludico in maniera esplosiva: scoppiava infatti la "pacmania". Ideato e realizzato in Giappone da Namco (NAkamura Manufacturing COmpany, che iniziò la produzione nel 1955 con giostre a gettoni per bambini) nella primavera del 1980, *Pac-Man* divenne istantaneamente un fenomeno di portata mondiale raggiungendo livelli di fama impensabili, soprattutto negli Stati Uniti, dove era stato importato da Midway (basti pensare che il 3 aprile dell'82 in ventisette città degli USA fu festeggiato il "Pac-Man Day"). Il concetto alla base del gioco era chiaro: guidare all'interno di un labirinto un semicerchio giallo (Pac-Man per l'appunto) facendogli inghiottire tutti i puntini disseminati (operazione che dava luogo al famoso effetto sonoro "waka-waka") e stando attenti ai quattro fantasmi, Shadow, Speedy, Bashful e Pokey, meglio conosciuti dai giocatori come Blinky, Pinky, Inky e Clyde. Ogni fantasma era dotato di uno schema di movimento proprio (che il giocatore esperto conosceva a memoria) e poteva essere mangiato (pur ricomparendo, dopo pochi istanti, nel riquadro al centro dello schermo) ingoiando una delle quattro pillole giganti situate agli angoli del labirinto. Secondo la leggenda, l'idea del gioco venne in mente al suo inventore, Toru Iwatani, durante la pausa pranzo: osservando la pizza al salamino da cui aveva già prelevato un trancio, cominciò a fantasticare su quel che sarebbe potuto succedere se ciò che rimaneva della sua pizza si fosse messo all'inseguimento dei pezzetti di salame piccante in fuga dal piatto; questi divennero i pallini sparsi nel labirinto e la pizza senza spicchio il famoso semicerchio giallo.

La spiegazione alla follia collettiva che colpì mezzo mondo, e che portò *Pac-Man* a distinguersi dalla massa di videogame che stavano allora affollando le sale gioco, è sicuramente da ricercare nelle felici scelte di design e nelle oculate strategie di marketing, ma non solo. In maniera più o meno consapevole, il gioco presenta infatti una certa densità di significati: Pac-Man, per esempio, è un simbolo (nel vero senso della parola, ovvero un segno il cui significato, arbitrario, è determinato dalle convenzioni sociali e dall'uso che se ne fa) dal chiaro contenuto semiotico, nelle intenzioni dell'inventore: la sua forma rappresenta la personificazione dell'atto di mangiare. Muovendosi, infatti, il semicerchio si contrae e si espande, tendendo a somigliare a una bocca di profilo che si apre e si chiude. In quest'ottica, Pac-Man è anche un'icona (perché fornisce l'idea di ciò che rappresenta tramite l'imitazione). I pallini disseminati lungo il percorso altro non sono che oggetti neutri che possono essere inghiottiti: secondo un'etica consumistica, *Pac-Man* veicola un messaggio chiaro, mangiare non è qualcosa di cui preoccuparsi, ma qualcosa che va celebrato e che rende più potenti. Siccome il numero di labirinti da affrontare è infinito, anche la fame di Pac-Man è senza fine. Addirittura la sua morte è molto simbolica: il semicerchio si apre fino a ingoiarsi da solo e sparire. Per quanto riguarda i fantasmini, questi rappresentano l'oggetto semiotico più complesso del gioco: innanzitutto, come Pac-Man, sono simboli, ma sono molto più iconici dello stesso Pac-Man. Inoltre, le pupille che si muovono a seconda della direzione hanno funzione di indice (nel senso che mostrano una proprietà della cosa cui fanno riferimento – ovvero la direzione di movimento – presentando contemporaneamente una connessione fisica).

L'ultimo elemento chiave è rappresentato dai power up, che si mostrano in forma di pillole giganti e frutti simbolici al centro dello schermo. I power-up sono dei "segni fluttuanti": permettono di modificare per un periodo limitato di tempo le relazioni potenziali tra gli altri tipi di segni.

Per finire, questi importanti aspetti semiotici vengono rinforzati da un'inedita componente narrativa, data dai brevi siparietti tra un livello e l'altro, in cui Pac-Man e i fantasmini si inseguono a vicenda. Per la prima volta i videogiochi hanno un rappresentante (senza volto!) e i giocatori trovano un simulacro con cui è facile immedesimarsi: Pac-Man si ritrova così a essere la prima star videoludica. Ben presto la parola chiave diventa merchandising: la notorietà di *Pac-Man* comincia a varcare il ristretto ambiente dei videogame permettendo a Namco di concedere in licenza il nome e il logo per la produzione di oltre seicento oggetti che nulla avevano a che fare con il mondo dell'elettronica, come zaini, quaderni, gioielli, biancheria intima, tazze da caffè e integratori di vitamine. La rete televisiva ABC produsse addirittura una serie a cartoni animati che divenne l'appuntamento più seguito del "saturday morning" dei bambini statunitensi.

Il filone di seguiti che *Pac-Man* generò fu sterminato. Di questi vanno ricordati *Ms Pac-Man* (variante non ufficiale prodotta dal distributore americano), che introduceva due importanti novità: quattro labirinti differenti al posto di uno solo e movimenti casuali per i fantasmi (il che rendeva inutile qualsiasi schema di gioco) e *Pac-Land*, rivisitazione in chiave platform del concept originale. Con *Pacmania*, uscito anche per i formati a 16 bit a quasi dieci anni di distanza dall'originale, il filone s'esaurì, e *Pac-Man* fu definitivamente traslato nell'Olimpo dei videogiochi senza, per altro, andare mai in pensione, godendosi la fama di gloriose comparsate, in occasione di ricorrenze e celebrazioni varie - come lo psichedelico *Pac-Man Championship Edition DX* (Namco Bandai, 2010), pubblicato per festeggiare il trentesimo compleanno.

Il 1980 non fu solo l'anno di *Pac-Man*: altri due eventi rilevanti permisero di considerarlo un anno decisamente felice per gli appassionati di videogiochi.

Primo: uscì nell'80 *Defender*, il coin-op ideato da Eugene Jarvis e Larry DeMar e distribuito dall'americana Williams. Ancora una volta nei panni di un prode astronauta, il giocatore era chiamato a recuperare terrestri indifesi sul suolo straniero cercando, al contempo, di eliminare quanti più alieni possibili. Sebbene la trovata del sistema di inerzia del veicolo fosse già stata sfruttata in *Asteroids*, *Defender* propose alcune importanti innovazioni per il genere degli shoot'em-up. Queste erano da ricondurre fondamentalmente all'introduzione dello scorrimento orizzontale dell'immagine sullo schermo e di una piccola mappa di orientamento. Secondo: nel Natale dello stesso anno uno dei regali più ambiti dai ragazzi statunitensi fu Intellivision, la console prodotta da Mattel, l'azienda di Barbie e Big Jim. Impostosi in tutto il mondo come diretto concorrente dell'Atari VCS 2600, il sistema proposto da Mattel, pur essendo tecnicamente superiore, non riuscì mai a scalzarlo dal trono. Nelle intenzioni dei progettisti, l'Intellivision avrebbe dovuto rappresentare molto di più di una semplice console per videogame: furono infatti previste numerose periferiche per trasformarlo in un vero personal computer. Purtroppo, il disastroso crollo di mercato che di lì a poco si sarebbe abbattuto sul settore avrebbe fatto desistere Mattel da ogni successiva sperimentazione.

Fine della supremazia americana

Nel 1975, quella che fino ad allora era stata una delle maggiori aziende produttrici di carte tradizionali giapponesi (hanafuda), si accorgeva delle potenzialità del nuovo settore dell'intrattenimento digitale. Fu proprio in quell'anno, infatti, che Hiroshi Yamauchi, presidente di Nintendo, si decise ad acquistare i diritti per distribuire la console di Magnavox anche nella terra del Sol Levante. Successivamente, assieme alla rivale Sega (fondata in Giappone da un americano nel 1951, con il nome di SErvice GAmes), Nintendo aveva cominciato a esportare negli Stati Uniti i propri cabinati da sala. Tuttavia i primi risultati non furono certo incoraggianti.

Correva il 1980 e un coin-op prodotto da Nintendo, tale *Radar Scope* (il solito clone di *Space Invaders*), mancò clamorosamente l'appuntamento con il successo. Per evitare il collasso della Nintendo of America si decise di effettuare un veloce restyling in modo da rendere il titolo appetibile anche ai giocatori del Nuovo Continente. Tale compito venne affidato alle mani di un giovane promettente, da poco giunto in Nintendo su raccomandazione del padre. Quel ragazzo si chiamava Shigeru Miyamoto e, a differenza di tutti i suoi colleghi, non era un ingegnere ma un diplomato alla scuola artistica. Quello che Miyamoto fece fu ben più di un semplice lavoro di ritocco: abolì astronavi e profondità dello spazio, puntando su un altro riferimento cinematografico, "King Kong". Nella rilettura di Miyamoto, l'enorme gorilla (meno cattivo e ripugnante di quanto si potrebbe immaginare) è già arrivato in città; un prode carpentiere, per liberare la sua bella dalle grinfie dell'arrapato scimmione, deve risalire le impalcature di un cantiere senza protezioni, facendo oltretutto attenzione agli oggetti che l'animale geloso gli scaglia contro per tenerlo alla larga dalla sua nuova fiamma.

Una volta completata la progettazione del gioco, bisognava decidere il nome: consultandosi con uno degli export manager dell'azienda Miyamoto decise che "kong" era un termine più che adatto per suggerire l'immagine del gorilla e, dato che lo scimmione non brillava certo per intelligenza, aggiunse la parola "donkey" (letteralmente "somaro", nel senso di "idiota") di cui il suo dizionario inglese-giapponese non riportava l'esatta definizione. Duemila cabinati (sui 3000 totali) vennero riconvertiti con il nuovo gioco dal nome imbarazzante: *Donkey Kong*.

Perché proporre proprio un manovale? Non certo per forti motivazioni politiche, piuttosto perché, con una tuta da lavoro blu a salopette e una maglia a maniche lunghe rossa era più facile distinguere le braccia in movimento. E se il nostro eroe non era propriamente un adone, questo accadde perché il naso enorme serviva per dare una struttura al volto e i baffi per separarlo dal resto della faccia. Il cappello in testa fu dovuto al fatto che Miyamoto (per sua stessa ammissione) non se la cavasse troppo bene a disegnare i capelli. Ma prima di diventare idraulico e poi salvatore di mondi e galassie, l'anonimo "Jumpman" non fu altro che l'agente disgregante del platonico amore tra la bella e la povera bestia. A quei tempi tutti pensavano infatti che il vero protagonista, suo malgrado, fosse lo scimmione, sicuramente più espressivo del simulacro del giocatore. Ma poi accadde qualcosa di imprevisto. In Nintendo of America, qualcuno in preda a forte euforia, per fare il verso al proprietario dello stabile di evidenti origini italoamericane, iniziò a chiamare "Mario" quel buffo mucchietto di pixel, proprio come il pittoresco padrone di casa. E dallo scherzo nacque la leggenda; una leggenda su cui torneremo fra qualche pagina.

Nel frattempo preme sottolineare come, in un periodo in cui i giochi preferiti dagli utenti parlavano di invasione, distruzione o annientamento, l'opera prima di Miyamoto rappresentasse una vera rivoluzione. I sales manager americani si chiesero se Yamauchi li stesse per caso prendendo in giro proponendo un coin-op chiamato "Kong l'idiota"; la struttura di gioco li irritò anche di più: non c'era nessun bersaglio cui sparare. Ma il presidente di Nintendo non diede fortunatamente ascolto ai loro pareri. Fu così che *Donkey Kong* divenne uno dei più grandi successi di sempre in sala giochi.

La sua versione domestica venne scelta come "killer application" per il lancio della nuova console di Coleco (acronimo di COnnecticut LEather COmpany; sorta nel 1932 come società di pellami, nel '54 spostò i propri interessi nel settore dei giocattoli). Dotato di specifiche tecniche nettamente superiori a quelle dei rivali Intellivision e VCS, il Colecovision poteva vantare nella propria ludoteca le trasposizioni dei più famosi giochi da sala, fra cui, oltre al già citato capolavoro di Nintendo, *Zaxxon* (Sega 1982), sparatutto tridimensionale in prospettiva isometrica, nuova pietra miliare del genere. Era anche possibile collegare alla console un adattatore per poter utilizzare i giochi destinati al VCS. Presto Atari e Mattel fecero propria questa intuizione e cominciarono a trasportare i giochi del Colecovision sui loro sistemi. Anche Philips provò a far sentire la propria voce introducendo il Videopac, rivisitazione a cartucce intercambiabili dell'Odissey; in pochi, comunque, se ne accorsero.

L'industria dei videogiochi domestici sembrava inarrestabile: il giro di affari aveva raggiunto i tre miliardi di dollari all'anno e, ancora maggiori, erano i soldi che circolavano attorno alle sale giochi (5-6 miliardi di dollari). Nonostante le condanne sempre più violente nei confronti dei videogiochi, accusati di creare aberrazioni nel comportamento infantile e di sviluppare gravi situazioni di dipendenza fisica e psicologica, tutto il mondo sembrava esserne rimasto affascinato. Solo negli USA, giochi quali *Asteroids*, *Pac-Man*, *Defender* e *Donkey Kong*, oltre ad aver ingoiato una quantità inimmaginabile di monete da un quarto di dollaro, avevano già assorbito, in termini di tempo complessivo dedicato, quasi 75.000 anni umani. Tuttavia, la passione per il divertimento elettronico interattivo calò bruscamente. Nel corso del 1983 i produttori di software invasero il mercato con un numero esorbitante di titoli mediocri, in una quantità nettamente superiore a quella che effettivamente il mercato avrebbe potuto assorbire, e il settore arrivò sull'orlo del collasso. Aziende come Atari, convinte che il mercato potesse raddoppiare ogni anno, si ritrovarono con immensi stock di magazzino, nonostante l'abbattimento dei prezzi (dai 30-40$ originari a 10-5$). E proprio Atari consegnò alla storia il più colossale flop dell'industria, ovvero la trasposizione videoludica di "E.T. L'extraterrestre", il film campione di incassi diretto da Steven Spielberg. Per una licenza che valeva 20 milioni di dollari furono dedicate solo sei sole settimane di programmazione e, in più, vennero prodotti sei milioni di pezzi, un numero di gran lunga superiore all'installato. Una leggenda metropolitana vuole addirittura che Atari, pur di sbarazzarsi del materiale in eccesso, preferì seppellire, in un cantiere nel deserto del New Mexico, l'intero magazzino della sede di El Paso, piuttosto che rischiare di spendere i soldi della distribuzione. In questo periodo di declino il mercato si ridusse a un decimo di quello che era stato in precedenza. Non solo Warner (che, ricordiamo, aveva rilevato Atari nel 1978) disinvestirà pesantemente, Mattel addirittura si troverà costretta a vendere la divisione Electronics. L'unica che sembrò salvarsi almeno in parte fu Coleco, certo non grazie al Colecovision, bensì alle strabilianti vendite delle bambole Cabbage Patch Kids. Ci si accorse per la prima volta dei rischi che comportava investire in un settore ancora sconosciuto: non solo c'era la possibilità di perdere la leadership ma, addirittura, di dover abbandonare completamente il mercato. Era tutto da rifare.

Mentre il mercato americano dei videogiochi domestici si trasmutava in una landa desolata, in Giappone Nintendo introdusse il Famicom (FAMily COMputer) e in Europa (mercato refrattario alle console) si diffuse il fenomeno degli home computer: Commodore Vic 20, Commodore 64, Sinclair ZX Spectrum, BBC, Amstrad CPC464. Sebbene tali sistemi fossero stati immessi sulla piazza con velleità seriose, la loro diffusione fu strettamente connessa all'utilizzo domestico di programmi ludici su supporto magnetico: cassette e floppy disk. A differenza delle cartucce di silicio adottate per le console, i nuovi supporti di immagazzinamento dati erano più economici e facilmente riproducibili: questo alimentò lo sviluppo della pirateria informatica (che in Italia poteva contare su un canale distributivo estremamente diffuso come le edicole), che minò alle basi i tentativi di consolidamento del settore. Questo fu il periodo dei "wiz kidz", termine californiano usato per indicare i giovani maghi del computer che soli, nel buio delle loro stanze, riuscivano a creare piccoli capolavori videoludici, spesso confezionati e distribuiti per posta dallo sviluppatore stesso.

Dagli anni bui alla risurrezione del mercato

Dirk The Daring e il videodisco

Nel 1984 i frequentatori delle sale gioco rimasero sconvolti da qualcosa che mai avrebbero creduto di poter vedere così presto: *Dragon's Lair*, prodotto da Cinematronics, il primo (e più famoso) laser game che la storia ricordi; così famoso da continuare a infettare ogni nuovo sistema videoludico con il passare degli anni. Siccome a quei tempi ancora non si parlava di multimedialità, in pochi erano a conoscenza del fatto che *Dragon's Lair* fosse un vero e proprio cartone animato, diretto da Don Bluth, ex-animatore Disney, e registrato a spezzoni su un supporto ottico (il videodisco, l'antenato del DVD). Ci si trovò di fronte, per la prima volta, a quel prodotto multimediale definito film interattivo - definizione che, ancora oggi, non ha trovato una corretta applicazione o, per lo meno, altrettanto adeguata...

Il giocatore non comandava direttamente Dirk, l'impavido protagonista: in realtà i movimenti del joystick permettevano alla testina di lettura di saltare da una traccia all'altra del videodisco, in cui era contenuta un'animazione. Ovviamente, muovendo il joystick nella direzione sbagliata si sarebbe assistito a una scena di morte prematura mentre, continuando ad azzeccare i movimenti corretti, si poteva arrivare al finale gustandosi l'intero cortometraggio (della durata complessiva di ventidue minuti). Costato 1,3 milioni di dollari, nei primi quaranta giorni di distribuzione *Dragon's Lair* incassò 30 milioni di dollari, e altri trentadue milioni entrarono nelle casse di Cinematronics nei successivi otto mesi. Tuttavia, quel successo rappresentava la fortunata eccezione di una tecnologia che ancora non era pronta per invadere il mercato di massa. Come la maggior parte dei prodotti elettronici che dominano la vita quotidiana, il primo esperimento multimediale ha anch'esso radici che risalgono agli anni '70. Difatti correva il 1978 quando un gruppo di ricercatori del MIT, l'Architectural Machine Group capitanato da Nicholas Negroponte, realizzò, per conto del governo statunitense, l'Aspen Movie Map. L'incarico governativo venne assegnato in seguito all'incursione di un commando israeliano all'aeroporto di Entebbe in Uganda (3 luglio 1976). Impressionati da come l'operazione era stata portata a termine con successo, i militari chiesero all'Istituto di studiare dei sistemi elettronici con cui dare ai commando americani un addestramento simile a quello degli israeliani. In pratica, questi ultimi avevano costruito nel deserto un modello in scala reale dell'aeroporto di Entebbe, su cui poi i componenti del commando si erano allenati ad atterrare, decollare e simulare l'assalto. È chiaro come questo approccio risultasse dispendioso e difficilmente praticabile. Al contrario, una simulazione al computer avrebbe permesso una maggiore quantità di scenari a un costo relativamente inferiore. A quei tempi la grafica computerizzata non era ancora in grado di raggiungere il realismo fotografico di un teatro di posa, necessario per fornire alle truppe in addestramento un'effettiva conoscenza del luogo e la sensazione di trovarsi sul posto. La soluzione fu quindi quella di ricorrere ai videodischi, dotati di una capacità allora "immensa" di immagazzinamento delle informazioni. La città di Aspen venne scelta come banco di prova. Il risultato finale permetteva all'utente di puntare un dito sullo schermo per cambiare itinerario all'interno della località. Per ottenere questo erano state filmate tutte le strade nei due sensi di marcia, scattando un fotogramma ogni metro. In seguito questi spezzoni vennero immagazzinati in un videodisco. Gli incroci e i punti di svolta furono invece raccolti in un secondo videodisco. Dall'interazione fra i due supporti ottici si poteva così ricavare la sensazione di guidare per le strade della famosa località sciistica. Era nata la multimedialità.

La consegna del testimone

Nel 1986, dopo aver riscosso un inarrestabile successo in Giappone, il Famicom approdò negli Stati Uniti (ribattezzato NES, Nintendo Entertainment System): entro la fine del decennio riuscì a ritagliarsi il proprio angolino in più di trenta milioni di abitazioni americane e superò i sessanta milioni di unità installate a livello mondiale, con vendite di software pari a cinquecento milioni di unità. Il rifiorire delle console in ambito domestico, dopo il disa-

stroso crollo del biennio '83-'84, vide il passaggio della supremazia tecnologica dagli Stati Uniti al Giappone. Il videogioco, di
natali americani, era stato adottato dai giapponesi prima di tornare alla conquista del mondo dell'intrattenimento. In molti
fecero l'errore di considerare la prima ondata di videogiochi
domestici made in USA una semplice moda passeggera, destinata a scomparire come l'hula-hop. L'industria dell'elettronica di
consumo rimase così ferma a guardare mentre, in soli cinque
anni, il NES invadeva un terzo delle abitazioni giapponesi e statunitensi. Giusto per fare un esempio sulla portata del fenomeno,
nonostante il videoregistratore possedesse un tasso di penetrazione domestica quasi doppio rispetto a quella della console
giapponese, si trattava comunque di un'apparecchiatura prodotta da diverse aziende, mentre la sola Nintendo produceva
tutti NES in circolazione. Come se non bastasse, le compagnie
produttrici di videoregistratori si occupavano solo della tecnologia e non del "software", ovvero le videocassette e i loro contenuti. Al contrario, Nintendo ricavava i maggiori profitti da un
catalogo di videogiochi in continua espansione, oltre che dalla
vendita dell'hardware necessario per poterlo fruire. I giganti del-
l'elettronica del Sol Levante Sony e Matsushita si svegliarono di
colpo, realizzando che per continuare a mantenere la leadership
sarebbe stato necessario il coinvolgimento anche nel settore del
software, non solo in quello dell'hardware. Fu così che Sony si
portò a casa la Columbia Pictures e Matsushita mise le mani sulla
MCA, innescando una curiosa tendenza, le cui dinamiche meri-
terebbero una discussione più approfondita in altra sede.

Sempre nel 1986 Sega, da allora fino alla fine del millennio storica rivale di Nintendo, introdusse sul mercato la console Master
System, nel tentativo di frenare l'inarrestabile ascesa della concorrente e accaparrarsi una fetta di quel mercato sempre più appeti-
toso. Tuttavia, nonostante gli sforzi fatti, il NES sarà, anche per tutto
l'88, il "giocattolo" più venduto del Nord America.

La (seconda) rivoluzione russa

Il 1988 è rimasto legato a un videogioco molto particolare,
secondo molti il videogioco per antonomasia: *Tetris*. Ancora oggi,
l'acquisto dei diritti per la pubblicazione del gioco rappresenta un
caso esemplare per l'intero settore. L'inventore di *Tetris*, il mate-

matico Alexey Pajitnov, lavorava come ricercatore al centro di elaborazione dell'Accademia delle Scienze moscovita, uno dei più
avanzati dipartimenti di ricerca del governo sovietico. Appassio-
nato di rompicapo e di problemi matematici, Pajitnov si era rivolto
allo studio dei computer con la convinzione che tali strumenti
potessero modellare la conoscenza. I videogiochi, in particolare, si
rivelavano un mezzo molto interessante, trasformando in risposte
emotive (tramite il coinvolgimento sensoriale) problematiche che
nascevano dalla logica matematica (in quanto frutto dell'elaborazione di un calcolatore). Secondo Pajitnov i giochi migliori erano
quelli che riuscivano a incorporare nella struttura sfida/ricom-
pensa altri elementi molto più umanizzanti, come il piacere della
scoperta e del riconoscimento, ma anche l'ansia della frustrazione
e il desiderio di migliorare le proprie prestazioni. L'ispirazione gli
venne fornita dallo studio di un gioco, *Pentomino*, ideato dall'a-
mericano Solomon Golomb. Lo scopo consiste nel riempire un'a-
rea rettangolare con pezzi formati da diverse configurazioni di cinque quadrati. Pajitnov ne immaginò una versione digitale in cui i
pezzi, generati casualmente, sarebbero apparsi uno per volta a un
ritmo sempre più frenetico. Seduto di fronte al computer, Pajitnov
sperimentò diverse permutazioni dei pezzi del *Pentomino*, otte-
nendo forme più semplici, composte da quattro quadrati, a differenza delle cinque impiegate da Golomb. Prendendo spunto dal
vocabolo greco "tetra" (quattro), Pajitnov chiamò il suo gioco *Tetris*.
In psicologia esiste un principio secondo cui la mente umana riesce a processare cinque (più o meno due) elementi contemporaneamente: Alexey assimilò il concetto e inventò sette pezzi diversi,
di modo che potessero essere facilmente memorizzati e istantaneamente riconosciuti.

Nel *Tetris* i pezzi generati casualmente scendono dall'alto verso
il basso e il giocatore ha la possibilità di continuare a ruotarli di 90°
per incastrarli in modo compatto: nel momento in cui si riesce a
formare una linea completa di quadrati, questa viene disintegrata,
altrimenti i pezzi, nella loro incessante caduta, satureranno lo
schermo provocando la fine della partita.

Per la realizzazione grafica del gioco (il computer su cui lavorava, un Electronica 60, non prevedeva una scheda grafica), Pajitnov coinvolse nel progetto due amici, anch'essi animati dalla passione per i computer: Gerasimov si preoccupò di trasferire il codice

di *Tetris* su un IBM, e dotò i pezzi di colore; Pevlovsky aggiunse una tabella per registrare i punteggi più alti. Quando il programma fu finalmente completato e testato per assicurasi che non contenesse errori venne copiato su dischetto e distribuito a tutti i colleghi del centro di ricerca, che all'unisono si congratularono con Pajitnov. La tetrismania aveva cominciato a raccogliere i primi consensi e, allo stesso tempo, a mietere le prime vittime, incapaci di smettere di giocare. Ben presto *Tetris* si diffuse a macchia d'olio in tutti i computer installati nel circondario di Mosca. In una competizione fra i migliori programmi per computer tenutasi a Zelenodolsk nel novembre del 1985, *Tetris* vinse il secondo premio. Brjabrin, supervisore del centro di elaborazione, era particolarmente entusiasta del gioco e ne mandò una copia allo SZKI, l'Istituto di Scienza del Calcolatore di Budapest. Il caso volle che in quei giorni si trovasse in visita all'Istituto Robert Stein, proprietario di un'impresa di distribuzione, alla ricerca di giovani talenti ungheresi da convertire al business dell'intrattenimento digitale. Fu così che gli vennero presentate le versioni di *Tetris* per Commodore 64 e Apple II compiute da programmatori ungheresi. Venuto a conoscenza delle origini sovietiche del gioco, Stein decise di comprare la licenza per PC del titolo originale dai russi e le altre versioni dagli ungheresi. Il problema riguardava però il mastodontico apparato burocratico del regime comunista ante-perestrojka; non potendo contrattare direttamente con lo sviluppatore del gioco, cui non appartenevano i diritti d'autore, dovette rivolgersi direttamente ai vertici del centro di elaborazione. Offrendo una percentuale sulle vendite e dei computer C=64 per il centro, Stein riuscì, il 5 novembre del 1986, a trovare un accordo con i sovietici. Ma mentre i russi erano convinti di aver ceduto a Stein esclusivamente i diritti per le versioni su computer di *Tetris*, Stein ritenne (impropriamente) di possedere la licenza per tutti i formati, a eccezione dei coin-op e degli handheld: licenza prontamente venduta a Mirrorsoft e alla controparte statunitense Spectrum Holobyte, entrambe di proprietà della Maxwell Communication.

Nel frattempo in URSS un'altra organizzazione, Elorg, aveva preso in mano la situazione e Stein dovette rinegoziare i diritti di pubblicazione del gioco.

Contemporaneamente, anche Nintendo sembrò interessarsi a *Tetris*, ritenuto da Minoru Arakawa (allora presidente di Nintendo

USA) la killer application ideale per il nuovo sistema portatile Game Boy. Incaricato Hank Rogers del compito di procurarsi la licenza per i palmari, questi, non riuscendo a ottenerla da Stein decise di recarsi direttamente in Unione Sovietica. Qui Rogers, oltre a ottenere ciò che era venuto a chiedere, si accorse di come Stein avesse aggirato i burocrati sovietici. Difatti aveva esteso il termine "computer" anche al settore delle console, vendendo i diritti a Tengen (la divisione software di Atari Games) che già aveva cominciato a distribuire una versione di Tetris per NES. Belikov, allora responsabile delle trattative per conto della Elorg, richiamò Stein per una revisione del contratto originale. Stein firmò il documento, datato 10 maggio 1988, ignorando un paragrafo in cui si specificava cosa si dovesse intendere per computer: "PC computers which consist of a processor, monitor, disk drive(s), keyboard and operation system" (cfr. Sheff, 1993, p. 318). La questione finì ovviamente in tribunale e, nonostante la strenua difesa da parte di Atari (basata sul fatto che il NES in Giappone veniva commercializzato come Family Computer), il giudice diede ragione a Nintendo, sostenitrice della linea secondo cui il NES veniva venduto come giocattolo e che le cartucce dovevano quindi essere considerate alla stregua degli abiti della Barbie. L'interesse di tutta la vicenda risiede proprio in quella che diventerà addirittura una distinzione giuridica fra giochi per computer e giochi per console.

Morale della favola: nel 1989 Nintendo riuscì finalmente a immettere sul mercato il suo Game Boy con la cartuccia di *Tetris*. La console palmare dallo schermo a cristalli liquidi sarà destinata a superare i 118 milioni di unità vendute nel mondo (inclusa la versione a colori). *Tetris*, uscito anche in versione NES, resterà nella top ten dei giochi più venduti per oltre un anno. La ricompensa economica per il suo autore, Alexey Pajitnov, fu un IBM AT, installato nel suo laboratorio dalle autorità sovietiche. Il suo nome, però, fece il giro del mondo, permettendogli di meritarsi di diritto un posto nell'albo dei game designer più geniali della storia, prima ancora di spalancargli le porte per la fuga in Occidente.

"I Adore Commodore"

Mentre in Giappone e negli USA il NES si andava diffondendo in maniera esponenziale, in Europa resisteva il mercato dei personal computer. A contendersi la magra utenza europea furono soprattutto due macchine, il Commodore 64 (forte del successo riscosso negli USA) e il Sinclair ZX Spectrum (prodotto in Gran Bretagna). La Commodore Business Machine era un'azienda statunitense fondata sul finire degli anni '50 che, sin dal principio, si era occupata di macchine per ufficio. Tuttavia, nonostante i tentativi iniziali di vendere il C=64 come computer "serio" per gestire gli affari privati (ignorando le due porte joystick, lo stupefacente chip sonoro SID e la gestione hardware degli "sprites", termine ideato da Commodore stessa per indicare gli elementi grafici in movimento sullo schermo), il C=64 divenne l'indiscusso re del videogioco domestico: la quasi totalità dei 15.000 titoli sviluppati era rappresentata per l'appunto da videogame, una libreria di software ludico che allora non aveva rivali e che sarà difficile eguagliare in futuro. Immesso nel 1982, a un solo anno di distanza dal lancio del Commodore Vic 20 (oltre tre milioni di unità installate nel mondo, USA in testa), il C=64 fu la piattaforma su cui cominciarono a scrivere le prime righe di codice alcuni dei più famosi game designer odierni e per cui vennero creati alcuni dei giochi più innovativi di sempre. Fra questi è doveroso ricordare *Elite* (1984) di David Braben, che rappresenta la rivoluzione del concept delle battaglie spaziali: in un universo in wireframe il giocatore deve inizialmente dedicarsi al commercio interplanetario; con i crediti ottenuti potrà potenziare la propria astronave e dare anche la caccia a criminali e pirati dello spazio. La straordinaria libertà di azione e di esplorazione lo pone ancora oggi come uno degli esempi di game design classici cui fare riferimento. *The Sentinel* (1987) di Geoff Crammond (il leggendario programmatore delle simulazioni di guida *Revs*, *Stunt Car Racer* e della serie *F1 Grand Prix*) richiede al giocatore di assorbire la sentinella che domina ciascuno dei 10.000 mondi che rappresentano i vari livelli: per riuscire nel compito è necessario raccogliere l'energia disseminata nell'ambiente interamente poligonale, evitando lo sguardo mortale della sentinella stessa. Sempre del 1987 è *Wizball*: il giocatore controlla un mago che, trasformatosi nella "palla magica" in questione, deve recuperare delle gocce di vernice per restituire i colori a un mondo ridotto in bianco e nero da un perfido incantesimo. Il gioco è opera di Chris Yates e Johnatan Hare, fondatori di Sensible Software, che diventeranno ben presto idoli dei tifosi digitali grazie al gioco di calcio *Sensible Soccer*.

Conoscere il videogioco

Per quanto riguarda lo Spectrum, creazione del geniale inventore britannico Sir Clive Sinclair, il successore di ZX80 e ZX81 fu lanciato sul mercato lo stesso anno del Commodore 64. La scarsa qualità dell'audio e la grafica fondamentalmente bicroma, nonostante la maggiore risoluzione rispetto al C=64, lo condannarono a una repentina scomparsa con l'arrivo delle nuove architetture a 16 bit. Tuttavia, in Gran Bretagna fu l'unica macchina che riuscì a tenere testa a Commodore.

Riuscire a stilare una cronistoria dettagliata di ciò che accadde nella seconda metà degli anni '80 è un compito difficile: il settore che aveva ricevuto un colpo mortale all'inizio di quel decennio, riprese di colpo a fermentare. Il nuovo trend dei personal computer venne cavalcato da Amstrad, BBC (con un computer prodotto da Acorn su commissione) e persino da Atari (con la serie XL). Questo proliferare di apparecchiature tecnologiche incompatibili fra loro sembrava cozzare contro l'evidenza dei fatti (bassa penetrazione del software originale a causa della pirateria) e a dispetto della lezione storica: difatti, solo pochi anni prima, il tentativo di aggiungere periferiche ad hoc per trasformare le console da gioco in computer domestici si era rivelato un completo fallimento; ora tutti speravano di salire sul carro dei vincitori di questa inversione di tendenza, producendo computer domestici con le stesse funzionalità di una console. Commodore, sfruttando la scia del successo del C=64, gettò in pasto al mercato il Commodore 16 (una via di mezzo tra il Vic 20 e il C=64), il Plus 4 (simile al C=64 ma inspiegabilmente compatibile solo con il C=16) e il C=128 (versione potenziata del 64 e perfettamente compatibile con il vecchio software), inevitabilmente rigettati dall'utenza, come il C=64GS, una versione console dell'originale 64, nient'altro che il canto del cigno della tecnologia a 8 bit.

Anche il mondo delle console, spronato dal successo del NES, si arricchì di nuove comparse: oltre al già menzionato Master System di Sega e ai numerosi aggiornamenti del VCS di Atari, va ricordata la console PC Engine di NEC (il nome dovrebbe far pensare), uscita in Giappone nell'ottobre 1987 e lanciata sul mercato americano nell'89 come TurboGrafx-16 (update del progetto originario che, pur mantenendo un'architettura a 8 bit, tentava di simulare un 16 bit). Mai importato ufficialmente in Europa, il PC Engine fu il precursore di una tendenza che di lì a poco avrebbe rivoluzionato la distribuzione del software: fu infatti la prima console a essere dotata di un lettore CD-ROM aggiuntivo.

Due nuovi rivali

Mentre i colossi del Sol Levante continuavano a darsi battaglia a colpi di cartucce per sistemi a 8 bit, in Europa il confronto vide schierati agli angoli opposti *Commodore Amiga* e *Atari ST*: due macchine presto diventate oggetto di culto e complici di numerose risse epistolari sulle riviste specializzate. L'Atari ST, introdotto nel 1985, fu uno dei primi sistemi a 16 bit disponibili sul mercato. Dotato di ottime caratteristiche nei comparti grafico e sonoro, utilizzava un sistema operativo (GEM) a icone molto simile a quello del Macintosh. L'iniziale ottima penetrazione nel mercato, in particolar modo in quello britannico, fu smorzata dall'arrivo di Amiga, il 16 bit di casa Commodore, alla cui presentazione ufficiale partecipò anche Andy Warhol. Realizzato in seguito in decine di modelli e upgrade, il progetto dell'Amiga risaliva addirittura al 1982 ed era opera di due grandi esperti di microelettronica, Jay Miner e Bob Brown. Le strabilianti prestazioni audiovisive erano limitate, nei primi modelli, da pesanti bug sia nel sistema operativo sia nell'architettura della macchina: si dice che fossero stati gli stessi autori a generarli, insoddisfatti del comportamento economico che la Commodore aveva tenuto nei loro confronti.

Se in campo semi professionale Amiga e ST si divisero equamente il ruolo di standard rispettivamente nei settori grafico e sonoro, a livello di software ludico la macchina Commodore ebbe il predominio. Equipaggiate con le dovute espansioni di memoria, con processori ausiliari ma soprattutto aggiungendo un hard disk esterno, entrambe le postazioni avrebbero potuto essere trasformate in duttili workstation per l'ambiente professionale. Tuttavia non riuscirono ad abbattere, in ambito aziendale, il predominio di Apple e IBM compatibili. Fu proprio quando la nuova gamma di processori 486 cominciò a diffondersi anche a livello domestico che Amiga e ST vennero riposti in soffitta. Grazie agli emulatori e, soprattutto, alle fatiche di una determinata cerchia di appassionati, l'Amiga continua tuttora a sopravvivere, fuori dalle leggi di mercato, trovando in Internet il proprio canale nutritivo.

Generazioni Mini e Super-Mega

Come era prevedibile supporre, la riproduzione del software fu la spina nel fianco dei computer a 16 bit. Permise infatti il dilagare della pirateria, forte degli anni di esperienza accumulata con la precedente generazione tecnologica. Le software house preferirono allora dirigere i propri sforzi sul nascente mercato delle console a 16 bit, che avrebbero ancora utilizzato il supporto siliceo in favore di quello magnetico e, contemporaneamente, si aprirono al settore degli IBM compatibili sempre più diffusi in ambito domestico dopo l'introduzione del sistema operativo Windows 3.1.

Ma prima del boom delle nuove console, di concerto Nintendo, Sega, Atari e NEC proposero, a un'utenza sempre più indecisa, le versioni portatili della precedente generazione tecnologica, le cui cartucce intercambiabili riproducevano, più o meno fedelmente, i giochi che già avevano spopolato sul televisore domestico. Alla raffinatezza tecnologica di Sega Game Gear, Atari Lynx e NEC TurboExpress, venne preferita la monocromatica economicità (35 ore di gioco contro le 4-6 dei concorrenti) del Nintendo Game Boy, venduto in combinazione con la migliore versione di *Tetris* disponibile sul mercato. Correva il 1989. La concorrenza svanì dopo pochi mesi mentre Nintendo domina tuttora incontrastata il segmento delle console portatili. L'incredibile successo fu da attribuire (oltre al vantaggio a livello di batterie) in buona misura all'inaspettata accoglienza del pubblico adulto: lo stesso presidente USA George Bush Senior, convalescente in ospedale nel maggio del 1991, venne ritratto dai quotidiani con in mano un Game Boy.

Dal "mini" al "mega": Sega fu la prima a offrire ai demotivati possessori del vecchio hardware la nuova tecnologia a 16 bit. Il Megadrive (Genesis negli USA per problemi di copyright) utilizzava come CPU il chip 68000 della Motorola, lo stesso impiegato nella prima generazione di Amiga, ST e Macintosh. Un apposito adattatore permetteva la retrocompatibilità con le cartucce del Master System e ciò contribuì a decretarne l'iniziale successo, cementato in seguito dall'arrivo di una nuova mascotte, Sonic il porcospino blu.

Prima di cedere alle tentazioni che avrebbe potuto offrire una nuova architettura hardware, Nintendo regalò ai possessori del NES l'emozione videoludica più intensa: *Super Mario Bros 3* (1990); Miyamoto, ancora una volta, aveva colpito nel segno. L'anonimo carpentiere che al debutto aveva ceduto le luci della ribalta al più carismatico antagonista, era stato ribattezzato in Mario e si era riciclato in idraulico nel 1983, per disinfestare fognature digitali insieme al fratello Luigi in *Mario Bros*. Nel 1985, Mario divenne il protagonista di un plaftorm a scorrimento che servì per il lancio del NES dal titolo *Super Mario Bros*. Il gioco vendette più di quaranta milioni di copie in tutto il mondo, il maggiore successo della storia, superato solo da Wii Sports nel 2009. Il terzo episodio della saga venne clamorosamente anticipato nel film di Todd Holland "Il piccolo grande mago dei videogames" (1989, Universal Studios), viaggio di formazione in cui un ragazzino presunto ritardato si riscatta sfidando ai videogiochi persone di ogni età. Il film, uno dei casi più esemplari di selvaggio product placement cinematografico, mostra le prime immagini di *Super Mario Bros 3* durante la sfida finale tra il piccolo protagonista e il suo avversario, che sfoggia con orgoglio un Nintendo Power Glove, suscitando l'ammirazione di tutti.

Nonostante il clamore suscitato dal gioco e dalla pellicola, il mercato sembrava interessato solo a richiedere a gran voce una nuova generazione di console. Come se non bastasse, un nuovo rivale giapponese si mise a intralciare i piani di Hiroshi Yamauchi: SNK immise sul mercato NEO GEO, la più potente e costosa console a 16 bit. A quel punto, il presidente di Nintendo non volle più restare fermo a guardare e decise di stupire il mondo per l'ennesima volta: la notte del 20 novembre 1990, colonne di camion partirono dallo stabilimento di Kyoto in assoluta segretezza per distribuire in tutto l'arcipelago un carico misterioso; nome in codice dell'operazione: "Midnight Shipping". Ogni container celava tremila unità di Super Famicom e le confezioni di *Super Mario World*, un gioco che di lì a qualche ora avrebbe causato numerosi disordini nei negozi. Ecco come il nuovo Nintendo (SNES in Europa e USA) fece il suo ingresso sulla scena giapponese: anche in questo caso la killer application era una nuova avventura di Mario.

Tutti per Mario, Mario per tutti

L'immagine di Nintendo è da sempre legata in maniera inscindibile a quella del personaggio ideato da Shigeru Miyamoto, comparso per la prima volta in *Donkey Kong*; l'unico personaggio in grado di rivaleggiare in popolarità con le creature Disney - un sondaggio di fine anni '80 mise in evidenza come, presso i bambini americani, Mario godesse di una riconoscibilità addirittura superiore a quella di Mickey Mouse.

L'immagine che Miyamoto aveva di Mario era quella di un personaggio furbo e grintoso, che non fosse né bello né eroico ma alla portata delle aspettative di tutti: un personaggio in cui fosse facile riconoscersi.

L'inarrestabile successo di Nintendo non è comprensibile se si tralascia la figura del grande game designer. Ogni titolo sviluppato e prodotto da Miyamoto racchiude tutti gli ingredienti che permettono di lambire la soglia della perfezione videoludica: da piccoli accorgimenti estetici di natura accessoria a precise scelte di design e innovativi elementi di gioco. Dal punto di vista ludico, le sue opere hanno sempre rappresentato il livello massimo raggiungibile da ogni generazione di hardware. Ciò che veramente stupisce, fin dalle origini, è la cura maniacale per i dettagli, anche per quelli più trascurabili, ma la magia è tutta racchiusa in quel parametro chiamato giocabilità, ed è pronta a sprigionarsi quando si impugna il controller. Mario è in grado di compiere qualsiasi tipo di azione: correre, volare, nuotare e soprattutto saltare. Ogni livello possiede una specifica curva di apprendimento, in modo da incoraggiare il giocatore a continuare a progredire e, soprattutto, a ripetere l'interazione. La meccanica di gioco non è infatti limitata alla successione lineare attraverso schemi di difficoltà crescente, ma si affida anche alla risoluzione di piccoli enigmi che consentono l'accesso a zone segrete e a nuove ambientazioni nei livelli già esplorati. L'ultima considerazione riguarda l'imparzialità: i mondi virtuali progettati da Miyamoto non sono mai ingiusti. Quando si perde una vita la colpa è sempre del giocatore, che ha calcolato male le distanze o ha trascurato qualche particolare. Mai gli errori sono imputabili alla casualità; nel gioco sono disseminati numerosissimi avvertimenti, in modo che il potenziale giocatore modello (cfr. pag. 206) possa completare l'esplorazione senza perdere una vita. Sono questi elementi, riscontrabili in ogni produzione di Miyamoto, a costituire il tratto distintivo, il marchio di fabbrica che permette ai titoli Nintendo di trasformarsi istantaneamente in classici del divertimento elettronico.

I combattenti della strada

Il *"Pac-Man* degli anni Novanta" colse tutti di sorpresa. Fino ad allora il genere dei "beat'em-up" ("picchiaduro" in italiano) non era di fatto riuscito a riscuotere consensi di massa.

Diversamente dal solito, i picchiaduro nacquero sui computer domestici e solo in seguito i produttori di coin-op rubarono l'idea; a scambiarsi le prime botte digitali furono infatti gli stilizzati lottatori di *Kung Fu*, realizzato da Bug Byte per ZX Spectrum nei primi anni '80.

Quando la conoscenza tecnologica raggiunta permise di riprodurre sprites riconoscibili come esseri umani, i beat'em up fecero la loro comparsa anche in sala giochi: correva il 1984 e, più o meno contemporaneamente, vennero pubblicati *Karate Champ* di Data East e *Kung Fu Master* di Irem. Il primo aveva la pretesa di essere considerato una simulazione di karate, offrendo la possibilità di eseguire uno scarno repertorio di mosse ottenibile combinando i movimenti di due joystick. Nonostante tutto, la meccanica di gioco a incontri diretti divenne un canone del genere e il proliferare di cloni per computer domestici fu quasi istantaneo: i più ispirati furono *The Way of the Exploding Fist* di Melbourne House e *International Karate* di System 3.

Kung Fu Master tentava invece di replicare (con discreto successo) le gesta dei film di Bruce Lee: il protagonista doveva farsi strada lungo corridoi infestati di trappole e strane creature, fino allo scontro finale con il boss che ne teneva in ostaggio la fidanzata.

Da questo momento in poi la produzione di picchiaduro assunse due direttrici ben definite: combattimento a incontri singoli oppure a scorrimento. Se i picchiaduro a scorrimento definirono meglio la loro identità già con *Double Dragon* (Taito, 1986, che introdusse la modalità cooperativa tra i due personaggi e la possibilità di impiegare le armi perse dagli sgherri nemici), si è dovuto attendere fino al 1990 perché il picchiaduro a incontri riuscisse a trovare i propri canoni. In quell'anno, Capcom (CAPsule COMputer, fondata nel 1983 da Kenzo Tsujimoto) introdusse in sala giochi il cabinato di *Street Fighter II*. Il predecessore (*Street Fighter*) aveva raggiunto le sale nel 1987: ma quella che nelle intenzioni degli sviluppatori avrebbe dovuto rappresentare l'innovazione più clamorosa, l'interfaccia "impact pad" dotata di sensori di pressione per dare diversa forza ai colpi, mancò di riscuotere l'interesse sperato, soprattutto nei confronti dei gestori delle sale giochi, che si ritrovavano velocemente tra le mani un cabinato dai pulsanti sfondati. Così in *Street Fighter II* il sistema di controllo originario venne sostituito con sei pulsanti, tre per i pugni e tre per i calci. Ma ciò che realmente ne decretò lo strepitoso successo (furono infatti prodotti più di 50.000 cabinati, una cifra enorme rispetto alla media delle 3.000 unità normalmente create dagli sviluppatori di coin-op) fu quella che a prima vista sarebbe potuta sembrare l'innovazione più banale: la possibilità di scegliere il proprio personaggio fra gli otto disponibili.

Ogni personaggio è stato dotato di uno stile di combattimento proprio, ma la popolarità di ciascuno va ricercata soprattutto nella caratterizzazione, decisamente azzeccata perché stereotipata, ottenuta attingendo a piene mani dall'immaginario collettivo riguardante i film di arti marziali e d'azione in generale. Troviamo così Ryu e Ken, dal temperamento opposto, entrambi discepoli dello stesso maestro: il primo un giapponese riservato, capelli corti scuri e kimono bianco; il secondo un giovane spaccone americano, lunga chioma bionda e kimono rosso. È poi la volta di Chun-Li, un'affascinante poliziotta cinese, in succinti abiti tradizionali, decisa a vendicare la morte del padre. Seguono il lottatore di sumo Honda, il wrestler russo Zangief, il santone indiano Dhalsim, il marine statunitense Guile e l'aberrazione genetica Blanka, metà uomo e metà bestia. Ogni lottatore viene sfidato in uno scenario urbano trasformato in arena (per esempio: Guile in un aeroporto militare e Chun-Li nel bel mezzo di una via di mercato, con tanto di venditori di polli e passanti in bicicletta), ognuno commentato da un orecchiabile jingle musicale.

Street Fighter II divenne inevitabilmente il modello da imitare e, forte del successo ottenuto, Capcom continuerà a produrre, a cadenza periodica, una serie infinita di seguiti e spin-off. Ancora oggi la serie non ha mostrato i minimi segni di cedimento e continua a rappresentare una delle proprietà intellettuali più importanti nel settore videoludico, nonostante le "tragicomiche" trasposizioni su tutti gli altri mezzi di comunicazione...

Pugni, porcospini e CD-Rom

Nel 1991 il 16 bit Nintendo uscì sui mercati occidentali con il nome di *Super NES*. Questa volta Sega non si lasciò cogliere impreparata e per frenare l'ascesa del SNES giocò il proprio asso nella manica: *Sonic the Hedgehog*. Il supersonico porcospino blu riuscì a bruciare sullo scatto l'idraulico Mario (incrinandone seriamente, anche se solo per un attimo, l'immensa popolarità presso il pubblico infantile) e contribuì, in maniera determinante, a iniettare una spinta propulsiva nelle vendite del Megadrive (o Genesis che dir si voglia) al di fuori del Giappone - nell'Arcipelago, invece, la leadership di Nintendo rimase inattaccabile. Grazie a una decisa strategia di marketing, sul mercato americano Sega riuscì a contendere a Nintendo il primato di vendite nel settore delle console a 16 bit. Nei salotti statunitensi il piccolo NES (il cui design apparì allora agli occhi di tutti per quello che effettivamente era: una scatola da scarpe grigia) venne spodestato dalla nera linea aggressiva del Genesis. Va comunque sottolineato come i giochi di Sonic non abbiano mai posseduto la profondità e la raffinatezza dei titoli creati per Mario. Tuttavia, l'azione frenetica e il simpatico aspetto del porcospino di Sega riuscirono a rendere più stimolante un panorama affollato da fotocopie sbiadite dei capolavori Nintendo.

Mentre il supersonico porcospino di Sega suonava la carica, il PC - piattaforma aperta basata su CPU Intel e sistema operativo Microsoft - iniziava lentamente ad affermarsi come macchina da intrattenimento e le riviste di settore cominciarono a prevedere l'invasione in massa del supporto ottico. Philips e Commodore si erano infatti impegnate in ambiziosi progetti basati sulla nuova tecnologia. Anche Sony, in quell'euforico 1991, annunciava entro breve tempo il lancio di una sua "play station". Commodore arrivò prima degli altri: il Commodore Dynamic Total Vision (comodamente soprannominato CDTV) fu presentato in pompa magna come antipasto della paventata kermesse multimediale. A presiedere la cerimonia era stato invitato lo stesso Nolan Bushnell (il che avrebbe dovuto già destare qualche sospetto sul nero futuro dell'azienda). Il look simile a un normale lettore CD audio e l'utilizzo via telecomando faceva sperare all'impresa statunitense che il pubblico fosse disposto a dimenticare l'immagine poco amichevole da sempre associata ai computer (come strumento di lavoro in primo luogo e di tortura per i semplici curiosi in secondo) e consentisse alla multimedialità di invadere serenamente tutte le abitazioni. In verità, le potenzialità del sistema non vennero mai sfruttate: furono pubblicate solo riedizioni dei titoli già disponibili per Amiga e nemmeno la possibilità di espansioni e l'aggiunta di drive e tastiera salvarono il CDTV dall'oblio. In seguito Commodore cercherà di rifarsi anticipando tutti con la tecnologia a 32 bit del CD32 (in pratica la mother board di un Amiga 1200 equipaggiata di CD-ROM). Quest'ennesimo fallimento farà sprofondare l'azienda ancor più in profondità nel baratro buio in cui già stava precipitando. Con poco distacco da Commodore, Philips si piazzò al secondo posto. La multinazionale olandese era stata la prima società al mondo a rendersi conto che il CD sarebbe stato il medium del futuro. Il CD multimediale altro non era che la logica evoluzione di quello audio. Ergo: forti del successo avuto nell'imporre lo standard del CD audio (sviluppato in collaborazione con Sony a partire dal 1976), alla Philips ritennero di poter riuscire a stabilire un nuovo standard multimediale. Nessuno volle dare loro ragione. Oltre alla possibilità di sfruttare la tecnologia CD per il software multimediale, il CD-i (dove la "i" sta per "interactive") poteva leggere photo-CD e normali CD audio; venne anche introdotto un modulo FMV (Full Motion Video) compatibile allo standard di compressione dei dati audiovisivi MPEG per la riproduzione dei film (permettendo di raggiungere una qualità pari se non addirittura migliore a quella Super VHS, comunque inferiore al laser disc). Philips credette sempre molto nelle potenzialità del CD-i ma, come tutti quelli caduti sul campo, non riuscì a capire per tempo che è il software a fare la fortuna di una macchina e non viceversa. Nonostante le vendite poco esaltanti e l'obsoleta tecnologia (sebbene commercializzato nel '91 le specifiche tecniche risalivano addirittura al 1986) il CD-i rimase sul mercato per parecchio tempo e in differenti versioni, tra cui una portatile con schermo a cristalli liquidi incorporato.

In questo sconsolato scenario, in cui molti cercavano di azzannarsi per poche briciole, Nintendo riuscì a vendere circa 170 milioni di cartucce, fra NES, Game Boy e Super NES; correva il 1992: i profitti prima delle tasse superarono il miliardo di dollari. Uno dei titoli più venduti fu la fedele trasposizione domestica per SNES di *Street Fighter II*.

In quello stesso anno, nelle sale gioco di mezzo mondo, i personaggi di *Street Fighter* rischiarono di vedere intaccata la loro fama. I nuovi beniamini avevano ora assunto le spoglie dei lottatori digitalizzati di *Mortal Kombat*. Il nuovo beat'em-up era opera di Midway, marchio storico nel panorama dell'intrattenimento elettronico a stelle e strisce: fondata nel 1958 da Hank Ross e Marcine Wolverton, come diretta concorrente di Bally, uno dei più importanti produttori mondiali di flipper, ne diventerà, dal 1969, la divisione addetta ai coin-op. La fama della società è legata all'aver diffuso in occidente *Space Invaders* e *Pac-Man*, ma anche per aver prodotto, senza licenza, *Ms. Pac-Man*. In *Mortal Kombat* atleti di varie arti marziali prestarono i loro corpi per la realizzazione dei personaggi e delle animazioni nel gioco. Ciascuno fu dotato di un repertorio di mosse piuttosto originale e, soprattutto, cruento. Per ogni colpo andato a segno il sangue digitale imbrattava lo schermo. Il particolare che più attirava le schiere di giocatori era dato dalla possibilità di infierire sul corpo dell'avversario quando la sua barra d'energia arrivava al termine: incitati dalla scritta "Finish Him!" bisognava eseguire una complessa combinazione di movimenti del joystick e dei pulsanti per ottenere la "Fatality Move", ovvero una super mossa terminale per trasformare in cadavere l'altro personaggio, con risultati grandguignoleschi di forte impatto, come strappare il cuore dal petto, sradicare testa e colonna vertebrale, incenerire con un alito di fuoco e altre amene occorrenze. Inutile dire come il sanguinolento gioco prodotto da Midway non fece altro che alimentare l'accanito coro di proteste dei genitori nei confronti del contenuto intrinsecamente violento del videogioco in generale. Ovviamente il primo risultato di tutte queste polemiche fu quello di rendere *Mortal Kombat* ancora più popolare tra le fasce più giovani. Mentre la politica Nintendo rimase quella di tutelare il target infantile, difendendo al contempo la propria dignità nei confronti dei genitori (i veri acquirenti dei giochi di un target di utenti ancora in età scolare), Sega non ci pensò due volte, e non si lasciò scappare l'opportunità di pubblicare *Mortal Kombat* in esclusiva per il Megadrive, consolidando la propria supremazia sul mercato statunitense.

E mentre imperversava questa battaglia a colpi di kung-fu tra i colossi giapponesi dell'intrattenimento elettronico, con discrezione il PC si andava affermando come piattaforma ludica, cominciando lentamente a sottrarre utenza agli altri formati.

Essere multimediali

Nel 1993 la multimedialità prese d'assalto la linea dei PC compatibili, diventando la parola chiave di una promozione pubblicitaria planetaria, acriticamente assorbita dall'immaginario collettivo. Il PC multimediale sembrava destinato a divenire l'unico vero standard del divertimento elettronico a un prezzo tuttavia elevatissimo: quello del costo di un computer periodicamente aggiornato per far funzionare in maniera appropriata i software più all'avanguardia. Fu proprio per sopperire all'inarrestabile necessità di upgrade continui che William "Trip" Hawkins, già dirigente Apple e nel 1982 fondatore di Electronic Arts, concepì il progetto 3DO. La convinzione che "guardare la televisione sia una delle poche cose che la gente ritiene valga ancora la pena di fare" venne fusa da Hawkins con l'idea di interattività come carta vincente per accedere al futuro. Dotato di enormi mezzi, che gli consentirono di farsi pubblicità su quasi tutti i canali comunicativi, Hawkins rivelò di essere riuscito a creare qualcosa di necessariamente utile come il videoregistratore: nei suoi progetti qualsiasi cosa sarebbe potuta diventare un'applicazione 3DO e il 3DO sarebbe riuscito a trasformarsi in qualsiasi cosa l'utente avesse desiderato. L'idea alla base del sistema era quella di televisione interattiva, cioè di una televisione che prevedesse un intervento attivo da parte dell'utente ma che evitasse, al tempo stesso, una partecipazione troppo intensa (ascritta negativamente alle console da gioco). Per accontentare anche i promotori della realtà virtuale, allora di gran moda, Hawkins non negava la possibilità di collegare alla sua macchina espansioni per un eventuale kit del cybernauta. Questa visionaria determinazione (unita soprattutto all'ubiquità di Hawkins) riuscì ad attrarre gli sviluppatori prima ancora che il prodotto venisse presentato. Tuttavia, i titoli pubblicati sembrarono più che altro complesse demo, realizzate con lo scopo di illustrare le potenzialità della macchina, piuttosto che con quello di divertire e intrattenere. Le grandi attese e le grandi speranze suscitate furono destinate a rimanere tali, come tale rimase il sogno di trasformare il 3DO nello standard unico a livello mondiale. Del pacchetto azionario iniziale, che comprendeva AT&T, MCA Inc., Time Warner, Electronic Arts, Goldstar e Matsushita (Sanyo e Panasonic), rimase soltanto l'ultima impresa. Come se non bastasse, la nuova generazione di 3DO, che avrebbe dovuto sfruttare la tecnologia dell'M2 Accelerator a 64 bit, fu presentata al pubblico giapponese a fine '97 in una veste decisamente anacronistica, quella di black box multimediale del tipo CD-i/CDTV; da quel momento in poi si perse ogni traccia della nuova console e la tecnologia M2 venne riadattata per una telecamera digitale.

Insieme al sogno di Hawkins si infranse anche quello di Atari di risalire la china dopo una serie statisticamente inverosimile di insuccessi. Nel novembre del 1993 Atari (un marchio in continua cessione) espose a scaffale la prima console a 64 bit, denominata Jaguar. La console non riuscì mai a imporsi su alcun mercato e per un lungo periodo ha giaciuto agonizzante sul campo, nella vana attesa di software degno delle sue specifiche tecniche.

Con il senno di poi, il fallimento contemporaneo di CDTV, CD-i, 3DO e Jaguar fece parlare di una seconda crisi nel mondo delle console, paragonabile a quella dell'infausto biennio 1983-'84, non tanto in termini di fatturati, quanto di sovraffollamento del mercato con prodotti mediocri prontamente rigettati dall'utenza: fattore che contribuì a rimarcare con ancora più forza la supremazia del Giappone nel settore dell'intrattenimento digitale.

Il PC una macchina per giocare?

Quando nei primi anni '80 IBM introdusse il "Personal Computer", un modello di elaboratore destinato a un mercato domestico ancora da inventare, non ne racchiuse l'architettura hardware in un sistema di brevetti. Da allora il PC si è sviluppato, sia sul piano commerciale sia su quello tecnologico, come sistema aperto. Non esiste infatti un singolo soggetto che detenga i diritti per la fabbricazione dei cosiddetti "IBM compatibili": si tratta di macchine a struttura modulare i cui componenti vengono fabbricati da numerose aziende diverse. I produttori di software ludico per PC non devono pertanto aderire ad alcun programma di licenze, versare royalty e nemmeno sottoporre i loro giochi al controllo di un detentore di formato. Al contrario, nel caso dei sistemi proprietari - ovvero le console, l'intero apparato organizzativo che fa capo a una piattaforma è controllato direttamente da chi ha prodotto il formato, e lo sviluppo di software è regolato da un programma di licensing, gestito dal produttore e detentore dell'hardware. Inoltre, la struttura aperta dell'architettura PC implica un'importante caratteristica nella gestione del software, quella che viene definita "scalabilità" e che può essere tradotta nei seguenti termini: la capacità delle nuove generazioni tecnologiche, grazie a prestazioni progressivamente più elevate, di processare esattamente lo stesso codice delle generazioni precedenti - la retrocompatibilità a livello di software ne è la diretta conseguenza. Tuttavia, l'affermazione a livello monopolistico di Microsoft Windows come sistema operativo per lo sviluppo di software d'intrattenimento e il successo delle schede per l'accelerazione della grafica tridimensionale si rivelarono col tempo fattori che di fatto ricondussero l'architettura del PC al modello dei sistemi proprietari. Nel primo caso, per risolvere i numerosi problemi di compatibilità che affliggevano la programmazione a basso livello (per cui ogni possibile configurazione hardware doveva essere presa singolarmente in considerazione), Microsoft incorporò – già a partire da Windows 95 - dei protocolli di programmazione chiamati DirectX che permettevano di eludere gran parte del sistema operativo grafico e di inviare istruzioni alla CPU in modo quasi diretto, così da semplificare il lavoro agli sviluppatori di videogiochi. Il motto del nuovo sistema operativo divenne "Plug & Play". In quest'ottica Microsoft riuscì a instaurare con i produttori di software ludico per PC una serie di dinamiche assimilabili a quelle del mercato console. Questo fenomeno diventò ancor più evidente con l'introduzione delle schede per l'accelerazione 3D, concepite appositamente per la gestione dei poligoni che compongono i mondi in tre dimensioni. In questo modo l'onere computazionale riservato alla CPU (connesso alla gestione di un motore grafico poligonale) veniva drasticamente alleggerito. Tuttavia la presenza di diversi modelli di schede, ognuna dotata di caratteristiche differenti - inizialmente incompatibili fra loro - introdusse nel mercato PC nuove dinamiche di coalizione del tutto simili a quelle in atto nel mercato chiuso delle console. E proprio per evitare situazioni del genere, Microsoft cercò fin da subito di ricondurre le specificità dei vari chipset per l'accelerazione 3D entro i parametri di Windows, integrando nelle DirectX una serie di librerie specifiche denominate Direct3D. In questo modo tutte le schede per l'accelerazione tridimensionale vennero ricondotte a una sorta di massimo comun divisore che le rendeva compatibili trasversalmente con tutti i giochi che giravano sotto Windows, appiattendo tuttavia le funzionalità specifiche di ogni chipset.

Anche senza DirectX, il popolo degli utenti PC più smaliziati, abituato da anni a smanettare con i file di impostazione e riavvio della macchina, aveva consacrato il proprio sistema come piattaforma ludica di riferimento, grazie a due titoli, sviluppati da due misconosciute software house, che seppero ridisegnare il modo di fare videogiochi. Stiamo parlando di *Myst* di Cyan e di *Doom* di id

Software: due prodotti diametralmente opposti realizzati seguendo filosofie completamente differenti. *Myst* rappresentava infatti il prodotto apicale della multimedialità: a livello di struttura ludica si trattava fondamentalmente di un'avventura ipertestuale, illustrata da immagini statiche in grafica tridimensionale, arricchite da qualche filmato in FMV Full Motion Video. In pratica, era il videogioco ideale per chi non amava i videogiochi. Il ritmo rarefatto e poco incalzante e la complessità degli enigmi avevano il pregio di far sentire più intelligente l'utente, contemporaneamente rassicurato dall'atmosfera idilliaca delle ambientazioni. Proprio per questo, rimase in testa alle classifiche di vendita per PC e Mac per lunghissimo tempo, spronato da un incessante passaparola. Il suo successo permise lo sviluppo di altri videogiochi dedicati a un pubblico occasionale e meno smaliziato, ma altrettanto attento all'interattività portata dalle nuove tecnologie.

Al contrario, l'avvento di *Doom* fu di quelli con il botto. Il fenomeno esplose il 10 dicembre del 1993 quando il sistema informatico dell'Università del Winsconsin andò completamente in tilt, non riuscendo più a gestire le migliaia di studenti che si stavano collegando alla ricerca di un unico file: l'eseguibile di quel gioco che avrebbe cambiato per sempre la storia dell'intrattenimento videoludico. Quel giorno, oltre quindici milioni di persone in tutto il mondo scaricarono la versione shareware di *Doom* contenente i primi due episodi (ciascuno di quattro livelli) e, in un lasso di tempo pari a quello che sarebbe potuto trascorrere fra l'installazione del gioco e la prima partita, gli sviluppatori vendettero direttamente più di 150.000 copie della versione completa.

John Carmack e John Romero, assieme ad altri artisti e programmatori, fondarono id Software alla fine degli anni '80. Il loro primo tentativo di rivoluzionare il genere sparatutto fu compiuto con *Wolfstein 3D* (e successivamente dal prequel *Spear of Destiny*), ambientato in un castello occupato dai nazisti. Pur non sfruttando un motore grafico tridimensionale, l'utilizzo di un punto di vista in soggettiva (come se il giocatore potesse vedere tramite gli occhi dell'alter ego digitale) riusciva a ricreare l'illusione di trovarsi effettivamente in un tetro covo delle SS. Forti di questo successo (vendettero più di 250.000 copie del gioco), decisero di perfezionare l'idea e il risultato fu *Doom*, in cui i giocatori sono chiamati a vestire i panni di un soldato terrestre in servizio sulle lune di Marte. La situazione comincia a precipitare immediatamente e, in men che non si dica, ci si ritrova soli in un dedalo di stretti corridoi a combattere contro soldati alieni e mostri orripilanti. L'ambientazione è semplicemente terrificante: i locali del complesso inducono un vero senso di claustrofobia e le urla dei mostri nascosti alla vista fanno istantaneamente aumentare il tasso di adrenalina. La cura per i dettagli macabri e ripugnanti fa il resto. Per la prima volta i bit, innocue stringhe di numeri, riescono a generare ansia e paura.

La caccia è aperta a tutto ciò che si muove: dalla motosega al cannone al plasma, c'è tutto l'occorrente per dare il via a un'autentica carneficina e il sangue scorre a fiumi. Ma quest'orgia di violenza conduce progressivamente il giocatore alla catarsi finale. Il panico non subentra mai all'ansia e il passaggio di livello consente il ritorno alla più tranquilla realtà fatta di atomi.

L'immenso consenso di critica e pubblico che Doom ha saputo conquistare ha dato vita a una serie pressoché infinita di espansioni, livelli aggiuntivi, effetti sonori, scenari e mostri differenti: questo grazie soprattutto alla buona volontà di id Software, che ha messo a disposizione, attraverso Internet, le specifiche necessarie per cambiare i parametri del gioco, rendendolo sempre nuovo e facendone aumentare di conseguenza il valore nel tempo. Ciò che rese Doom immortale fu soprattutto la possibilità, data a più giocatori contemporaneamente, di sfidarsi all'interno di apposite arene, tramite collegamento seriale, LAN (Local Area Network) oppure con Internet. La comunità mondiale degli appassionati di videogiochi trovò nella modalità multiplayer di Doom il canale ideale per far circolare il manifesto del videogiocatore: Doom fu il primo titolo in grado di omologare i gusti di milioni di giocatori sparsi per il globo, contribuendo alla posa delle fondamenta della più popolosa comunità virtuale. L'esempio di id Software venne seguito da così tanti sviluppatori da saturare velocemente il mercato di titoli dalla struttura di gioco molto simile; d'altra parte, fu la stessa software house texana a concedere in licenza il proprio motore grafico ai numerosi richiedenti.

L'importanza che il primo capolavoro di id Software rivestì per l'intera comunità videoludica è dunque riconducibile ai seguenti punti: la distribuzione shareware di alcuni livelli completi di gioco, che contribuì enormemente all'affermazione di Internet come nuovo canale di pubblicazione e promozione; la modalità di gioco in multiplayer: il primo tentativo di creazione di una comunità virtuale su scala mondiale ad avere successo; l'editor di pubblico dominio e la concessione su licenza del motore grafico proprietario, che permisero la creazione di livelli aggiuntivi, add-on e giochi completamente nuovi, mettendo in fermento un settore che rischiava di cristallizzarsi attorno a pochi grandi produttori e che, al contrario, vide l'affermazione progressiva di nuove e dinamiche software house.

Dinamiche di fine millennio

Sony, innanzitutto

"A qualsiasi cosa stiate pensando... non è abbastanza". Con queste parole (cui seguì un battage pubblicitario come Sony non faceva dai tempi del walkman) PlayStation venne ufficialmente presentata al pubblico europeo durante il Technical Workshop di Londra nel gennaio del 1995 (ma già dal Natale precedente i giapponesi si erano potuti regalare la nuova console). L'evento coincise con l'esordio di Sony nel segmento dell'intrattenimento elettronico interattivo, con il trionfo della generazione tecnologica a 32 bit e con l'abbandono del tradizionale supporto siliceo in favore di quello ottico (di cui Sony era stata, assieme a Philips, la prima promotrice). Il progetto PlayStation risaliva indirettamente a un accordo del 1988 fra Sony, allora quasi del tutto estranea al mercato videoludico (se si esclude la partecipazione al progetto MSX, computer domestico a 8 bit) e Nintendo, che in quel periodo - con il Famicom in regime di quasi monopolio - stava progettando l'hardware della successiva generazione. Stando all'accordo, Sony avrebbe dovuto sviluppare un lettore CD-ROM (provvisoriamente chiamato Super Disc) per il nuovo Nintendo; in cambio avrebbe potuto produrre un sistema proprietario compatibile, in grado di funzionare tanto con le tradizionali cartucce quanto con i nuovi CD-ROM. Il nome della piattaforma sarebbe stato PlayStation. Tuttavia, mentre il progetto PlayStation prendeva forma, Nintendo cominciò a nutrire qualche dubbio sull'opportunità strategica della collaborazione: le ambizioni di Sony, che mirava a introdurre una nuova generazione di videogiochi su CD-ROM, in sinergia con Sony Music e Columbia Pictures, erano percepite da Nintendo come diretta minaccia ai propri interessi. Durante il Consumer

Electronics Show del 1991, Nintendo annunciò l'intenzione di richiedere anche a Philips lo sviluppo di un lettore CD-ROM per la nuova console: Sony decise di adire le vie legali per imporre a Nintendo il rispetto dell'accordo. Anche se le posizioni rimasero distanti, lo sviluppo del nuovo sistema continuò per tutto il 1992, entrambe le parti convinte di poter raggiungere una forma di intesa. Alla fine dell'anno, Sony, Nintendo e, questa volta, anche Philips, sottoscrissero un nuovo accordo secondo cui PlayStation sarebbe stata compatibile con l'hardware del Super Famicom ma Nintendo avrebbe mantenuto il pieno controllo su tutto il software, compreso quello su CD-ROM. Furono prodotte alcune decine di prototipi e iniziò lo sviluppo di titoli concepiti ex-novo per il supporto ottico, senonché i rapporti con Nintendo degenerarono fino alla sospensione definitiva del progetto originario. Il patrimonio di conoscenze accumulato da Sony era troppo importante per andare completamente disperso. Nacque così il progetto PS-X (PlayStation-X): una piattaforma a 32 bit con lettore CD-ROM sviluppata in totale autonomia. Il risultato finale fu la fortunata console immessa sul mercato con il brand name originariamente pensato per la piattaforma Nintendo-compatibile. Nel 1993 il progetto, da sempre affidato alle mani esperte di Ken Kutaragi, fu finalmente completato. Venne così fondata Sony Computer Entertainment e iniziarono a essere contattati potenziali sviluppatori ed editori di software per il formato. Namco aderì al programma sottoscrivendo un accordo esclusivo come second party publisher. Konami e Capcom aderirono come third party licensees. Inoltre Sony acquistò Psygnosis, software house inglese con esperienza ormai storica nel settore. Alla fine, le aspettative riposte dai videogiocatori nel sistema Sony non andarono deluse: il metodo migliore per valutarne fin da subito le potenzialità fu offerto dalle fedeli trasposizioni di *Ridge Racer* e *Tekken* di Namco, due gettonatissimi cabinati da sala.

Progettata per la gestione di complesse costruzioni tridimensionali, PlayStation si è rivelata soprattutto un ambiente di sviluppo ottimale per le software house (senza contare il supporto diretto fornito dagli ingegneri Sony: pratica decisamente poco in uso presso i concorrenti, Nintendo in testa). È stata proprio la scelta di offrire un sistema accessibile che, già dopo breve tempo, ha portato alla proliferazione di titoli sul mercato. Sony ha compreso fino in fondo che il successo di una piattaforma dipende dal software per essa sviluppato, piuttosto che da specifiche tecniche valide solo per la statistica. In quest'ottica va inclusa anche la commercializzazione, accanto ai normali modelli, di una particolare versione della console, denominata "Yaroze" (termine giapponese traducibile con "creiamo") che, collegata al PC, permette di programmare l'hardware PlayStation. Il progetto, conclusosi con successo alla fine del 1998 (quando è terminata la produzione della "PlayStation Nera"), consentì a Sony di raggiungere due importanti obiettivi: introdurre il marchio PlayStation negli istituti accademici (nel Regno Unito erano già numerosi allora i corsi universitari per la programmazione di videogiochi) e, in secondo luogo, offrire uno strumento accessibile a tutti gli utenti interessati anche solo per hobby alla programmazione (consentendo loro di dare forma a concetti di gioco innovativi, anche se privi delle ricercatezze grafiche dei grandi team di sviluppo). In questo modo Sony ha contribuito alla creazione di una scuola di programmazione che, in ultima analisi, le ha consentito di mantenere una leadership di mercato anche con le generazioni successive di hardware.

Quando, nel novembre 1993, Sony annunciò la propria intenzione di entrare nel mercato domestico dei videogiochi con una piattaforma a 32 bit dotata di lettore CD-ROM, i vertici di Sega furono colti da sgomento. Lo sviluppo del Saturn aveva infatti accumulato un leggero ritardo e la data di lancio, originariamente fissata per la fine del 1994, rischiava di slittare al 1995. Ma l'ingresso sulla scena di PlayStation, previsto per il dicembre '94, obbligava Sega ad accelerare i tempi. Per tutto l'anno il reparto ricerca e sviluppo lavorò a ritmi serrati, seguendo una scelta di design piuttosto complessa e insolita: il cuore computazionale della console era costituito da due processori gemelli a 32 bit che lavoravano in parallelo. Tutto ciò ebbe, fin dall'inizio, un impatto negativo sui tempi e sui costi di sviluppo del software: in linea teorica si sarebbe potuta ottenere dai due processori (ciascuno con una frequenza di clock a 25 MHz) una potenza di calcolo sensibilmente superiore a quella offerta dal singolo chip a 33 MHz della PlayStation. Tuttavia, per programmare un ambiente tridimensionale credibile, ottimizzato per l'architettura Saturn, occorrevano risorse e tempi di sviluppo maggiori rispetto a quelli necessari per realizzare lo stesso ambiente su PlayStation. Un veloce raffronto fra i giochi sviluppati in concomitanza per entrambi i sistemi fece subito pendere la bilancia a favore di Sony, nonostante titoli di richiamo quali *Virtua Fighter 2* e *Sega Rally* (le risposte Sega a *Tekken* e *Ridge Racer* per PlayStation). Fu così che Sega cominciò a supportare sempre meno il Saturn, poco gradito anche agli sviluppatori esterni, concentrando tutte le energie su un nuovo progetto.

Le grandi imprese di Lara Croft

Mentre ancora versava nell'incertezza la sfida tra Sony e Sega, il mondo dell'intrattenimento si apprestava ad accogliere un nuovo fenomeno globale. Usciva infatti il 15 novembre del 1996 *Tomb Raider* di Core Design. La sua protagonista, l'avvenente avventuriera Lara Croft, ideata dal game designer Toby Gard, rimpiazzò senza troppa fatica Mario tra le preferenze di tutti giocatori che avevano superato la pubertà. La giunonica archeologa inglese non si accontentò di limitarsi alla carriera videoludica ma venne avviata alla discografia, divenne protagonista di una serie a fumetti edita da Top Cow e, soprattutto, riuscì ad approdare al cinema con due pellicole di successo prendendo in prestito il volto di Angelina Jolie. Il suo sinuoso corpo di bit è comparso sulle riviste di moda e il suo sorriso digitale venne impresso sulla copertina del popolare settimanale britannico "The Face". Nata il 14 febbraio del 1967, un metro e settanta di altezza per 55 Kg di peso distribuiti nelle misure di 96, 56 e 86; esperta di archeologia, amante dei viaggi e dell'avventura, solitaria e indipendente, esponente ideale del "girl power" attribuito alle conterranee Spice Girls: Lara è stata dotata di tutti gli attributi che potessero attirarle anche le simpatie del pubblico femminile. Ma gli sviluppatori di Core Design sono stati abbastanza maliziosi da rendere un personaggio così affascinante anche eroticamente desiderabile, non solo pronunciando il seno e restringendo i fianchi, ma soprattutto adottando una visuale di gioco esterna centrata sulla protagonista. In pratica, chi gioca si trova di fronte sempre il suo fondoschiena perfettamente scolpito; raramente riesce a vederla in volto, può capitare che la telecamera si soffermi un istante sui suoi grandi occhi castani e sulle sue labbra carnose ma Lara è irraggiungibile: continua a sfuggire davanti al giocatore, protetta dallo schermo, fuori dalla sua portata. A questo voyeurismo patinato si aggiunge anche un altro fattore, l'archetipo atteggiamento protettivo, tipicamente maschile, nei confronti della figura femminile.

Infine, fatto non del tutto trascurabile, *Tomb Raider* si dimostrava un ottimo gioco: ambientazioni evocative, innovativo impianto grafico, comodo sistema di comando e livello di sfida ben calibrato, incentrato sull'esplorazione e la risoluzione di enigmi piuttosto che sull'istigazione al genocidio. Tutto ciò ha contribuito al successo mondiale del personaggio di Core Design. Se il titolo non fosse stato valido, le varie modelle che si sono avvicendate a interpretare la versione "analogica" di Lara Croft non avrebbero avuto grande risonanza; così, invece, hanno funzionato da amplificatore, permettendo la vendita di qualche milione di copie in più. Lara Croft ha fatto storia, da allora il panorama videoludico si è arricchito di eroine più o meno discinte e il fenomeno di clonazione della struttura di gioco si è moltiplicato in maniera esponenziale. E pensare che Toby Gard, l'inventore di Lara, era stato quasi rimproverato per aver scelto una protagonista femminile per *Tomb Raider*, una scelta in assoluta controtendenza rispetto a quanto mostrato dal mercato fino ad allora. In seguito, le troppe pressioni sul posto di lavoro lo costrinsero ad allontanarsi da Core Design dopo aver completato il gioco, addirittura prima ancora che questo raggiungesse gli scaffali, rinunciando così a ogni diritto riguardante la sua creatura. La riappacificazione tra "padre" e "figlia" avverrà solo dopo la fallimentare esperienza di *Angel of Darkness*, quando il nuovo sviluppatore Crystal Dynamics, subentrato a Core Design, deciderà di reintegrare Gard nell'organico per rilanciare la sua preziosa creatura.

Un'ocarina per viaggiare nel tempo

L'unica realtà dell'intrattenimento a rimanere immune al fascino di Miss Croft fu Nintendo. Mentre imperversava la moda della multimedialità, forte dei quaranta milioni di SNES piazzati nelle case di tutto il mondo, il colosso giapponese era rimasto fermo a guardare gli altri giganti dell'elettronica azzuffarsi sullo standard ottico; il software per la vecchia piattaforma a 16 bit rappresentava ancora un'importante risorsa, da preservare anche a costo di un eventuale ritardo tecnologico nei confronti della concorrenza. Contemporaneamente, sul fronte portatile, Nintendo aveva ripopolato l'immaginario infantile con un'inaudita serie di mostriciattoli da collezione, i Poket Monster. Creati da Satoshi Tajiri, i Pokémon partirono dal GameBoy per andare velocemente alla conquista del mondo intero, dando vita, a livello di merchandise, a un fenomeno cui non si assisteva dai tempi di *Pac-Man*: i piccoli mostri, che nascevano dalla passione infantile del game designer di collezionare insetti, divennero ben presto protagonisti di famosissime serie a cartoni animati, di gadget di ogni tipo e, forti anche dei 155 milioni di pezzi di software venduti (nel complesso dei vari episodi), continuano a rappresentare ancora oggi un'importantissima proprietà intellettuale per Nintendo.

Nonostante questo enorme successo, Nintendo cominciava a sentire la pressione del mercato. Soprattutto, sembrava bruciare il successo di PlayStation, la console nata dalle ceneri del progetto originariamente avviato in comunione con Sony. Convinta di poter procedere sulla propria strada, Nintendo ideò una piattaforma hardware diversa rispetto a quella dei concorrenti, puntando sui muscoli (capacità di calcolo) piuttosto che sulla resistenza (immagazzinamento dati). Realizzato in collaborazione con Silicon Graphics, il nuovo hardware aveva già superato la fase cartacea nel 1993 con il nome in codice di "Project Reality". Il progetto prevedeva un'architettura a 64 bit, derivata da quelle in dotazione alle costose workstation per la realizzazione di Computer Graphic a livello professionale. In questo modo Nintendo sperava di colmare lo scarto approdando direttamente a una generazione tecnologica successiva. Dopo mesi di attesa, il 24 novembre 1995, allo Shoshinkai di Chiba (una fiera nella periferia di Tokyo riservata alla stampa e ai professionisti dell'industria), venne presentato per la prima volta l'*Ultra 64* corredato da tredici videogiochi in fase di lavorazione. La data di inizio della commercializzazione fu definitivamente fissata per il 21 aprile '96 con il nome di *Nintendo 64* (N64). Questo accadeva in Giappone; i videogiocatori europei, a meno di ricorrere all'importazione parallela, dovettero pazientare fino al maggio dell'anno successivo. Causa delle continue posticipazioni era il ritardo nello sviluppo del software. Ritardo che penalizzò enormemente la diffusione del 64 bit di Nintendo, contribuendo a rendere incolmabile il distacco accumulato da PlayStation. Ciò che infatti non consentì a N64 di combattere ad armi pari con la piattaforma di Sony era una libreria software ridotta, composta per lo più da una massa di titoli mediocri che oscuravano lo splendore di rare gemme di programmazione provenienti da Nintendo stessa. Nell'era in cui il CD-

Rom dominava il mercato, lasciò stupiti la scelta della grande N di utilizzare nuovamente il silicio come supporto. Il problema principale, oltre ovviamente ai costi di produzione - nettamente superiori rispetto al supporto ottico - riguardava i limiti fisici alla quantità di dati stipabili in una singola cartuccia. Difatti, mentre un CD-Rom poteva contenere fino a 650 MB come capienza massima, salvo rare eccezioni, le cartucce per N64 raggiungevano un massimo di 50 MB. Per superare questi limiti di memorizzazione Nintendo più volte annunciò – e posticipò - il lancio del *Nintendo 64 Disk Drive*, un'unità esterna per la lettura e la scrittura di dati su un supporto a tecnologia magneto-ottica, periferica che non varcherà mai i confini nazionali.

Come da tradizione, il titolo che accompagnò il lancio del N64 era l'ennesimo capitolo della saga di Mario. Accolto unanimemente dalla critica come uno dei migliori videogiochi di tutti i tempi (il primo a ottenere il massimo punteggio su tutte le riviste), *Super Mario 64* venne scalzato dal trono solo da *The Legend Of Zelda: Ocarina of Time*, l'ennesimo parto creativo di Miyamoto. Scoperto per la prima volta nel 1986, il mondo di Hyrule, governato dalla principessa Zelda, di cui il protagonista si mette prontamente al servizio, ha fatto vittime illustri: basti pensare che l'attore di Hollywood Robin Williams battezzò la figlia in onore al gioco.

In questa terra da fiaba, pullulante di vita digitale, l'elemento che fa la differenza è proprio l'ambiente con i suoi strambi abitanti e non certo il protagonista, Link, che, ancor più di Mario, rappresenta un personaggio vuoto, la cui personalità viene delineata solo in base alle azioni del giocatore. Come avrà modo di dire Miyamoto: "Hyrule è un giardino in miniatura che si può chiudere in un cassetto per rivisitarlo ogni volta che si vuole". L'autore non ha mai fatto mistero di come il gioco nascesse dalla sua passione infantile di esploratore, affascinato da tutti i misteri offerti dalla natura dietro casa.

Impossibile da catalogare in un genere definito, *The Legend of Zelda: Ocarina of Time* rappresentava allora il testamento di trent'anni di divertimento elettronico la cui somma delle parti lo rendeva un capolavoro assoluto. La terra di Hyrule appariva per la prima volta come un micro-mondo tridimensionale, fatto di montagne, deserti, laghi, praterie e foreste, di grotte sepolte nel ghiaccio e crateri vulcanici. Un mondo che passava gradualmente dal giorno alla notte con albe e tramonti, popolato da tante razze diverse e da personaggi con le loro piccole vicende quotidiane da raccontare e, soprattutto, con tante cose da fare e da vedere. Non si correva mai il rischio di rimanere intrappolati in uno stesso punto, bastava girovagare senza meta per incontrare una nuova sfida e nel frattempo la soluzione si sarebbe spalancata davanti agli occhi del giocatore. Uno dei grandi pregi era dato dal fatto che tutto ciò che bisognava sapere per procedere veniva spiegato dal gioco giocato, non c'era il rischio di essere abbandonati a se stessi: la struttura narrativa degli eventi impediva di cimentarsi in sfide votate al fallimento senza prima aver appreso le competenze necessarie per affrontarle.

Fu così che anche i più scettici impararono a riconoscere nella leggenda di Zelda una fiaba universale, che narra il passaggio dall'infanzia all'adolescenza con un enorme peso da sopportare: il destino di un'intera popolazione. Eppure, mentre si gioca (mentre si cresce), il peso di questo fardello non si avverte nemmeno. Gli amici di una volta non riconosceranno più il protagonista, ma ce ne saranno di nuovi pronti a fidarsi delle sue capacità; un mondo rigoglioso e sereno (quello dell'infanzia) verrà deturpato dal male, ma la speranza continuerà ad albergare negli abitanti di Hyrule. *Ocarina of Time* è una fiaba raccontata con la stessa magistrale leggerezza dei film Disney, senza il bisogno di ricorrere alle tinte forti per richiamare l'attenzione dei giocatori adulti. Tutto è affidato al continuo senso di meraviglia e di stupore. Qualità che solo le grandi storie possiedono.

L'anno delle Killer Application

Il 1998 non fu solo l'anno di *Ocarina of Time*, ma vide l'arrivo sul mercato di due franchise che avrebbero dominato la scena negli anni a venire, mostrando per la prima volta l'effettivo potenziale dello strumento videoludico anche ai più refrattari al fascino delle nuove tecnologie digitali. Entrambi i titoli furono sviluppati in esclusiva per PlayStation, a dimostrazione che il formato aveva già stracciato la concorrenza. Il primo era un gioco di guida, *Gran Turismo*, sviluppato da Poliphony Digital, un team interno a Sony stessa. Il suo creatore, Kazunori Yamauchi, il primo giorno di lavoro presso Sony Computer Entertainment scrisse questa semplice idea: "voglio guidare la mia auto sul televisore di casa". Non ebbe bisogno nemmeno di compilare un modulo di approvazione. Mentre gli altri giochi di guida, più o meno simulativi, puntavano su dream car o altre auto sportive (dalla Formula 1 alla Nascar), il concept di Yamauchi prevedeva proprio di guidare le auto ordinarie su circuiti ispirati alla realtà e non a famosi gran premi o località esotiche. Partendo dalle utilitarie, il giocatore poteva apprendere i rudimenti della guida fino ad approdare ad auto da competizione settate con parametri da gara, grazie ai premi in denaro elargiti a chi riusciva a raggiungere il podio. I 178 modelli, personalizzabili nei colori e negli assetti meccanici e aerodinamici, pescavano da un catalogo su licenza dominato da case automobilistiche giapponesi, riproposte però con assoluta fedeltà, sia a livello grafico, sia a livello di prestazione (accelerata, frenata e sterzo): un realismo enfatizzato dagli stupefacenti replay, che un occhio poco allenato avrebbe potuto scambiare per riprese dal vivo. Il gioco, inoltre, era il primo titolo a supportare il nuovo controller DualShock di Sony, dotato di leve analogiche e di vibrazione, capace di restituire così una sensazione di guida impareggiabile pur senza pedali e volante. Anche se i puristi della guida digitale storsero il naso, il successo fu immediato e di ordine planetario, permettendo a *Gran Turismo* di superare i dieci milioni di copie vendute.

Il secondo titolo, *Metal Gear Solid*, pubblicato da Konami, riprendeva in realtà una serie già avviata sulla linea di computer MSX. Ideata da Hideo Kojima la saga arrivava su PlayStation con un restyle tridimensionale, mantenendo intatta la dinamica di gioco principale, ovvero la necessità di infiltrarsi in una base militare assediata dai terroristi, evitando quanto più possibile di venire scoperti dagli avversari. A differenza di altri titoli ad ambientazione bellica, in *Metal Gear Solid* non si può procedere a fucile spianato, ma il giocatore, nel ruolo del cybersoldato Solid Snake, deve necessariamente muoversi nell'ombra, evitando il contatto visivo e sonoro con le truppe paramilitari che hanno occupato la base artica, stando attento a non far scattare gli allarmi. Snake può avanzare carponi per non fare rumore (magari coperto da una scatola di cartone) o appiattirsi al suolo (per nascondersi sotto a un veicolo) oppure contro le pareti, per spiare i nemici da un riparo sicuro o attirare l'attenzione battendo con il pugno sulle superfici. A questa sorprendente modalità di interazione con lo scenario fa da contraltare una spettacolare regia che rende l'intera esperienza assimilabile a quella di un kolossal cinematografico. Tant'è che i fratelli

Wachwoski, autori della pellicola fantascientifica "The Matrix", cite-
ranno Kojima e il suo *Metal Gear Solid* come fonti di ispirazione.

Sempre lo stesso anno, sempre su PlayStation, era arrivato *Resident Evil 2*, seguito del survival horror di Capcom che nel 1996
aveva terrorizzato i fan degli zombi digitali. I due protagonisti Leon
Kennedy e Claire Redfield, poliziotti in erba, si ritrovano a dover
cercare una via di fuga da Raccon City, cittadina caduta vittima del-
l'epidemia causata dal Virus-T, che trasforma gli esseri viventi in
zombi. Come nel primo episodio, il giocatore può scegliere con
quale dei due personaggi affrontare la sfida. Tuttavia, a ogni personaggio è dedicato uno dei due CD di gioco e la sua avventura è
complementare a quella dell'altro: la disposizione di oggetti, armi
e la successione degli eventi dipende dall'ordine con cui vengono
giocati i due scenari. Le azioni compiute portando a termine lo scenario di Leon avranno delle conseguenze quando si comincerà a
giocare la partita di Claire e viceversa. A differenza del primo episodio, in cui la storia viene inserita solo in un secondo momento,
gli sviluppatori calcano la mano fin da subito sull'aspetto narrativo. Ogni stanza della stazione di polizia viene riempita di file, foto
e articoli che hanno l'unico scopo di accrescere l'atmosfera. Sebbene il focus sia ancora sulla risoluzione degli enigmi, la presenza
di più zombi all'interno di una stessa inquadratura aumenta il
livello di adrenalina e aggiunge molta più azione al modello di
gioco, caratterizzato da scarse risorse (munizioni, medicinali,
opzioni di salvataggio della partita) e pericoli abilmente celati dietro ogni angolo dalla regia virtuale.

Questo impressionante schieramento di forze consolidò la
supremazia di mercato di Sony oltre ogni aspettativa. La sua posizione di leadership non venne intaccata nemmeno quando, con un
annuncio a sorpresa, il 21 maggio del 1998, Sega presentò ufficialmente Dreamcast, il suo ultimo (in tutti i sensi) sistema domestico
d'intrattenimento elettronico, precedentemente conosciuto con i
nomi di Katana e Dural. Il cuore della macchina era un processore
RISC Hitachi *SH-4* a 200 MHz capace di eseguire operazioni in vir-
gola mobile a una velocità quattro volte superiore a quella di un
Pentium II. La grafica era gestita da una GPU (Graphic Processing
Unit) Power VR2 di NEC/Videologic e la macchina era equipaggiata
da 16 MB di RAM e da un lettore CD-ROM 12x (che supportava un
particolare formato CD proprietario da 1 Giga) per garantire un

copioso traffico di dati. Inoltre, prima fra tutte le console, Dreamcast già montava un modem interno che la predisponeva al multiplayer on-line e alla navigazione in Internet. Il tutto era gestito dal sistema operativo Windows CE di Microsoft, con supporto di DirectX che, di fatto, avrebbe dovuto agevolare lo sviluppo da parte delle software house. Un cenno meritano anche i dispositivi di controllo: il joypad, disponibile fin da subito in quattro colori, aveva la possibilità di incorporare il Visual Memory System, un dispositivo separato, funzionante sia come memory card da 128 KB per salvare i dati, sia come handheld separato, grazie al display LCD 37x26 mm e il piccolo altoparlante. Uscito in Giappone nell'autunno del 1998 e giunto dopo numerosi ritardi anche in Europa a quasi un anno di distanza (il 14 ottobre 1999), Dreamcast fece breccia unicamente nel cuore degli hardcore gamer che, solo negli USA, prima dell'uscita nei negozi, avevano prenotato (anticipando il pagamento) più di mezzo milione di console, il doppio, confrontando le prestazioni in prevendita, di PlayStation. Ma come ebbe modo di commentare Gary Penn, veterano del settore videoludico, che la paragonò a un Milky Way, la nuova console di Sega sembrava predestinata a rappresentare uno snack da consumare tra due generazioni PlayStation senza rovinarsi l'appetito.

Offuscata infatti dalla pervasività del marchio di Sony, diventato sinonimo di piattaforma da videogioco, Dreamcast non riuscirà mai a decollare, nonostante il carico di innovazioni portato dalla configurazione hardware e l'eccellente line-up. Gioco manifesto di questo incredibile fallimento fu *Shenmue*, sviluppato dal team interno AM2, capitanato dal veterano dei videogiochi Yu Suzuki (autore di classici come *After Burner*, *Out-Run* e *Virtua Fighter*). Pubblicato nel 2000 e costato 70 milioni di dollari, il gioco, un'opera sbalorditiva accolta all'unanimità dalla critica come capolavoro, vendette poco più di un milione di pezzi, portando Sega sull'orlo del collasso e facendole prendere l'amara decisione di rinunciare per sempre alla divisione hardware.

L'ultima curiosità legata a questo anno memorabile nella storia dei videogiochi riguardava le voci sempre più insistenti che avrebbero voluto la stessa Microsoft coinvolta nel progetto di un sistema proprietario capace di coniugare Web TV e applicazioni ludiche. Voci che nessuno sembrava intenzionato a prendere in seria considerazione.

21st Century toys

Entrano in gioco le "emozioni"

Presentata in anteprima nel marzo del 1999 e ufficialmente il 13 settembre dello stesso anno (proprio mentre il Dreamcast si preparava a invadere l'occidente), PlayStation 2 sconvolse gli animi prima ancora di raggiungere il mercato. A detta di tutti gli esperti del settore, la tecnologia racchiusa nella nuova console di Sony, e in particolare la CPU, dall'evocativa denominazione di "Emotion Engine", rappresentava un decisivo passo avanti, che assumeva le dimensioni di una frattura incolmabile con le generazioni a 32 bit. L'entusiasmo raccolto in giro per il mondo il giorno della presentazione era giustificato da caratteristiche che, almeno sulla carta, avrebbero potuto rendere questo formato il primo standard di riferimento nella storia dei videogiochi. Fra queste, la retrocompatibilità a livello software: ovvero la possibilità di poter giocare i titoli PlayStation anche con il nuovo hardware (disporre così, fin dall'inizio, di un catalogo di oltre cinquecento giochi). Inoltre, PlayStation 2 si presentava da subito come lettore DVD per la riproduzione di film, a un prezzo assimilabile a quello allora di mercato. Inoltre, già nelle intenzioni dei progettisti c'era l'idea di poter distribuire direttamente i contenuti software via Internet (tramite connessione Ethernet) che avrebbero potuto essere immagazzinati su appositi hard disk (già a partire dal 2001) – promessa, questa, che non si avvererà fino all'arrivo di PlayStation Network e che Microsoft anticiperà largamente con il servizio Xbox Live. Nonostante alcune promesse non mantenute, l'hype creato dai media si concretizzò in uno strabiliante risultato di mercato: a dieci anni dal lancio, PlayStation 2 si è avviata sul viale del tramonto con 143 milioni di unità vendute e un catalogo che rasenta le 2000 referenze. Tuttavia, almeno inizialmente, le difficoltà tecniche di programmazione, date dalla complessa architettura dell'hardware, non permisero alle software house di esprimere le potenzialità della macchina, offrendo ai giocatori una line-up di titoli alquanto deludente. La prima killer application arriva solo nel 2001 ed è l'attesissimo seguito di *Metal Gear Solid*. Sottotitolato *Sons of Liberty*, *Metal Gear Solid 2* spiazza i giocatori con l'entrata in scena di un nuovo protagonista, Raiden, ma il livello di produzione del gioco è tale da far perdonare a Kojima questo enorme dispetto.

Il 2001 è anche l'anno di altre importanti esclusive per PS2, come *Gran Turismo 3: A-Spec*, il primo della serie per la nuova console, e *Devil May Cry* di Capcom, un nuovo universo fantasy-horror partorito da Hideki Kamiya, direttore di *Resident Evil 2*, e inizialmente pensato come spin-off del famoso franchise, prima di tramutarsi in un'entità a sé stante, dato l'innovativo sistema di combattimento dinamico all'arma bianca e con armi da fuoco (formula che, ovviamente, verrà clonata a più riprese). Fra questi blockbuster, una menzione speciale va a *ICO*, diretto da Fumito Ueda, una rara gemma di game design che, pur senza raggiungere il successo commerciale meritato, si ritagliò lo status di vero cult. Il protagonista, un bambino cornuto, offerto come sacrificio dagli abitanti del villaggio, deve fuggire dal castello in cui è tenuto prigioniero affidandosi ai poteri della gracile Yorda, che dovrà accompagnare per mano, aiutandola a superare gli ostacoli fisici e traendola in salvo dalle ombre che cercano di inghiottirla.

Questo è inoltre l'anno del debutto in tre dimensioni di *Grand Theft Auto*, il terzo episodio di una serie nata con visuale a volo d'uccello che mischiava sparatorie e inseguimenti d'auto in un mix di esplosiva violenza. Con *GTA III*, avventura ambientata nella fittizia Liberty City, città in cui convergono i peggiori stereotipi della cultura americana, vengono gettate le basi della formula che garantirà a Rockstar un imperituro successo negli anni a venire, prima con *Vice City*, poi *San Andreas*, tutti pubblicati su PS2, oltre che Xbox e PC. La violenza gratuita che è parte integrante dello scenario di gioco è solo la facciata di una profonda struttura di game design, che offre al giocatore una libertà senza precedenti: libertà di esplorare una mappa aperta e di procedere senza l'obbligo di seguire una sequenza prestabilita di azioni e, soprattutto, libertà di scelta nella propria condotta, astenendosi da giudizi morali (cosa che fece infiammare il dibattito pubblico). L'interazione dava vita a un modello di gioco emergente, presto ribattezzato "free roaming" ("vagabondare senza meta") o anche "sandbox" (letteralmente "buca della sabbia"), proprio perché il game design si limitava a fornire le regole fisiche dell'universo ludico senza imporre altri vincoli al giocatore.

Una nuova console a stelle e strisce

Il 2001 non è ancora giunto al termine che, con una manovra a sorpresa, l'11 novembre Microsoft debutta sul mercato dei videogiochi con una propria console, Xbox, evoluzione di una piattaforma dedicata esclusivamente all'intrattenimento basata su DirectX. Il pubblico viene colpito dalla più aggressiva campagna di marketing che la storia dei videogiochi ricordi, in un duello diretto con Sony per scalzarla dal ruolo di protagonista. Insieme a Xbox, pezzo di hardware tanto sgraziato nella forma quanto robusto a livello prestazionale, esce sugli scaffali *Halo - Combat Evolved*, sparatutto in prima persona di Bungie (software house caratterizzata da una precedente produzione di modesta caratura) che ridefinirà i canoni del genere, ponendo un importante mattone per il successo del formato in terra d'origine. Basta dire che, negli anni a seguire, l'importanza strategica di *Halo* per Microsoft diventerà paragonabile a quella di Mario per Nintendo.

Nonostante gli sforzi fatti per prendersi una quota di mercato anche in Giappone (stringendo accordi di esclusiva con prestigiose software house locali e acquisendo Rare, il team di sviluppo occidentale più amato da Nintendo), la console di Microsoft venne completamente snobbata dal pubblico del Sol Levante, precludendosi così più di un terzo dell'utenza mondiale.

Pur non riuscendo a scalfire il primato di Sony, Microsoft con Xbox riuscì comunque a rendere credibile la propria offerta, creando in occidente le premesse per un futuro confronto alla pari. L'aspetto vincente del progetto è dato dall'infrastruttura Xbox Live, il servizio online a pagamento lanciato nel 2002, attorno a cui si creerà negli anni a venire la più importante comunità di appassionati di videogiochi. Questa realtà online diventerà da subito un elemento chiave nell'esperienza complessiva di Xbox, migrando in maniera indolore verso Xbox 360 al momento opportuno. Grazie a una solida infrastruttura e a protocolli di comunicazione vocali diventati uno standard, Xbox Live rappresenta seriamente la piattaforma di intrattenimento digitale più evoluta e meglio posizionata per affrontare le sfide di mercato del futuro.

"Oh! Mamamia..."

Non aveva ingressi per l'accesso a contenuti online, non poteva riprodurre i DVD, usava un disco dal ridotto formato proprietario da un 1,6 GB (contro i 4,7 GB del DVD) e, oltretutto, il suo hardware era configurato in forma cubica e dotato di una maniglia di plastica sul retro. Queste erano le carte che GameCube di Nintendo metteva sul piatto nella sfida contro Sony e Microsoft, per di più con un anno di ritardo rispetto a Xbox e due da PS2. Se anche avesse cercato il bluff, Nintendo non riuscì nell'impresa: nonostante il fatto che con il tempo la console ospiterà alcuni dei giochi più importanti dell'epoca, come lo strepitoso *Resident Evil 4* (in assoluto il migliore della serie e fondamentale per ridefinire l'estetica contemporanea dei videogiochi), il capolavoro horror *Eternal Darkness* di Silicon Knight, *Metroid Prime* (rivisitazione in soggettiva di un classico sparatutto del catalogo Ninendo) e, oltretutto, il remake di *Metal Gear Solid*, sottotitolato *The Twin Snakes* – oltre a perle di game design come *Pikmin* e *Viewtiful Joe* – questo non basterà per ottenere il consenso del pubblico più adulto. Lo scarso successo di GameCube dimostrava chiaramente da parte di Nintendo un cambio di strategia, ovvero l'allontanarsi dalla rincorsa all'innovazione tecnologica portata avanti da Sony e Microsoft. Lo scotto pagato con il Nintendo 64 era ancora troppo grande: sebbene la console potesse contare su una maggiore potenza di calcolo rispetto a PlayStation e le sue cartucce azzerassero i tempi di caricamento (tornati tristemente in auge con il CD-ROM), con il vantaggio di non subire graffi che avrebbero potuto compromettere il funzionamento del supporto, il distacco creato da Sony era risultato incolmabile, complicando, di fatto, il rientro dei costi di produzione e di quelli investiti in ricerca e sviluppo. La scelta presa fu quindi quella di puntare su soluzioni hardware più economiche e quindi velocemente profittevoli, concentrando tutti gli sforzi sulla creazione di contenuti unici e inimitabili: un modello di business che in un futuro non troppo lontano premierà la "Grande N" con un ritorno alla leadership assoluta e che, nel frattempo, si concretizzò nel successo del nuovo formato tascabile, il Game Boy Advance, uscito in 3 configurazioni diverse nel giro di quattro anni (regolare, SP e micro).

Nel frattempo, su PC

Sebbene la fetta più grossa di mercato fosse nuovamente confluita verso l'intrattenimento su console, la produzione su PC continuò a offrire emozioni forti ai feticisti del poligono, date le prestazioni più elevate delle schede grafiche di ultima generazione rispetto a quanto offerto da PS2 o Xbox. Anche nel caso del PC, però, i successi non vennero tanto dai muscoli messi in mostra quanto dalle idee e dalla possibilità data agli utenti di farle proprie e di rimetterle in circolo presso le comunità online. Sulla scia delle radici gettate da *Doom*, uno dei casi di "modding" più esemplari fu costituito da *Counter Strike* (1999), nato da una costola di *Half-Life* (Valve, 1998) – uno dei migliori giochi di sempre. Il mod ridefinì il modo in cui venivano giocati gli sparatutto online, favorendo la cooperazione in squadre, schierando nell'arena fazioni contrapposte di terroristi e nuclei antiterrorismo, ciascuna orientata a obiettivi specifici, in un adrenalinico conflitto per la sopravvivenza. E mentre un certo tipo di target si dilettava al cecchinaggio sfrenato, l'altra metà del cielo si dedicò alla cura delle creature virtuali create da Will Wright, i Sims. Il gioco, pubblicato nel 2000 da Electronic Arts, in meno di due anni supererà il record di vendite di *Myst*, arrivando a settanta milioni di copie vendute prima dell'avvento del terzo capitolo. E pensare che il concept venne quasi rigettato da Maxis, sebbene si trattasse dell'idea del suo fondatore, l'uomo che aveva riempito le casse della software house con il colossale successo di *SimCity*. Eppure, fu necessaria l'acquisizione da parte di EA, e il completo riallineamento della dirigenza, per consentire a *The Sims* di approdare sui monitor di tutto il mondo. Ben prima del boom del Grande Fratello televisivo, l'idea di Wright era quella di sorvegliare la vita privata di creature artificiali indipendenti, con la possibilità di intervenire sull'ambiente che le circonda per orientarne i bisogni e gli stili di vita.

Ma il terreno su cui il PC si dimostrerà una piattaforma senza rivali sarà quello dai confini in continua espansione dei MMORPG, acronimo per Massively Multiplayer Online Role Playing Game. Mentre su console le modalità multigiocatore si svilupperanno a partire dallo schermo condiviso, l'evoluzione su PC ha seguito un processo del tutto differente, sotto la spinta dettata dalla diffusione di Internet e dai primi esempi di comunità virtuali sorte attorno ai MUD (Multi User Dungeon) testuali che, alla fine degli anni '70, cominciarono a infestare i laboratori informatici delle università inglesi (per la cronaca, il MUD originale fu sviluppato nel 1978 da Roy Trubshaw e Richard Burtle della Essex University). Queste trasposizioni per calcolatore dei giochi di ruolo originariamente pensati per carta e penna si limitavano, almeno inizialmente, a lanciare i dadi per il giocatore, fino poi a svilupparsi in veri e propri universi persistenti ubicati su enormi piattaforme server dedicate. Il passo evolutivo più importante fu compiuto da *Ultima Online* (1997), il primo MMORPG occidentale basato sul popolare universo fantasy di Britannia, ideato da Richard Garriott (meglio conosciuto dai fan come Lord British) già a partire dal 1980. Tra i tanti primati riscossi, alla saga di *Ultima* spetta anche quello di primo GdR in 3D con *Ultima Underworld: The Stygian Abyss* (1992), titolo che, almeno indirettamente, darà il via alla "moda" dei First Person Shooters. La spinta propulsiva al genere non venne però né dagli USA né tantomeno dal Giappone, ma dalla Corea del Sud. Alla fine degli anni '90, infatti, l'economia coreana era in ginocchio, la moneta svalutata e il tasso di disoccupazione alle stelle. Alcuni piccoli manager liquidati dalle società hi-tech diventarono imprenditori dal giorno alla notte, affittando le proprie postazioni PC domestiche a chi non si poteva permettere un computer e una connessione. Nacquero i primi PC Baangs nei salotti di chi aveva ancora qualche risorsa economica per mettere a disposizione degli altri la propria tecnologia digitale alla tariffa di circa un dollaro all'ora. Il successo di quelle iniziative private fu strepitoso, al punto che, quando l'economia si riprese, i Baangs si trasformarono in enormi centri per l'intrattenimento, e il videogioco online divenne lo sport nazionale (dalla Corea del Sud partiranno infatti i World Cyber Games, ovvero la controparte digitale delle Olimpiadi). Fu proprio in quegli anni che Blizzard pubblicò *StarCraft* (1998), scatenando una vera e propria isteria di massa tra i giocatori coreani, dando vita a numerose carriere professionali e creando una situazione che, ancora oggi, non ha eguali nel mondo. E sempre del 1998 è *Lineage*, il primo MMORPG di NCSoft, che diventerà presto il più importante sviluppatore coreano. Ambientato in un universo fantasy, raggiungerà picchi di tre milioni di utenti connessi, aprendo la strada al seguito, in realtà un "prequel" (per evitare conflitti con la storia in continua evoluzione del primo capitolo), *Lineage II*, pubblicato nel 2003.

Il primo MMORPG occidentale a catalizzare anche l'interesse della stampa generalista fu *EverQuest* di Sony Online (1999). Basato su un sistema di abbonamento mensile e microtransazioni fra utenti, il reame di Norrath era in grado di produrre un prodotto interno lordo procapite di 2266 dollari, superiore a quello di numerose nazioni del terzo mondo.

Il successo più clamoroso arriverà però il 23 novembre del 2004 quando Blizzard commercializzerà in tutto il mondo *World of Warcraft*. Questo lancio segna la nascita della più popolosa comunità virtuale, oltre 11,5 milioni di utenti (paganti), che corrisponde al 62% di tutti i giocatori di MMORPG nel complesso. Anche in questo caso, il modello di business prevede l'acquisto di una copia del gioco e di un canone mensile per rimanere presenti nell'universo persistente. Al di là della ripetitiva meccanica ludica vera e propria, che consiste nel combattere creature digitali per aumentare di livello, in modo da poter combattere creature sempre più forti, il vero punto di forza è dato dall'aspetto di comunità, capace di generare una buona dipendenza. *World of Warcraft* è, in definitiva, una chatroom dove tutti hanno qualcosa in comune: il desiderio di avere successo nel gioco e di ottenere il riconoscimento da parte degli altri. Come qualsiasi attività che poggia sulle relazioni interpersonali, il campo di battaglia diventa ben presto il terreno dove vivere drammi sociali e personali dall'intensità di una telenovela: nell'arena si consumano grandi amicizie virtuali e nascono forti rivalità reali. *World of Warcraft* è un gioco che dipende tanto dalla sua comunità quanto la sua comunità dipende dalla volontà degli sviluppatori di aggiornare costantemente i contenuti. E fino a quando Blizzard continuerà a intrattenere i suoi consumatori a pagamento, la loro attenzione sarà garantita, permettendo ad Azeroth di rimanere un mondo ricco e vitale, in cui è molto facile entrare, ma da cui è assai difficile allontanarsi.

Potere ai piccoli

Con un approccio completamente differente, nel 2005 Sony e Nintendo si danno battaglia sul campo delle console portatili. PSP (che sta per PlayStation Portable) è un piccolo concentrato di tecnologia al cui confronto NDS (Nintendo Dual Screen) impallidisce. Tuttavia il "rivoluzionario" touch screen di Nintendo brucia il mercato prima ancora che possa esserci competizione, e il formato proprietario UMD (Universal Mini Disc, capace di immagazzinare 1,8 GB di dati), su cui sono veicolati i contenuti (giochi e film), si rivela per Sony un mezzo fiasco, come il precedente supporto minidisc. Diversa è anche la filosofia nello sviluppo del software: mentre PSP punta sulla trasposizione di giochi PS2, penalizzati per lo più da un sistema di controllo inadeguato, il maggior successo per NDS è *Brain Training* del Dr. Kawashima, pubblicato in Europa nel 2006 (17 milioni di copie), che presenta al giocatore diverse sfide di tipo logico/matematico, valutando la prontezza di risposta in termini di età fisiologica del cervello. L'immediatezza data dall'interfaccia touch screen del NDS, con cui si può interagire sia in punta di dita sia con il pennino, garantisce l'accesso anche a chi non ha dimestichezza con i videogiochi, tant'è che, fra i testimonial pubblicitari che si avvicenderanno a tenere in mano la console, ci saranno persone dello spettacolo lontane anni luce dall'ambito videoludico, come Nicole Kidman o lo scrittore italiano Carlo Lucarelli. Oltre alla proliferazione di una nuova corrente di giochi enigmistici, basati sul riconoscimento interattivo di forme, tra i prodotti simbolo della piattaforma c'è *Nintendogs*, una via di mezzo tra i Sims e il *Tamagotchi*, che simula la cura e l'addestramento di un cucciolo, con tanto di possibilità di soffiargli sul pelo usando il microfono incorporato nella console.

Sull'altro fronte, tra i titoli più originali per PSP troviamo *Loco-Roco* (2006, SCEJ), un coloratissimo platform che richiede unicamente l'impiego dei tasti dorsali della console per far rimbalzare il molle protagonista da una parte all'altra, inglobando altri locoroco che ne aumentano le dimensioni, portandoli tutti in salvo oltre la meta. La propulsione nelle vendite del portatile Sony arriva però dalla trasposizione di *Monster Hunter*, la saga di caccia al drago creata da Capcom che, uscita in sordina nel 2005 su PS2, ha fatto impazzire il Giappone nell'edizione tascabile. Un successo dovuto tanto alla possibilità di andare a caccia con altri utenti online quanto alle ricche opzioni di personalizzazione del proprio avatar, grazie alla possibilità di impiegare i materiali estratti dalle prede.

Negli anni, entrambi i formati verranno aggiornati per far fronte alla richieste di mercato. La console di Nintendo a due schermi subirà tre differenti restyling: il DS Lite (2006), dall'estetica lucente e compatta, più accattivante dell'originale, che ricorda i prodotti Apple; il DSi (2008), ancora più slim e leggero del modello precedente e dotato di due fotocamere VGA (interna ed esterna) e di un alloggiamento per schede SD che sostituisce il vano cartucce del Game Boy Advance; e, infine, il DSi XL (2010), con schermi da 4,2 pollici, batteria più duratura e dimensioni extralarge, che consentono facilità d'accesso anche ai target più giovani e, ovviamente, più anziani; inoltre, parte equipaggiato con due stilo, che differiscono per forma e dimensioni e, tra i software pre-caricati, vanta l'ultima edizione di *Brain Training*, un browser per navigare in Internet e vari dizionari.

Sony, invece, dopo il modello Slim & Lite (2007), che ha sostituito l'originale (184 grammi contro 280), aggiornato nel 2008 con

PSP-3000, ha puntato su una nuova strategia di mercato, introducendo PSPgo nel 2009. Più compatta nelle dimensioni (finalmente tascabile!), la nuova console alloggia il vano comandi scorrevole sotto lo schermo. Ma la caratteristica più rilevante è la rimozione del lettore UMD, rimpiazzato, per l'accesso ai dati, da una memoria flash da 16 GB, dove installare i giochi acquistati sul PlayStation Store. Tale scelta, dettata da logiche di mercato piuttosto razionali, non incontrerà i favori del pubblico e nemmeno della grande distribuzione (GameStop in primis) che boicotterà il formato (comunque più costoso del modello Slim) fin dal giorno del lancio. I primi, infatti, non troveranno un vantaggio economico soddisfacente nell'acquistare i giochi in digital delivery e i negozi, d'altro canto, non potranno più contare sul mercato dell'usato, l'unico in grado di generare margini rilevanti.

Nel frattempo, per i "giocatori da strada", l'offerta a livello di videogiochi portatili si completa nel 2007 con l'arrivo di iPhone, il super telefono di Apple, che integra, oltre alla telecamera e al sistema GPS, un sensore di movimento del dispositivo (accelerometro) ed è dotato di uno schermo multi-touch (ovvero sensibile al tocco in più punti della superficie contemporaneamente) che si rivela l'ideale per sperimentare con nuove forme di interazione ludica.

Microsoft riapre le danze

La settima generazione hardware comincia con Microsoft che lancia Xbox 360 il 22 novembre del 2005 con un'immensa risonanza mediatica. Affidata a nuovi produttori di chipset, l'architettura hardware è radicalmente diversa dalla precedente, tale differenza si manifesta anche all'esterno: la console, bianca e dalle morbide linee concave, è l'esatto opposto dell'ingombrante predecessore; tuttavia, allo stesso tempo, si rivela molto meno affidabile. Problemi di surriscaldamento (probabilmente il frutto di una inaccurata fase di testing, per anticipare il lancio della console) portarono infatti al ritiro e alla sostituzione di numerosi esemplari prima del termine della garanzia, creando un danno economico non indifferente per Microsoft, che si risolverà solo parzialmente a livello di immagine grazie all'efficienza e alla rapidità con cui fece fronte all'emergenza, estendendo il periodo di garanzia e rigenerando gratuitamente le console marchiate dal "cerchio rosso della morte".

Xbox 360, pensata per l'alta definizione (1920x1080 pixel, progressivi), sarà accompagnata fin dal lancio da numerosi titoli ma da nessuna vera killer application. I giocatori, in fervente attesa di un nuovo episodio della serie *Halo*, dovranno attendere fino al lancio di PS3, quando Microsoft deciderà di calare il proprio asso per rovinare la festa al concorrente. La novità maggiore offerta dal sistema, ora integrato in maniera imprescindibile con Xbox Live, è dato dal GamerScore, i punti che ciascun utente accumula superando determinati obiettivi di gioco, una delle evoluzioni più importanti per lo sviluppo della comunità di videogiocatori dall'introduzione delle vanity board a fine anni '70. E sempre a livello di comunità, una delle peculiarità di Xbox 360 è data dalla facilità di programmazione, confluita nella piattaforma XNA, che Microsoft distribuisce gratuitamente a chiunque desideri sviluppare un videogioco partendo da zero. Tale modello ha permesso il proliferare di contenuti interattivi originali su Xbox Live, diventato il canale preferenziale per la distribuzione di videogiochi da parte delle software house indipendenti.

E sempre il Marketplace di Xbox Live ha introdotto nuove dinamiche di mercato, proponendo agli utenti demo gratuite dei giochi in uscita e contenuti extra a pagamento (chiamati DLC, DownLoadable Contents) che prolungano la vita di ogni singolo prodotto interattivo. Nel tentativo di imporre Xbox 360 come centro nevralgico dell'intrattenimento domestico, fin dal 2006 Microsoft ha reso disponibili sul Marketplace film e spettacoli televisivi in HD e definizione standard: un'iniziativa capace di riscuotere un consenso decisamente maggiore rispetto al costoso lettore HD-DVD opzionale, uscito di produzione nel 2008, quando ormai il Blu-ray si era imposto come nuovo standard ottico.

Non c'è 2 senza 3...

Per un intero anno Xbox 360 dominerà incontrastata il mercato della nuova generazione. La risposta da parte di Sony e Nintendo arriva infatti l'11 e il 19 novembre del 2006 rispettivamente.

PlayStation 3 si materializzerà sui vari mercati internazionali entro il marzo del 2007. È la console più potente e, contemporaneamente il lettore Blu-Ray più economico. Sebbene il suo prezzo sia il più elevato, i costi di produzione sono tali che, fino a metà 2010, Sony sarà in perdita sulla vendita di ogni singola unità. Il concentrato di tecnologia introdotto da Sony è davvero impressionante e il primo modello ha più ingressi di un PC. A differenza del DualShock, il nuovo controller wireless di PS3 (chiamato SixAxis) non ha la funzione di "rumble" ma incorpora un limitato sensore di movimento, che tenta di scimmiottare le dinamiche del Wii: l'impressione è che si tratti di una scelta posticcia, e pertanto sarà largamente ignorata dalla comunità di sviluppo. Al contrario, Sony si ritroverà quasi costretta a mettere in produzione un DualShock 3 per far fronte alle pressanti richieste del pubblico. Sempre in rottura con il passato, la retrocompatibilità con il catalogo PS2 verrà eliminata già a partire dalla seconda serie di modelli in produzione. Il nuovo formato rilancia anche il servizio online di Sony, PlayStation Network che, a differenza di Xbox Live, offre la possibilità di giocare online gratuitamente. La nuova console, che dialoga in Wi-Fi con le altre apparecchiature della rete domestica, sfrutta inoltre l'integrazione con PSP, sia per trasferire dati, sia come telecomando, riproduttore video e, in alcuni casi, specchietto retrovisore per i giochi di guida.

Arrivando in ritardo e per di più con un prezzo di vendita superiore, Sony puntò tutto sulla "distinzione", intesa a livello elitario, accentuando l'eleganza delle forme e delle immagini a livello di comunicazione. Una scelta che si rivelerà anche un'arma a doppio taglio, dato che nel primo ciclo di vita della console, l'attach rate (ovvero il rapporto tra i prodotti complementari e il supporto principale, nel nostro caso giochi venduti per console) si dimostrerà inferiore rispetto a quello dei concorrenti.

Nonostante la superiorità tecnologica di PS3, minata però da una complessità hardware difficile da digerire, i team di sviluppo continueranno a tenere come modello di riferimento Xbox 360, di fatto convertendo il codice per la console Sony in un secondo momento (il contrario, in pratica, di quanto accadeva nella generazione precedente). Tuttavia, sul lungo termine, il cuore computazionale di PS3 permetterà ai suoi utenti di vivere esperienze esclusive, che rappresenteranno l'apice nel campo della computer grafica interattiva, come la straordinaria saga di *Uncharted*, partorita da Naughty Dog, gli stessi autori di *Crash Bandicoot*, la mascotte di PSOne. Ciò, però, non basterà per farle riguadagnare posizioni sul mercato, lasciando Sony, di poco dietro a Microsoft, con un amaro bronzo.

Movimento popolare

Con Wii, precedentemente conosciuto con il nome in codice di "Revolution", Nintendo imbocca una strada completamente differente rispetto a quella intrapresa da Microsoft e Sony e nettamente in controtendenza con le aspettative del mercato hi-tech, la cui attenzione è tutta rivolta all'alta definizione. Non pochi analisti, il giorno del lancio, pronosticarono un futuro nero per la console, che avrebbe prolungato la sequela del GameCube. Presagi funesti alimentati dal fatto che, anche in questo caso, Mario, testimonial di ogni grande evento Nintendo, non si sarebbe presentato all'appuntamento. Tuttavia, il suo ritorno, un anno dopo (*Super Mario Galaxy*), sarà di quelli che rimarranno scolpiti nella storia dei videogiochi (a differenza di *Halo 3*, per esempio, che, nonostante le ottime vendite, non rappresentò una pietra miliare dell'intrattenimento come il titolo originale).

La nuova console, che tanto nuova poi non è, visto che il cuore computazionale è pressoché il medesimo di GameCube, presenta come caratteristica distintiva il controller Wiimote, che reagisce alle forze vettrici e all'orientamento rispetto allo spazio tridimensionale, attraverso un sistema di accelerometri e giroscopi, e, tramite un dispositivo ottico posto sulla sommità, interagisce con la barra sensore (che deve essere installata in prossimità del televisore), rendendone possibile l'impiego come puntatore sullo schermo. Come Xbox Live, ma in chiave molto più "casual", i canali del Wii offrono contenuti eterogenei agli utenti connessi online tramite Wi-Fi, come il canale meteo e quello dei sondaggi, oltre alla possibilità di visionare contenuti in streaming e di acquistare classici del passato da rigiocare per i più nostalgici e da riscoprire per chi si avvicina per la prima volta al mondo dei videogiochi.

A Nintendo, infatti, non interessa più la competizione per conquistare la frontiera più evoluta dell'universo tecnologico, ma puntare su un mercato completamente nuovo. Per questo le campagne pubblicitarie non mostrano i giochi ma gente di ogni età, in pose tra l'assurdo e l'imbarazzante, intenta a interagire in piedi, dimenandosi di fronte alla TV. Ma tutt'altro che imbarazzata è l'utenza: Wii si dimostra fin da subito la console con il maggior potenziale ludico e comincia velocemente a scalare le classifiche di vendita, arrivando a metà del 2010 a superare i 73 milioni di unità, ovvero poco meno della somma di Xbox 360 e PS3 insieme.

Come avrà modo di dichiarare lo stesso Miyamoto: "Troppe console potenti non possono coesistere sul mercato. È come avere solo i dinosauri feroci, che combattendo affrettano la loro estinzione". Il messaggio di Nintendo è chiaro: adottare un approccio non aggressivo, sfruttando una linea di design non troppo ricercata in accoppiata a un nome che fa quasi sorridere (e che nelle nazioni di lingua inglese susciterà forte ilarità, data l'assonanza con i termini con cui i bambini definiscono le loro deiezioni). Come il DS, Wii punta ad attirare l'attenzione di chi si tiene lontano dai videogiochi perché li ritiene troppo violenti, o perché dedicati solo a un target di teenager, o, ancora, troppo difficili e dispendiosi in termini di impegno e tempo da dedicare. Tra i maggiori successi c'è infatti *Wii Fit*, personal trainer digitale che utilizza una pedana (conosciuta come "balance board") per esercizi di motricità ed equilibrio. Ma il gioco più venduto di tutti i tempi è *Wii Sports*, raccolta di mini giochi intuitivi e dall'appeal universale, che raggiungerà i 40 milioni di pezzi nel mondo, commercializzato separatamente in Giappone e in bundle con la console su tutti gli altri mercati.

Nintendo non si dimentica però della sua base di fan più hardcore e per questo mantiene la compatibilità con la precedente offerta ludica del GameCube, oltre a rinnovare il catalogo con nuove uscite nelle saghe di *Metroid* e *Resident Evil* e ospitando nuovi eroi anticonvenzionali come Travis di *No More Heroes*.

Manipolando le emozioni

Lo scoppio del motore

Il sogno di un mezzo semovente autonomo ha assillato l'uomo sin dall'antichità ma, quando il fisico olandese Christian Huygens presentò nel 1673 il primo motore a scoppio capace di sollevare un pistone, pochi si accorsero del suo potenziale. In un'epoca in cui il mezzo di locomozione più diffuso era il cavallo, nessuno sentiva l'esigenza di una carrozza autotrainante più lenta, puzzolente, rumorosa e meno affidabile. In effetti più pericoloso che utile, il motore a polvere pirica di Huygens dovette cedere il passo ai giganteschi congegni a vapore, rimandando l'avvento dell'automobile di almeno un secolo. Correva infatti il 1769 quando Cugnot mostrò alle alte personalità parigine il suo carro semovente a tre ruote. Azionato da un motore a vapore, riuscì a percorrere un tratto di strada per una dozzina di minuti a circa 10 km/h terminando la sua corsa contro un muro, avendo l'inventore trascurato il dettaglio di inserire un dispositivo per fermare il marchingegno. Fu solo all'inizio del XX secolo, quando i due ingegneri tedeschi Daimler e Benz (seguendo strade parallele) arrivarono a concepire un veicolo completamente diverso dalla carrozza, che una piccola schiera di appassionati cominciò a interessarsi alla nuova tecnologia. Dagli anni '50 in poi, l'auto smise addirittura di essere un oggetto elitario: un'offerta di mercato sempre più varia poteva infatti raggiungere fette di mercato altrettanto ampie. Arriviamo così ai giorni nostri, in cui anche il più piccolo spostamento avviene in macchina e, come se la scelta di optional da sola non bastasse, con il tuning è possibile trasformare la propria vettura in un oggetto unico e inimitabile.

Ebbene, cosa c'entra la storia dell'automobile con il nostro ambito d'indagine? È presto detto: l'idea del videogioco nasce da un desiderio ben preciso, quello di poter manipolare direttamente le immagini che compaiono sullo schermo. Per quanto questo processo sia avvenuto su una scala temporale differente, è stato comunque altrettanto travagliato quanto quello che ha portato alla diffusione dell'automobile e, soprattutto, non si è ancora concluso.

Per necessità di sintesi, tale percorso evolutivo – da semplice esercizio tecnologico a mezzo d'intrattenimento di massa – sarà ricondotto a quattro comode tappe, che ci piace riassumere con i rispettivi termini ombrello: manipolazione, narrazione, ambiente ed emozione.

Manipolazione

Tennis for Two e i primi esperimenti di "palla rimbalzante" non rappresentano altro che semplici divertissements di seriosi ricercatori di laboratorio, test effettuati per verificare le capacità di calcolo dei primi elaboratori: l'aspetto ludico risiede anzitutto nella fase stessa di programmazione, ovvero nell'uso, per l'appunto giocoso, del calcolatore – ai tempi una risorsa tecnologica accessibile solo a un numero assolutamente ristretto di persone ed estremamente costosa da riprodurre. L'interesse commerciale si sviluppa a partire dalla curiosità suscitata dall'impiego alternativo della nuova tecnologia e non tanto dal potenziale ludico del concetto di "palla

rimbalzante". In questa fase, gli elementi primordiali che costituiscono il nucleo del gioco sono rettangoli e quadrati bianchi su
sfondo nero. Le proprietà di interazione con gli oggetti sono ricon-
ducibili a quattro semplici forme: respingere un oggetto, evitarlo,
oppure raccoglierlo o colpirlo per eliminarlo dallo schermo. Il
divertimento per chi gioca è dato proprio dalla novità offerta dalla
possibilità di muovere queste forme geometriche tramite un rudimentale sistema di controllo.

Narrazione

Appare chiaro fin da subito che il legame tra tecnologia e forma
ludica si rivela indissolubile. Sebbene la struttura di gioco non si
distacchi dalle quattro modalità di cui sopra, diventano più definite le forme con cui è possibile interagire – ciò è dovuto, ovviamente, al miglioramento costante della tecnologia digitale nella
riproduzione delle immagini. Gli oggetti sullo schermo diventano
segni dal significato sempre più complesso. Il messaggio che arriva
al giocatore di *Space Invaders* ha un impatto diverso rispetto a
quello lasciato da *Pong*: sebbene la struttura di gioco per certi versi
si assomigli (l'azione, per esempio, avviene su un unico asse e il giocatore può muoversi solo a destra o sinistra), liberare la Terra dalla
minaccia aliena implica una differente responsabilità rispetto alla
necessità di respingere una pallina. Lentamente, proprio grazie ai
contesti raffigurati, cominciano a delinearsi generi di gioco sempre più definiti e distinti fra loro; determinati stereotipi narrativi si
legano così ad altrettanto stereotipate strutture ludiche: la fantascienza offre le coordinate alla categoria degli sparatutto, il mondo
delle favole si riempie di piattaforme e i film di arti marziali si tramutano in picchiaduro, mentre lo sport, quello filtrato dal televisore, detta le coordinate per lo sviluppo di svariate trasposizioni
digitali delle diverse discipline.

Ambiente

L'avvento del 3D porta a una nuova fase evolutiva: viene meno la
definizione di genere e assume rilievo la nozione di ambiente e di
inclusione nel mondo fatto di poligoni. Come ha ripetuto più volte
Jay Wilbur, uno degli autori di *Doom*: "Noi non creiamo storie.
Creiamo mondi". Sull'onda dell'entusiasmo suscitato dalle prime
applicazioni di Realtà Virtuale, l'azione nei videogiochi passa in

prima persona, ovvero del simulacro videoludico compaiono solo le mani e l'arma impugnata, come se il giocatore stesse osservando la scena dai propri occhi. Per contro, la possibilità offerta dal 3D di riprendere dinamicamente la scena da qualunque angolazione spinge gli sviluppatori ad adottare alcuni espedienti propri del linguaggio cinematografico (come inquadrature dall'angolatura particolare, zoomate, controcampi, ecc.) per donare maggiore effetto drammatico all'azione.

Emozione

Creato il micro-universo digitale, il passo successivo consiste nel popolarlo di creature dal comportamento complesso e imprevedibile. Qualcuno ha detto che i videogiochi potranno considerarsi un mezzo espressivo maturo quando le vicende dei suoi personaggi riusciranno a commuovere l'utente. Questo approccio fa riferimento, in superficie, a due dimensioni tecnologiche: l'evoluzione della computer grafica nella mimica dei volti e quella dell'Intelligenza Artificiale nella definizione dei comportamenti. In realtà, basta spostare l'attenzione sul giocatore per rendersi conto di quanto si sia espansa la sfera delle reazioni emotive rispetto al semplice stimolo visivo-motorio delle origini. L'elemento chiave è il multiplayer: la fruizione contemporanea di più utenti attiva modelli di interazione decisamente più complessi rispetto all'esperienza solitaria. È proprio questo tipo di fruizione a liberare il massimo potenziale, in termini di intrattenimento, che i videogiochi possono offrire. Non serve citare casi eclatanti per dimostrare come la presenza di un altro essere umano dietro lo schermo renda l'esperienza emotivamente più intensa. Rischia di suonare banale, ma vale forse la pena ricordare che l'emozione riguarda l'uomo e non la macchina...

Processo in atto

In astratto, dunque, il processo evolutivo del videogioco assomiglia molto a quello dell'auto e, più in generale, a quello di affermazione e di consolidamento a cui si deve sottoporre ogni nuova tecnologia. Innanzitutto, quando questa nasce, il campo di applicazioni è decisamente ristretto, così come il numero di consumatori effettivamente interessati: il "bisogno" non esiste ancora. Nel nostro caso, ci troviamo nella fase della "manipolazione", ovvero della semplice scoperta del computer come potenziale piattaforma ludica. Con il passare del tempo e l'emergere di nuove soluzioni e condizioni, la tecnologia comincia a diffondersi nella società, che in un qualche modo ha imparato a convivere con essa. Per rendere più appetibile la nuova forma di intrattenimento si comincia quindi a saccheggiare l'immaginario collettivo, creando contesti narrativi in cui sia più facile immergersi. In questo processo, la tecnologia comincia lentamente a cambiare le abitudini sociali (è in questi anni, infatti, che il cinema e la TV cominciano a pescare idee, personaggi e situazioni dalle saghe videoludiche più affermate), fino ad arrivare all'ultimo stadio, quello in cui è la società stessa a mutare la tecnologia in modo da poterla rendere sempre più "intima" e personalizzabile.

Mentre l'automobile è giunta alla fase conclusiva di maturazione, quella in cui le stesse vie di comunicazione sono generate a partire dal traffico su quattro ruote, nel caso dei videogiochi riusciamo solo a intravedere sfumato all'orizzonte questo stadio evolutivo. Al momento attuale, infatti, il videogioco si presenta come una forma di intrattenimento troppo dipendente dalla tecnologia, nel senso che, in termini di costi di realizzazione e di risorse destinate alla ricerca e all'innovazione, è sempre il software a doversi adeguare all'hardware, mentre in altri mezzi espressivi accade l'inverso. In minima parte ciò avviene nel nostro settore quando si giunge al cambio generazionale. Nel periodo di passaggio a piattaforme di sviluppo superiori, si cominciano infatti a intravedere le creazioni che meglio sfruttano la tecnologia precedente. Tutto questo perché hardware e software viaggiano paralleli, ma a velocità differenti. Lo sviluppo di un videogioco richiede almeno due anni: quando si comincia a lavorare su un nuovo progetto bisogna pensare in prospettiva al tipo di hardware che sarà disponibile al lancio del prodotto sul mercato. Nel momento in cui una determinata tecnologia vive la fase di consolidamento (e quindi se ne conoscono tutte le potenzialità e tutti i limiti), i game designer possono invece lavorare su un progetto in grado di sfruttare appieno le conoscenze conseguite in merito a quella particolare piattaforma senza dover spendere ulteriore tempo in ricerca, dedicandosi quindi allo sviluppo di idee originali o al perfezionamento di contenuti di successo.

La matrice tecnologica

La natura è un grande libro scritto in caratteri matematici.

Galileo Galiei

Dal bit al simulacro

Piccola genesi di un universo digitale

In principio era il nulla. Uno schermo nero. Poi fu la luce, premendo il pulsante di accensione, e un puntino cominciò a lampeggiare sullo schermo. Per quanto non fosse né una cosa particolarmente buona e forse nemmeno troppo giusta, qualcuno ebbe l'ardire di figurarsi quel punto luminoso come il rimbalzo di una palla da tennis, e tutto ebbe inizio, senza riposi alla domenica, anzi, usando proprio i giorni di festa per mettere al servizio del divertimento e dell'immaginazione una tecnologia sviluppata per tutt'altro motivo.

Abbiamo già appreso di come la storia sulle origini dei videogiochi sia in realtà ancora ampiamente dibattuta. Per quanto si tratti di una tecnologia che ha avuto origine in un periodo storico ampiamente documentato, la paternità del mezzo è attribuibile a diversi personaggi: William Higinbotham, Ralph Baer, Steve Russel e Nolan Bushnell ma, in tutti i casi, il videogioco nasceva da un desiderio ben preciso: manipolare le immagini sullo schermo. Perché ciò fosse possibile, queste dovevano innanzitutto essere riprodotte. Ora, potremmo anche spingerci alle origini della civiltà e ancora oltre per parlare dell'archetipica pretesa dell'uomo di rappresentare la realtà che lo circonda, ricorrendo a mezzi e tecnologie incapaci di rendere l'intera complessità della natura... preferiamo tuttavia partire da un passato più recente, che comincia con la rivoluzione, decisamente cruenta per quanto assai silenziosa, portata dai media digitali. Il videogioco, infatti, preso nella sua accezione "allargata", rappresenta l'istanza ludica di quella forma comunicativa che si basa sullo scambio di informazioni tramite bit piuttosto che atomi.

Nuovo codice

Il bit, che Nicholas Negroponte ha definito "il DNA dell'informazione", è fondamentalmente un modo di essere: 1 o 0, acceso o spento. Perché un segnale composto di atomi, come per esempio un'esecuzione musicale, possa essere trasformato in una stringa di 1 e 0 è necessario un processo che viene chiamato digitalizzazione: dal segnale vengono prelevati dei campioni che, se sufficientemente vicini, ne permettono una replica perfetta. Nel caso del CD audio, il suono viene campionato 44.100 volte al secondo: il segnale elettrico che corrisponde all'andamento della pressione sonora produce infatti una forma d'onda che può essere rappresentata come una sequenza di numeri, che a sua volta può essere trasformata in notazione binaria. Queste catene di "DNA informativo", riprodotte 44.100 volte al secondo, restituiscono i suoni continui del segnale acustico originale.

La capacità più impressionante offerta dalla digitalizzazione di un segnale riguarda però la possibilità di sostituire ed eventualmente correggere i bit, rimescolarli e riordinarli e persino aggiungerne altri che funzionino da etichette o che comportino cambiamenti di stato. Questa possibilità di manipolare in maniera illimitata una sequenza di 1 e di 0 è il presupposto per quella che viene definita interattività. Mentre nel caso dei media tradizionali (come radio e TV) il destinatario non può fare altro che ricevere l'informazione trasmessa dall'emittente, grazie alla tecnologia digitale sia la fonte sia il ricevente possono trasformare a piacimento l'informazione selezionata. Volendone dare una definizione più precisa, l'interattività è l'imitazione dell'interazione sociale da parte di un sistema meccanico o elettronico, resa possibile ed efficace dalla presenza contemporanea di tre caratteristiche:

· la pluridirezionalità nello scorrimento delle informazioni;
· il ruolo attivo dell'utente nella selezione delle informazioni richieste;
· il particolare ritmo della comunicazione (al massimo 2 secondi, quello che viene chiamato in gergo "tempo reale").

A differenza della comunicazione dei media tradizionali, l'interazione con i media digitali è caratterizzata dalla presenza di un ambito spazio-temporale in cui i soggetti devono poter entrare in contatto fra di loro. Ogni soggetto deve essere in grado di influire sullo sviluppo successivo dell'interazione determinandolo con le proprie azioni (che costituiscono la premessa per le azioni degli altri). A questo proposito è necessario trasformare il concetto di computer da sistema dedicato al trattamento delle informazioni a strumento di comunicazione, un "meta-medium", per la sua capacità di contaminare gli altri strumenti tecnologici. Questo manifestarsi in maniera privilegiata in ogni tecnologia, spesso cessando di esistere come oggetto proprio, trova una definizione più calzante nel concetto di "meta-ambiente". Da questo punto di vista, l'utente assume una posizione centrale: la progettazione di un sistema informatico è dunque orientata a soddisfare le esigenze e a venire incontro alle competenze del singolo individuo. L'obiettivo finale è il raggiungimento di una trasparenza del sistema rispetto alle azioni dell'utente, trasformando l'interfaccia software in ambiente in cui interagire.

Con quell'interfaccia un po' così

L'interfaccia di dialogo è ciò che permette di interagire correttamente con questo ambito spazio-temporale. Un corpo simulacrale si materializza sotto forma di icona visibile sullo schermo (come semplice cursore, ma anche come personaggio poligonale) e diventa protesi dell'utente per la comunicazione con la macchina e, da questa, con altri utenti.

Il grande salto di immaginazione compiuto nello studio dei sistemi di interazione con il computer avvenne con il "display definitivo", concepito da Ivan Sutherland nella seconda metà degli anni '60, in largo anticipo sulla vanagloriosa epoca della Realtà Virtuale. Nel 1963, come tesi di dottorato, il matematico aveva realizzato *Sketchpad*, il primo software con interfaccia grafica che permetteva di creare e manipolare immagini geometriche su schermo tramite una penna ottica. Il suo progetto successivo prese il nome di *Sword of Damocles*: la concretizzazione del prototipo avrebbe dovuto comprendere due elementi principali, un casco (appeso al soffitto da tubature, da cui il nome del progetto) e un sensore di controllo. Integrati nel casco, due minuscoli teleschermi avrebbero riempito il campo visivo dell'utente con immagini generate dal computer. Il sensore sarebbe dovuto servire per il monitoraggio della posizione e dei movimenti dell'utente: mutando l'orientamento del casco, il computer avrebbe calcolato il modo in cui sarebbero dovuti apparire gli oggetti, non solo visibili dunque, ma anche tangibili, richiedendo l'impiego di forze diverse per azionare i comandi. Il display definitivo trovò una versione romanzesca nel capolavoro di William Gibson "Neuromante", pubblicato per la prima volta nel 1984. Il termine coniato dall'autore statunitense fu "cyberspace" – un'allucinazione consensuale, il punto in cui i media confluiscono insieme circondando e avvolgendo l'utente. Etimologicamente, cyberspace deriva dal prefisso greco "kyber-", usato in termini come "kybernetes", ovvero "nostromo", da cui cibernetica: propriamente l'arte di governare un'imbarcazione, più in generale la scienza dei meccanismi di controllo e di comunicazione.

L'interfaccia grafica ("graphical user interface" abbreviato GUI) è un paradigma di sviluppo che consente all'utente di interagire col computer manipolando direttamente degli oggetti grafici, chiamati widget (una finestra di dialogo, un'icona, un box di testo) svincolandolo così dall'obbligo di imparare i comandi da impartire con la tastiera. Nei sistemi operativi moderni è concepita come la metafora di un piano di lavoro rappresentato dallo schermo (detto scrivania o desktop), con le icone a rappresentare i file e le finestre a rappresentare le applicazioni. Tale ambiente di lavoro, in cui si opera attraverso il puntatore comandato con il mouse o direttamente tramite il tocco di un pennino o di un dito, è stato concettualizzato nei laboratori Xerox e implementato per la prima volta nel 1981 nello Xerox Star. Fu poi ripreso da Apple, prima con il poco fortunato Apple Lisa e in seguito con il rivoluzionario Macintosh (1984). La prima versione a colori della GUI venne introdotta da Commodore con il suo Amiga nel 1985.

Dal punto di vista "filosofico", nel riprodurre su uno schermo una determinata immagine abbiamo bisogno di compiere due passaggi: innanzitutto, tramite l'analisi, riuscire a scomporre gli oggetti in modelli numerici e poi, tramite la sintesi, riprodurre le proprietà degli oggetti che ne consentono la corretta percezione. Implicita in questo processo c'è la possibilità di prescindere dagli oggetti concreti e di creare dal nulla degli schemi con cui sintetizzare l'immagine, cioè visualizzarla sullo schermo. Rispetto al modello "analitico", l'immagine di sintesi che compare sul monitor rappresenta solo uno, o al limite alcuni, degli aspetti possibili di un oggetto, la cui completezza risiede interamente nella memoria del computer. I processi di analisi e di sintesi allontanano i segni dai loro referenti originali (per quanto visivamente simile, una mela riprodotta sullo schermo del computer ha davvero poco a che spartire con una mela appoggiata davanti allo schermo del suddetto computer, soprattutto quando è ora di uno spuntino) e, soprattutto, offrono la possibilità di processare anche oggetti fittizi. Possiamo considerare autoreferenziali le immagini così prodotte: non rimandano a qualcosa di esterno e concreto, rinviano piuttosto al modello che le ha generate. Prendiamo per esempio *Tetris*: per quanto alcune menti illuminate si siano sforzate di riconoscere un messaggio politico e sociale di una certa pregnanza nella incessante caduta di forme modulari da incastrare per sgombrare lo schermo, il gioco di Pajitnov rimanda solo a se stesso e può essere giocato solo sullo schermo di un computer mentre, all'opposto, un simulatore di volo come *Flight Simulator* cerca di riportare su quello stesso schermo con quanta più fedeltà possibile un'esperienza che nella realtà quotidiana richiederebbe una preparazione, dei rischi e dei costi decisamente troppo elevati per consentire a chiunque di sperimentare il volo sulle Alpi svizzere durante la pausa pranzo.

Inclusi i presenti

Per rendere interessante la fruizione con le immagini così prodotte è necessario creare un rapporto di continuità fra lo spazio fisico reale, nel quale si trova l'utente, e quello generato dal computer, impedendo di fatto una distinzione netta fra "dentro" e "fuori" rispetto all'immagine. Questa esigenza, che gli sviluppatori cercano in tutti i modi di inserire nei loro prodotti (chi tramite la stimolazione dell'apparato sensoriale, chi tramite l'immediatezza della fruizione), chiama in causa la nozione di inclusione. L'idea di includere lo spettatore nella rappresentazione, inducendolo quindi a provare un'esperienza capace di trascendere il mondo reale, è una prerogativa di tutte le manifestazioni artistiche fin dagli albori dell'umanità, sollecitate in questo dai limiti della tecnologia nel rappresentare la

La matrice tecnologica

natura nella sua complessità. A tale proposito, possiamo definire "simulazione" qualsiasi produzione segnica di questo tipo.

Già a un primo approccio, il termine "simulazione" mette in evidenza una duplice natura: da un lato significa "riprodurre direttamente" e "imitare", dall'altro può essere inteso anche come "ingannare" e "illudere". È proprio sull'unione di queste due accezioni che la produzione artistica ha costantemente fatto leva per ricostruire spazi inesistenti e alternativi che potessero risultare credibili (pensiamo per esempio ai trompe-l'oeil pittorici e architettonici).

Con l'avvento del computer questo effetto ha raggiunto i risultati più significativi, permettendo l'inclusione "fisica" dell'utente, dotandolo quindi della capacità di interagire direttamente con le immagini. Tale inclusione è resa possibile dall'interfaccia di dialogo, ciò che ci permette di manipolare lo stato di questi peculiari ambiti spazio-temporali generati dalla matematica. Nel caso dei videogiochi, questa peculiare forma di "dialogo" è garantita da un'entità che si materializza sotto forma di icona visibile sullo schermo (come semplice cursore, ma anche come personaggio poligonale) e che diventa la protesi dell'utente per la comunicazione con la macchina e, da questa, eventualmente, con altri giocatori. Ma tale istanza funge anche da demiurgo, mediatore tra il mondo delle idee (del game designer) e la pratica ludica attualizzata dal giocatore.

Se introducendo il discorso sono stati usati giri di parole per evitare di ricorrere a termini come "eroe" o "protagonista", è stato fatto a ragion veduta. Difatti, per quanto nella maggior parte dei casi il giocatore si trovi a controllare un individuo (ben caratterizzato, come nel caso di Lara Croft, ma anche non necessariamente umano, come il semicerchio giallo di *Pac-Man*), chi può dire quale sia l'eroe o il protagonista di *SimCity*? In questo caso, l'intera città si comporta come una sorta di super-organismo (un po' come accade agli sciami di insetti) e non è possibile modificare la gestione di una singola unità senza provocare reazioni a catena in tutte le altre. Non è un caso che tale genere di prodotti prenda il nome di "simulatori divini". Allo stesso modo, per ottenere il successo in giochi come *Pro Evolution Soccer* il giocatore è chiamato a controllare a turno differenti calciatori digitali, tutti indispensabili ai fini della vittoria. Infine, ci sono titoli come *Tetris* in cui il fruitore ruota direttamente i pezzi che cadono verso il fondo dello schermo, e numerosi sono i giochi per Nintendo DS in cui, grazie

IL SIMULACRO

ASSENTE	INDIVIDUALE	MOLTEPLICE	SUPERINDIVIDUALE
Tetris	*Tomb Raider*	*Pro Evolution Soccer*	*SimCity*
Simulacro non presente o identificato con il giocatore stesso	Il simulacro è un individuo (non necessariamente umano)	Ci sono più simulacri	Il simulacro è unico ma la simulazione riguarda il funzionamento delle sue parti

al touch screen, si manipolano direttamente le immagini usando lo stilo senza altri intermediari visibili su schermo.

Piuttosto che parlare di eroe o protagonista, dunque, il termine più appropriato è "simulacro", che ha la stessa etimologia di "simulazione" e che vuol proprio dire "stare al posto di qualcosa"; nel nostro caso è il rappresentante del giocatore all'interno di un determinato universo interattivo digitale, ovvero la sua interfaccia di dialogo, e qui si chiude il giro.

Nella sua elegante esposizione, Massimo Maietti (2004) propone una classificazione in quattro possibili "attorializzazioni" che rispetto ai nostri esempi sono: simulacro individuale (al giocatore viene assegnato un simulacro che è un solo attore), simulacro superindividuale (il simulacro è unico ma la simulazione riguarda il funzionamento di tutte le sue parti), simulacro molteplice (quando ci sono più simulacri presenti su schermo) e simulacro assente (quando il simulacro del giocatore non è presente o si identifica con il giocatore stesso).

Il simulacro è, innanzitutto, il contenitore nel quale il giocatore può proiettare la propria identità. Nel momento in cui una persona reale si cala nei panni di una creatura virtuale ha inizio un complesso rapporto di scambio comunicativo tra software e utente che porta alla fusione di differenti identità. In questo processo possiamo riconoscerne almeno tre diversi tipi: identità reale, come essere umano che fruisce un determinato prodotto software (per esempio, Francesco Alinovi che gioca a *Tomb Raider*); identità virtuale, come personaggio digitale all'interno di un mondo generato dalla matematica (Lara Croft nei livelli di gioco di *Tomb Raider*); e, infine, identità proiettata, come proiezione dei propri valori e desideri all'interno del personaggio virtuale – in questo caso l'accento è posto sull'interazione tra la persona reale e il personaggio virtuale controllato (Francesco Alinovi nei panni di Lara Croft). Per comprendere le differenze tra questi tipi di identità basta considerare gli insuccessi che possono occorrere durante l'interazione: questa può essere sospesa perché il personaggio virtuale non ha conseguito l'abilità richiesta per superare un determinato ostacolo (a Lara manca una chiave per aprire una porta); oppure perché l'utente non è in grado di usare in maniera efficace il sistema di controllo previsto dal software (Francesco Alinovi preme il pulsante sbagliato e invece di saltare, spara, cadendo così in un baratro); infine, il fallimento potrebbe derivare dal compimento di un'azione nel mondo virtuale che non rispecchia i valori che l'utente ha cercato di associare al comportamento del proprio personaggio (Francesco Alinovi non ammazza l'orso perché è convinto che Lara non sia tipa da pelliccе, e in questo modo viene sbranata).

È proprio questo andirivieni tra la consapevolezza di essere agenti reali e l'interazione tramite simulacri digitali all'interno di una realtà virtuale che permette di riconoscere all'identità videoludica uno status superiore, che ingloba l'identità creata da altre forme di intrattenimento, perché è allo stesso tempo attiva (nel senso che l'utente sceglie quali azioni compiere) e riflessiva (nel momento in cui si decide come far agire il proprio personaggio virtuale, questo si sviluppa in modo da definire i futuri parametri d'azione, ovvero quello che l'utente potrà o non potrà fare).

I caratteri così evidenziati assumono una valenza particolare quando l'ambiente virtuale viene condiviso da più individui che, pur non trovandosi nello stesso luogo fisico, hanno la possibilità di interagire tra di loro grazie alla mediazione del computer, che provvede a dotarli di adeguati simulacri digitali e a farli incontrare. Inoltre, nel momento in cui il corpo dell'utente assume un'identità virtuale tramite un'immagine di sintesi, diviene manipolabile come l'ambiente che lo circonda. È proprio l'andirivieni della consapevolezza di trovarsi innanzi a un individuo reale, sebbene sotto forma di icona virtuale, che garantisce il successo dei videogiochi multiplayer.

Una prerogativa per l'efficacia dell'effetto di inclusione all'interno della simulazione è l'impiego di una scala di rappresentazione identica a quella dell'ambiente umano, di modo che lo spazio fittizio e quello reale diventino contigui: affreschi, mosaici e pitture murali sono inseparabili dall'architettura che li contiene mentre nella realtà virtuale generata dal computer non esiste connessione tra i due spazi. Oltretutto, il mondo virtuale creato dalla macchina richiede un supporto per la visualizzazione e l'interazione che esiste, separato e mobile, nella realtà esterna: lo schermo.

Attraverso lo schermo e oltre

Una piatta esistenza

Nelle parole di Sutherland: "Uno schermo connesso a un computer digitale ci offre la possibilità di familiarizzare con concetti che non si possono realizzare nel mondo fisico. È come guardare attraverso uno specchio il Paese delle Meraviglie matematico". Se la tecnologia digitale è diventata onnipresente solo da pochi decenni, lo schermo invece viene usato da secoli per rappresentare informazioni di carattere visivo, dalla pittura del Rinascimento al cinema del XX secolo. Come sostiene Lev Manovich: "Si può discutere a lungo sul fatto che la nostra società si fondi sullo spettacolo o sulla simulazione; è comunque una società dello schermo". Di fatto, buona parte della cultura visiva è caratterizzata dall'esistenza di uno spazio altro, virtuale e "denso", circoscritto da una cornice all'interno del nostro spazio reale. Questa cornice, che separa spazi coesistenti ma completamente differenti l'uno dall'altro, è lo schermo in senso generale, quello che Manovich chiama schermo classico. È una superficie piatta e rettangolare, destinata alla visione frontale. Lo spazio della rappresentazione riprodotta sullo schermo è raffigurato con una scala dimensionale diversa da quella normale. In questi termini, la definizione ben si adatta tanto al dipinto del Rinascimento quanto al display di un dispositivo elettronico: persino le proporzioni tra la base e l'altezza dell'area definita dallo schermo sono rimaste inalterate nel corso dei secoli, tant'è che ancora oggi si parla di formati a paesaggio e a ritratto per differenziare i pannelli dallo sviluppo verticale da quelli estesi in orizzontale.

Questa entità, da sempre, è responsabile della nostra immersione all'interno dell'"altra realtà", poiché è in grado di catalizzare la nostra attenzione su ciò che contiene a dispetto dello spazio fisico che si trova all'esterno. Ovviamente non si tratta di un processo passivo: perché ciò avvenga è necessaria la volontà dello spettatore di focalizzare l'attenzione per identificarsi con l'immagine raffigurata, liberandosi da ogni vincolo esterno che lo circonda. Ma sul più complesso discorso della "sospensione volontaria dell'incredulità" torneremo in un secondo momento. In ogni caso, il presupposto per attuare tale "regime di visione" è dato dalla dimensione dell'immagine, che deve riempire completamente lo schermo; in quest'ottica, l'enfasi della cornice sembrerebbe proporzionale al grado di identificazione richiesto allo spettatore.

Etimologicamente, il termine "schermo" deriva dal francese antico "escren/escran" inteso come "riparo dal calore" (all'inizio del XIV secolo), oppure dal tedesco "skirm/skerm", con il significato di "protezione"; a questo proposito sarebbe affascinante riuscire a comprendere la relazione del termine "schermo" con quello di tavola di legno, il supporto più impiegato per la realizzazione di pittura "mobile", in voga almeno fino al XV secolo, quando la tela prese poi il sopravvento. Il termine "tavola", per esempio, viene usato ancora oggi per descrivere la pagina inchiostrata di un fumetto e il fumetto più antico (ovvero l'integrazione di immagini e scritte) viene da molti riconosciuto nell'*Annunciazione* di Simone Martini (1333). Con il passare dei secoli, si affermerà anche il significato di schermo inteso come intelaiatura, di porte e finestre. E "intelaiatura" ci riporta nuovamente all'ambiente della pittura.

Di sicuro, il significato di superficie orizzontale per la riproduzione di immagini proiettate arriva nel 1810, in riferimento agli spettacoli di lanterne magiche, e più tardi verrà trasferito al cinema (1914). Nasce così lo schermo dinamico, in grado di mostrare un'immagine che cambia nel tempo. Mentre il cinema richiede una fusione completa con lo spazio rappresentativo dello schermo, la televisione, che interiorizza tale esperienza tra le pareti domestiche, consente un accesso meno coercitivo: lo schermo è più piccolo di quello cinematografico, le luci possono essere lasciate accese, la conversazione è consentita e la visione si integra spesso con altre attività. Questo tipo di schermo, diretta evoluzione di quello classico, ci presenta le immagini statiche in sequenza: si tratta comunque di immagini fissate per sempre, in grado di mostrarci solo eventi del passato.

Il salto evolutivo successivo è dato dallo schermo in tempo reale, che mostra un'immagine aggiornata costantemente, riflettendo i cambiamenti del referente: la posizione di un oggetto nello spazio (radar), un'alterazione nella realtà visibile (la ripresa dal vivo) o la modifica dei dati nella memoria del PC (monitor – cfr. Manovich, 2004). L'avvento di questo nuovo tipo di schermo non si deve tanto alla storia dell'arte quanto allo sviluppo dei sistemi di sorveglianza. I principi e la tecnologia del radar furono elaborati separatamente negli anni '30 da francesi, inglesi, tedeschi e americani; dopo la Guerra, solo gli americani poterono continuare a investire risorse in ricerca e fu appunto negli anni '50, quando raggiungerà il culmine la paura di un eventuale attacco sovietico, che gli USA puntarono alla creazione di un centro che potesse ricevere le informazioni da tutte le postazioni radar per calcolare la potenza aerea nemica e coordinare il contrattacco: ognuno degli 82 ufficiali dell'Air Force doveva tenere d'occhio il proprio monitor e, tutte le volte che notava un puntino (rappresentazione di un aereo in movimento), ordinava al computer di seguirlo tramite "penna luminosa". In questo modo, lo schermo del computer non solo permetteva di mostrare un'immagine della realtà ma diventava il tramite con il quale incidere direttamente sulla realtà, fondando le premesse per l'interattività, che cominceranno a essere formalizzate in seguito con *Sketchpad* di Sutherland.

Questa schematizzazione enfatizza la dimensione temporale dello schermo in relazione alle immagini che contiene: lo schermo classico mostra un'immagine statica e permanente; lo schermo dinamico mostra un'immagine del passato in movimento; lo schermo in tempo reale mostra il presente. Occorre però prendere in considerazione una nuova relazione, quella tra lo spazio dell'osservatore e lo spazio della rappresentazione, ovvero la relazione tra utente e schermo. In tutti e tre i casi, il corpo deve rimanere immobile nello spazio per poter fruire l'immagine: un imprigionamento tanto concettuale quanto letterale, che si manifesta già a partire dalla finestra prospettica di Leon Battista Alberti che, secondo gli interpreti della prospettiva lineare, rappresenta il mondo fissato da un singolo occhio. Il concetto viene sempre più rafforzato fino ad arrivare all'esasperazione della camera oscura, che richiede un ambiente buio per poter consentire ai raggi di luce di incrociarsi e riemergere da una piccola apertura per formare l'immagine sullo schermo. Per la fotografia delle origini, che richiedeva lunghissimi tempi di esposizione (dai quattro ai sette minuti in piena luce), era indispensabile immobilizzare con delle morse i soggetti viventi da ritrarre. Il cinema, che permise al pubblico di compiere un viaggio attraverso diversi spazi senza muoversi dal proprio posto, altro non è che un'enorme camera oscura collettiva, che posiziona lo spettatore in un posto ben definito, consentendogli di identificarsi con l'occhio della cinepresa. La rottura con questa tradizione arriva con la realtà virtuale, che richiede all'utente di muoversi nello spazio fisico per poter sperimentare il movimento in quello virtuale, come se la cinepresa fosse applicata sulla sua testa. Anche in questo caso, però, il corpo dell'utente non è altro di più che un enorme controller, concetto esasperato nella campagna marketing di Kinect per Xbox 360.

In sostanza, la realtà virtuale generata dagli schermi del computer continua questa tradizione di immobilità imposta dallo schermo, legando il corpo a una macchina mentre crea le condizioni per obbligarlo a muoversi. I segni di una crescente mobilità arrivano piuttosto dalla miniaturizzazione dei dispositivi di comunicazione, come laptop, cellulari e console portatili che, tuttavia, pur presentando interfacce sempre più dinamiche, ci impongono di fissare una superficie piatta e rettangolare collocata nello stesso spazio in cui si trova il nostro corpo.

La prospettiva

Se lo schermo, circoscritto dalla cornice, definisce i limiti dell'ambiente virtuale all'interno del mondo reale, il modo che le immagini hanno per raccontare ciò che raffigurano è quello di ricorrere a un punto di vista o a una determinata prospettiva. In generale possiamo affermare che ogni forma di rappresentazione e, di conseguenza, di narrazione, contiene una prospettiva: non esiste, difatti, una narrazione oggettiva perché, non condividendo tutti lo stesso tipo di conoscenze, questa è comunque soggetta a differenti opinioni (la stessa "Storia" è scritta dai vincitori) e quindi trasmessa seguendo una particolare prospettiva.

Nel contesto della percezione visiva, la prospettiva è il modo in cui gli oggetti appaiono all'occhio umano basandosi sui loro attributi spaziali, sulle dimensioni e sulla posizione dell'occhio relativamente agli oggetti osservati. Guardando alla sfera emotiva, la prospettiva è invece il modo in cui valutiamo gli oggetti basandoci sulla nostra posizione nello spazio e nel tempo. La prospettiva spaziale (visiva) influenza la prospettiva emotiva (cognitiva).

Il concetto di prospettiva nasce in pittura con la scoperta del "punto di fuga", il punto in cui linee parallele sembrano convergere. Il punto di fuga indica la nostra posizione e, soprattutto il punto in cui la nostra "prospettiva" ha termine. Non esiste un solo tipo di prospettiva e non si può nemmeno affermare che solo una sia quella giusta: pensiamo per esempio alla "prospettiva inversa" impiegata nel periodo paleocristiano. Ha origine da un voluto capovolgimento della convergenza delle linee al medesimo punto di fuga all'orizzonte. Tale espediente, ben lungi dall'essere un "errore", era coscientemente applicato nelle immagini sacre ad alcuni elementi raffigurati per eludere ogni apparenza di riproduzione della realtà e per diminuire la valenza dello spettatore: una "prospettiva" non calcolata in relazione all'uomo ma in relazione a Dio. Fu Giotto il primo a rendersi conto della dimensione emotiva del punto di vista. Gli affreschi nella navata della basilica superiore di San Francesco ad Assisi sono stati realizzati pensando alla posizione dello spettatore: a circa 2 metri di distanza, le geometrie dell'affresco si allineano con quelle architettoniche, come se l'artista volesse guidare il visitatore alla corretta fruizione della sua opera.

In seguito, la prospettiva venne codificata rigidamente dalle leggi matematiche dedotte dall'architetto Filippo Brunelleschi e teorizzate da Leon Battista Alberti nei trattati *De pictura* e *De re aedificatoria*. L'incontro tra queste due grandi menti del Rinascimento alla corte di papa Niccolò V ha permesso che venisse finalmente formulata la teoria definitiva della prospettiva in visione frontale (detta anche "centrale"), i cui particolari pratici si erano rivelati piuttosto sfuggenti ad altri artisti del passato. Da quel momento in avanti, la raffigurazione pittorica fece un evidente progresso nella sua rincorsa al realismo visivo, almeno fino a quando l'avvento della fotografia (curiosamente dovuto all'evoluzione di uno degli strumenti più utilizzati nella rappresentazione prospettica, ovvero la camera oscura) non rese la gara inutile. Le avanguardie pittoriche che hanno caratterizzato la storia della rappresentazione visiva dalla seconda metà dell'Ottocento in poi hanno cercato di superare la macchina oltrepassandone i limiti fisici. Basti pensare alla corrente cubista, che reintegra la terza dimensione ma tende a riportarla sul piano eliminando ogni intento di rappresentazione ottica. L'oggetto è costruito mediante l'analisi della sua struttura tridimensionale e tutti i successivi sviluppi delle arti figurative sono stati condizionati in modi differenti da questa rivoluzione, che rappresenta il completo capovolgimento della visione prospettica umanistica e rinascimentale.

Cosmologia videoludica

In base ai concetti introdotti, vogliamo raccontare nuovamente la storia dei videogiochi, questa volta da intendersi come l'evoluzione di un cosmo fondato su tre parametri: dimensioni (due, tre), proporzioni (relative all'ampiezza dello spazio fisico rappresentato e alle misure degli oggetti in esso contenuti) e confini (ovvero i limiti dell'area di gioco, oltre i quali regna il nulla).

Prima che tutto inizi, ci sono solo due dimensioni a farsi compagnia e lo schermo rappresenta i confini dell'area di gioco. Quando arriva, il movimento è concesso lungo un unico asse, verticale nel caso di *Pong* (con uno sviluppo orizzontale dell'azione, inquadrata dall'alto) e orizzontale in *Space Invaders* (dove lo scambio di proiettili verticale è ripreso da una telecamera frontale).

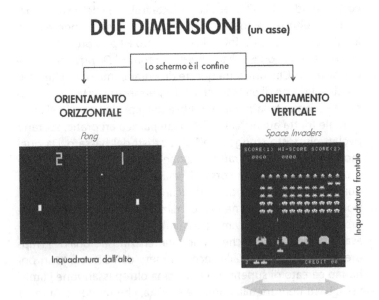

DUE DIMENSIONI (un asse)

Lo schermo è il confine

ORIENTAMENTO
ORIZZONTALE

Pong

Inquadratura dall'alto

ORIENTAMENTO
VERTICALE

Space Invaders

Inquadratura frontale

La possibilità di muoversi liberamente lungo l'asse delle ascisse e quello delle ordinate dà vita, per esempio, all'universo planisferico di *Asteroids*, caratterizzato da quello che viene definito campo a scorrimento continuo (ovvero uscendo da un punto qualsiasi dello schermo si rientra dal lato opposto). Anche nel mondo di *Pac-Man* è possibile uscire dallo schermo tramite un apposito corridoio e comparire dalla parte opposta del labirinto, ma nella rappresentazione complessiva della scena vengono scardinate le regole della geometria euclidea, proponendo una mappa inquadrata dall'alto, un protagonista visto di profilo e dei nemici raffigurati di fronte.

Il concetto di forza gravitazionale che compare in *Asteroids* (e prima ancora in *SpaceWar!*) viene applicato con successo da Shigeru Miyamoto sulla struttura a sviluppo verticale di *Donkey Kong*, con barili che rotolano verso il fondo dello schermo e un protagonista che può saltare per evitarli (da cui, per l'appunto, il nome "Jumpman").

Uno dei punti di forza di *Donkey Kong* era offerto dai quattro differenti scenari che costituivano l'universo di gioco. Si trattava di livelli separati che solo il contesto permetteva di considerare contigui. Il passo successivo sarebbe consistito nel comporre lo spazio ludico accostando più schermate in rapporto di continuità

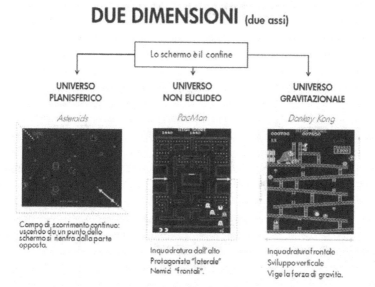

DUE DIMENSIONI (due assi)

Lo schermo è il confine

UNIVERSO PLANISFERICO	UNIVERSO NON EUCLIDEO	UNIVERSO GRAVITAZIONALE
Asteroids	*PacMan*	*Donkey Kong*

Campo di scorrimento continuo: uscendo da un punto dello schermo si rientra dalla parte opposta.

Inquadratura dall'alto
Protagonista "laterale"
Nemici "frontali".

Inquadratura frontale
Sviluppo verticale
Vige la forza di gravità.

l'una con l'altra, facendo in modo, per esempio, che il giocatore che esce dall'estremità superiore della schermata ricompaia in quella inferiore della schermata successiva.

La prima grande rivoluzione fisica però è portata dallo "scrolling", ovvero dall'effetto di scorrimento continuo generato dalla giustapposizione di singole schermate adiacenti. Nel caso di *Defender*, l'universo di gioco scorre come se fosse avvolto su un cilindro (in pratica il punto di partenza coincide con l'arrivo). Per la prima volta, mappa e territorio smettono di coincidere: difatti, per fare in modo che il giocatore non perda l'orientamento, sulla parte alta dello schermo compare un indicatore di posizione. L'introduzione dello scrolling genera due distinti universi di gioco, il primo ripreso dall'alto con scorrimento verticale e il secondo con inquadratura frontale e sviluppo orizzontale. In entrambi i casi, è curioso notare come il simulacro dell'utente si muova all'interno dello schermo di gioco a una velocità differente rispetto alla successione delle stesse schermate. Questo elemento conduce ben presto a concepire lo spazio in piani distinti, dando origine a un modello interattivo che contempla anche la profondità. In titoli come *Xevious* (Namco, 1982), per esempio, l'astronave del giocatore si

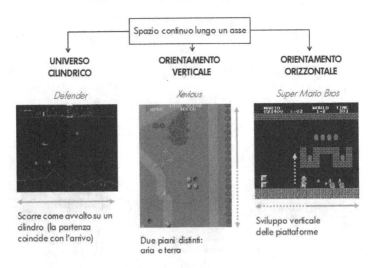

DUE DIMENSIONI (scrolling)

Spazio continuo lungo un asse

UNIVERSO CILINDRICO

ORIENTAMENTO VERTICALE

ORIENTAMENTO ORIZZONTALE

Defender

Xevious

Super Mario Bros

Scorre come avvolto su un cilindro (la partenza coincide con l'arrivo)

Due piani distinti: aria e terra

Sviluppo verticale delle piattaforme

muove nell'aria, così come i velivoli avversari da eliminare; tuttavia il nemico dispone anche di postazioni di terra, con i cannoni puntati verso il cielo, che possono essere annientate prendendo la mira e sganciando le bombe al momento opportuno.

Nei giochi a scorrimento orizzontale, la sovrapposizione di più piani che si muovono a velocità differenti (tecnica che prende il nome di "parallasse") in alcuni casi non si limita alla sola funzione estetica, ma consente al giocatore di muoversi liberamente in profondità nello spazio - è il caso di *Forbidden Forest* (Cosmi Corporation, 1983).

E quando la successione dei quadri si sposta dagli assi X e Y a Z, e si aggiunge un effetto di progressivo ingrandimento in accordo con i punti di fuga (come in *OutRun* e *Space Harrier* di Sega, giusto per citare i due casi più eclatanti), ecco che l'universo di gioco sembra aver raggiunto quella tridimensionalità a lungo agognata.

Tale effetto può essere garantito anche dall'adozione di una prospettiva isometrica, oppure invertendo il rapporto di cui sopra: ovvero non è il quadro ad avvicinarsi al simulacro del giocatore, ma questi ad allontanarsi progressivamente dallo schermo (come succede con gli sprites "scalabili" di *Monkey Island*). D'altro canto,

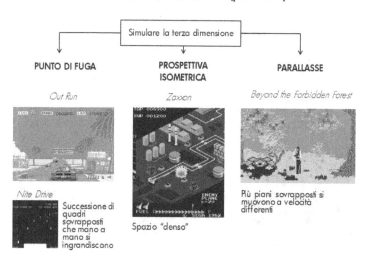

DUE DIMENSIONI (profondità)

Simulare la terza dimensione

PUNTO DI FUGA   PROSPETTIVA ISOMETRICA   PARALLASSE

Out Run   *Zaxxon*   *Beyond the Forbidden Forest*

Nite Drive

Successione di quadri sovrapposti che mano a mano si ingrandiscono

Spazio "denso"

Più piani sovrapposti si muovono a velocità differenti

per ragioni evoluzionistiche, la specie umana tende a percepire come trimensionali certi oggetti anche quando è evidente che non lo sono, purché siano presenti alcuni indizi visivi, come l'interposizione (che consente di percepire tra due oggetti sovrapposti quello sottostante come più lontano) e l'altezza della base (quello più in alto è considerato il più distante); a livello pittorico abbiamo già visto come la prospettiva lineare e la presenza di sfumature e ombre siano in grado di ingannare l'occhio, così come la densità di una tessitura (maggiore la denistà della trama, maggiore la distanza) o la prospettiva atmosferica (gli oggetti azzurri e indistinti sono percepiti come più lontani). Tuttavia, nonostante il perfezionamento raggiunto dalla tecnologia 2D, ci troviamo ancora nell'ambito del trompe l'oeil, perché abbiamo la percezione di uno spazio tridimensionale creato unicamente tramite elementi piatti. Il passaggio successivo nasce spontaneamente dalla collocazione di questi elementi bidimensionali su una mappa effettivamente 3D, come accade nella costruzione di un castello di carte. L'esperimento riesce con successo in *Ultima Underworld* e viene subito replicato, in modo ancor più convincente, da *Wolfenstein 3D*, che riesce a imporre questa tecnica di raffigurazione nell'immaginario collettivo. In verità, vettori e poligoni sono già impiegati da tempo nella generazione di ambienti ludici tridimensionali. Tuttavia la risoluzione delle immagini così prodotte non è ancora in grado di

DA DUE A TRE DIMENSIONI

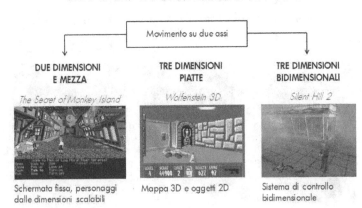

Movimento su due assi

DUE DIMENSIONI E MEZZA	TRE DIMENSIONI PIATTE	TRE DIMENSIONI BIDIMENSIONALI
The Secret of Monkey Island	*Wolfenstein 3D*	*Silent Hill 2*
Schermata fissa, personaggi dalle dimensioni scalabili	Mappa 3D e oggetti 2D	Sistema di controllo bidimensionale

competere con la maggiore definizione delle immagini 2D, relegando di fatto le produzioni a tre dimensioni alla nicchia delle curiosità (*Star Wars*, *Elite*, *The Sentinel*, *Stunt Car Racer*...).

Parallelamente, la maggiore capacità di immagazzinamento dati del supporto ottico, introdotto all'inizio degli anni '90, porta all'esasperazione dell'estetica bidimensionale, con la boutade dei film interattivi, i cui prodromi possono essere fatti risalire addirittura al 1984, quando nelle sale giochi dominava incontrastato *Dragon's Lair*. Mentre il ceppo degli innesti cinematografici con riprese di attori dal vivo si rivelerà sterile e prematuramente obsoleto, i poligoni dei mondi tridimensionali verranno rivestiti da tessiture 2D sempre più definite e raffinate, portando così all'egemonia di PlayStation (saltando nel frattempo un paio di calcoli intermedi).

Creare uno spazio tridimensionale significa generare non solo quello che è presente in un dato momento su schermo, ma l'intero modello relativo all'area che si vuole raffigurare. In questo modo, la scena può essere ripresa contemporaneamente da angolature differenti con il minimo sforzo. Uno dei punti di ripresa più suggestivi è la visuale in soggettiva (o prima persona): la scena è raffigurata come se il giocatore la stesse osservando con i propri occhi; l'enfasi è posta dunque sul concetto di inclusione. Questa tecnica, che da *Doom* ad *Halo* ha tracciato in profondità i confini di un genere videoludico ben definito, quello dei First Person Shooter, è in grado tuttavia di mostrare un campo visivo ridotto a soli 30°, mentre la visione umana si estende a 120° (senza considerare la vista periferica che consente di percepire un cambiamento di stato nel raggio di 180°). La percezione dell'ambiente più vicina alla visione reale è quella offerta dalla telecamera posta alle spalle del simulacro dell'utente (conosciuta anche come "semisoggettiva"), perno attorno al quale ruota l'intero universo di gioco (come nel caso di *Tomb Raider*). Il problema che qui si pone è relativo allo schema di movimento della telecamera stessa, che deve consentire al giocatore di avere in ogni momento una corretta percezione delle distanze. In alternativa, è possibile ricorrere a una visuale in terza persona, ma con telecamera relativa non tanto al personaggio quanto allo scenario, come nel caso dei vari *Resident Evil* prima del IV episodio. In questo modo il giocatore non è più al centro dello schermo e di conseguenza ha meno controllo nella manipolazione dello spazio virtuale che lo circonda; per converso, possono essere

TRE DIMENSIONI

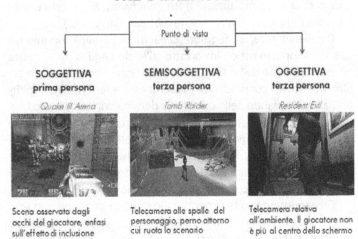

Punto di vista

SOGGETTIVA
prima persona

Quake III Arena

Scena osservata dagli
occhi del giocatore, enfasi
sull'effetto di inclusione

SEMISOGGETTIVA
terza persona

Tomb Raider

Telecamera alle spalle del
personaggio, perno attorno
cui ruota lo scenario

OGGETTIVA
terza persona

Resident Evil

Telecamera relativa
all'ambiente. Il giocatore non
è più al centro dello schermo

implementate telecamere dal taglio cinematografico che forniscono un maggiore impatto visivo e consentono di aumentare l'enfasi narrativa di una determinata produzione (come dimostrano il già citato *Resident Evil* e, ancora di più, le serie di *Metal Gear Solid* e *Silent Hill*).

Seguendo l'evoluzione delle tecniche di raffigurazione dello spazio all'interno del videogioco, piuttosto che soffermarci sulla distinzione tra prima e terza persona dovremmo interrogarci sul punto di percezione del gioco, ovvero il punto di vista da cui il giocatore percepisce lo spazio ludico. In quest'ottica, uno stesso gioco può presentare differenti punti di percezione a seconda delle circostanze, come accade per esempio in *Metroid: Other M* (Nintendo/Team Ninja, 2010), che ricorre a tutti e tre i punti di vista sopra descritti senza interrompere il flusso d'azione. Ciò che veramente fa la differenza riguarda la distanza del punto di vista nei confronti dell'azione di gioco. Il punto di percezione relativo solo al personaggio (come accade negli FPS) offre solo una porzione ristretta del mondo di gioco, limitando la conoscenza e, di fatto, invitando a un approccio meno pianificato e più istintivo. Al contrario, una telecamera più distante, posizionata alle spalle del personaggio, come in *Gears of War* (Epic, 2006) per esempio, offrendo una percezione più ampia dell'area di gioco, consente anche linee d'azione più ragionate. Per fare in modo che l'esperienza ludica sia facilmente gestibile, l'utente deve essere dotato di una "super vista": in pratica deve essere fornito di tutti gli strumenti che gli consentano in qualsiasi momento di valutare correttamente la situazione in modo da reagire prontamente alle stimolazioni visive prodotte dalla CPU. Siccome gli umani sono in grado di pensare in tre dimensioni, offrire una rappresentazione 2D dell'universo di gioco (come una mappa) conferisce istantaneamente un vantaggio: una minore complessità nella decodifica dell'ambiente e della posizione degli oggetti consente infatti all'utente di avere una maggiore capacità di interazione e controllo – prerogative sulle quali si fonda il successo dell'intrattenimento videoludico.

Spazio e tempo

Dalla scheletrica ossatura dei livelli di *Donkey Kong*, che lasciano supporre la presenza di un cantiere in costruzione, alle abitazioni spettrali di *Silent Hill*, un luogo fisico che è anche un luogo della mente, che si trasforma seguendo le emozioni del protagonista, passando fortunatamente per un'infinità di ambientazioni solari e ricche di vita, da sempre i videogiochi fondano il piacere della loro fruizione sulla percezione di questi spazi immaginari. Ma a differenza di altri luoghi della fantasia, l'universo ludico non esiste di per sé ma è solo un modo per organizzare gli oggetti interattivi all'interno dello spazio, esclusivamente in funzione dell'attività di gioco. I mondi fittizi dei videogiochi sono come le scenografie di un'opera teatrale: servono sì a consentire l'azione ma gran parte degli elementi presenti non hanno una funzione d'uso, sono inseriti solo a scopo decorativo. Quante volte abbiamo provato ad aprire una porta inamovibile? O a cercare di prendere da un tavolo un oggetto che rimane saldamente incollato nella sua posizione? Questo perché solo gli oggetti funzionali al proseguimento corretto dell'interazione hanno proprietà dinamiche che ne consentono l'uso, mentre tutto il resto fa da sfondo (anche se, a livello di costruzione degli scenari, l'implementazione di sistemi fisici avanzati garantisce l'interazione con elementi dello scenario non collegati all'evoluzione della storia e dei suoi personaggi). A questo proposito, in termini di rappresentazione diventa fondamentale mettere in rilievo gli oggetti rilevanti ai fini di gioco. Le tecniche impiegate sono varie, come far cambiare forma al cursore quando si trova su un oggetto manipolabile, oppure animare l'oggetto stesso mimando la funzione possibile oppure, ancora, "staccare" l'oggetto dallo sfondo facendolo lampeggiare delicatamente per attirare l'attenzione del giocatore. Questo è tipico dei giochi a struttura progressiva che, come le montagne russe, offrono l'ebbrezza di un viaggio in una sola direzione (anche quando danno la possibilità di ritornare sui propri passi, non offrendo più informazioni interessanti). Nel caso dei giochi a struttura emergente, come, per esempio, la serie di *GTA*, si cerca invece di inserire quanti più oggetti interattivi possibile (che, invece di assolvere funzioni specifiche, offrono simili modalità di interazione, come i vari tipi di veicoli, di cui il giocatore si può impossessare a piacimento), per offrire l'illusione di un mondo vivo e dinamico. Mentre la comunità di sviluppo continua a interrogarsi su quale dei due approcci sia il migliore, dal punto di vista dell'utenza si sono formate delle aspettative che sono intrinsecamente legate al genere di gioco: mentre nel caso di un'avventura si cerca di interagire con qualsiasi oggetto presente in scena per capire quale può offrire indizi per proseguire, nei titoli più orientati all'azione questa modalità di esplorazione passa in secondo piano, oppure non viene nemmeno presa in considerazione.

Al di là, quindi, del numero di oggetti con cui è possibile interagire, lo spazio di gioco non è realistico ma si presenta sempre come una versione ridotta della realtà, riproducendone solo alcune caratteristiche, quelle che si rivelano funzionali al soddisfacimento della condizione di vittoria e, contemporaneamente, vengono stabilite nuove regole per facilitare l'interazione dell'utente (liberando così la CPU dal calcolo di ingenti variabili). Da questo punto di vista, un ulteriore inganno deve essere offerto dai confini dell'area di gioco: limiti che devono essere apertamente mostrati per rimanere "nascosti", così da mantenere integra la sospensione volontaria dell'incredulità. Chiaramente esistono numerosi espedienti per evitare che al giocatore venga la tentazione di andare dove non può: per esempio cingendo l'area di gioco con barriere naturali (montagne, oceani, deserti...) o artificiali (muri di cinta, ingressi sbarrati, posti di blocco...). Non è un caso se il modello geografico più impiegato nei videogiochi a struttura emergente sia quello dell'isola o della zona circondata. Altri universi di gioco, che pure puntano a un realismo coerente (pur essendo di ambientazione fantasy o fantascientifica), possono presentare una mappa planimetrica, avvolta su se stessa, creando l'impressione di un mondo sferico.

Ricapitolando, possiamo riassumere in tabella le caratteristiche salienti di questi spazi aggiungendo qualche nuovo elemento, come l'esplorazione, che riguarda la possibilità di movimento sulla mappa di gioco, che può essere assente (nel caso di aree di gioco che coincidono con lo schermo), lineare, quando è consentita una sola direzione o libera, quando il "back-tracking" non è più solo facoltativo. Nel caso del fuori campo, si fa riferimento invece a ciò che accade fuori dalla schermata di gioco. Anche in questo caso può non esserci il fuori campo quando l'area di gioco si sovrappone interamente allo schermo; oppure il fuori campo può essere statico se, pur esistendo, non vi accade nulla di significativo fino a quando il giocatore non attraversa una determinata soglia; all'opposto troviamo il fuori campo dinamico, tipico dei giochi di strategia in tempo reale, in cui c'è fermento indipendentemente dal controllo del giocatore e, ancor più dei MMORPG, in cui l'universo si trasforma anche quando l'utente è scollegato.

Dimensioni	2		3
Prospettiva	Prima persona	Terza persona (semisoggettiva)	Terza persona (oggettiva)
Simulacro	Assente | Individuale	Molteplice	Superindividuale
Stile	Realistico	Caricaturale	Astratto
Mappa	L'area di gioco coincide con lo schermo	Universo planisferico (campo di scorrimento continuo)	Spazio confinato (barriere naturali/artificiali)
Scorrimento	Assente | Orizzontale	Verticale	Libero
Esplorazione	Assente	Lineare	Libera
Fuori campo	Assente	Statico	Dinamico

Non esiste una relazione tra le colonne, ma i campi si combinano liberamente. In *Tetris*, per esempio, abbiamo una rappresentazione a due dimensioni con prospettiva (presumibilmente) in prima persona, simulacro assente e stile astratto; l'area di gioco coincide con lo schermo che non scorre in nessuna direzione. In *GTA IV*, invece, le dimensioni sono tre, la prospettiva è una terza persona semi-soggettiva e il simulacro individuale in un mondo tratteggiato con grande realismo; i confini della mappa sono rappresentati da barriere naturali e artificiali e lo scorrimento libero consente un'esplorazione delle ambientazioni altrettanto libera, in cui il fuori campo è dinamico, dato che il cambiamento dal giorno alla notte ha una ripercussione sul traffico cittadino e sull'apertura dei locali.

Questa considerazione ci introduce all'argomento tempo, inteso non solo come variazioni meteorologiche (che si potrebbero far rientrare nella categoria del fuori campo sopra descritta), quanto elemento fondamentale della rappresentazione che influisce sull'interazione. Innanzitutto bisogna suddividere lo scorrere del tempo in due modalità principali: il tempo reale e il tempo finzionale. Il primo caso riguarda, per esempio, i giochi di guida: il tempo effettivo che occorre per attraversare un circuito di F1 ricostruito fedelmente è lo stesso che occorrerebbe nella realtà. Ma il tempo reale lo troviamo anche all'interno di giochi che prevedono altrimenti uno scorrimento anomalo, come nella saga di *Resident Evil*, quando compare come countdown per portare a termine una sfida particolare. Un terzo tipo di tempo reale è quello del *Prince of Persia* originale (Broderbund, 1989) in cui il tempo reale corrisponde al tempo effettivo di gioco, ovvero 1 ora, trascorsa la quale il gioco inevitabilmente termina.

Mentre il tempo reale riguarda lo scorrere del tempo *di* gioco, il tempo finzionale riguarda lo scorrere del tempo *nel* gioco; in quest'ottica possiamo ritrovarlo come semplice elemento scenografico (in titoli come *Rage Racer* e *Soul Edge* di Namco per Play-Station, durante la partita il tempo passa dal giorno alla notte, senza però modificare lo stato di gioco) oppure come elemento ludico vero e proprio, come accade in buona parte della produzione per Dreamcast, in cui l'orologio interno della console condiziona l'orario del gioco. Per esempio, in alcune competizioni di *Metropolis Street Racer* (Bizarre Creations, 2000) si può gareggiare solo in precise fasce orarie, a seconda della zona geografica di appartenenza, requisito che richiede di mettere una sveglia, oppure di resettare l'orologio della console. Giochi come *Animal Crossing* (Nintendo, 2001) scanditi sul calendario corrente, cambiano stato anche in presenza di eventi e ricorrenze reali (come il compleanno del giocatore, per esempio). Un'altra distinzione che è possibile operare riguarda lo scorrimento che può essere anomalo, ovvero variare a seconda delle situazioni, restringendosi o dilatandosi (come accade in *The Sims*, che consente di accelerare alcune operazioni) in base a uno scorrimento predefinito (in cui, per esempio, un minuto di gioco corrisponde a un'ora nel mondo della finzione) oppure può essere modificato a piacimento dal giocatore, come avviene per le simulazioni sportive, nella fattispecie per i giochi di calcio, in cui nei cinque minuti per tempo possono accadere con la stessa frequenza azioni di gioco che nel calcio reale accadono in tre quarti d'ora.

Un terzo tipo di dimensione temporale è relativo alla sfera interattiva, cioè alle azioni compiute dal giocatore tramite l'interfaccia di controllo. Avremo così un tempo tattico, che serve a descrivere la realizzazione di un'azione su schermo, che si distingue da un tempo strategico, quello richiesto dal compimento di un'azione complessa (come estrarre la pistola, prendere la mira e fare fuoco, come accade in *Resident Evil*). Un terzo tipo, il ritmo di gioco, riguarda invece la presentazione di nuovi eventi, legati tanto alla dimensione narrativa quanto alle meccaniche di gioco vere e proprie (per esempio il ritmo con cui vengono generati nuovi avversari).

Tempo reale	1:1	Countdown		Effettivo
Tempo finzionale	Elemento scenografico	Elemento ludico	Scorrimento anomalo	Scorrimento ad hoc
Tempo ludico	Tattico	Strategico		Ritmo

Commento sonoro

La predominanza della visione fa spesso dimenticare come un elemento fondamentale della rappresentazione sia fornito dal commento sonoro. Mentre la rappresentazione grafica porta il giocatore sulla scena, la rappresentazione sonora lo immerge nella dimensione ludica vera e propria. Grazie al fatto di poter essere riprodotto con una fedeltà pari all'originale, il commento sonoro rappresenta la terza dimensione di un'esperienza altrimenti piatta, confinata alla ridotta superficie bidimensionale dello schermo. Amplificando (è proprio il caso di dirlo) la percezione fisica dell'ambiente di gioco, l'audio si rivela una componente imprescindibile dell'interfaccia: soprattutto, è in grado di attirare l'attenzione su un determinato stimolo senza la necessità di decodificare un'informazione complessa (pensiamo alle indicazioni vocali fornite dai navigatori satellitari). Il nostro udito è particolarmente sensibile e in grado di decodificare in maniera accurata un ampio spettro dinamico di suoni, sia in termini di frequenza (suoni acuti e gravi) sia in termini di intensità (volume alto e basso). Inoltre, abbiamo l'impressionante abilità di individuare la provenienza di un suono all'interno dell'ambiente, percependo differenze tra un orecchio e l'altro in termini di microsecondi. Tuttavia, esiste una tradizione dura a morire che, anche nel campo di studi sugli audiovisivi, porta a ignorare la questione del sonoro: la storia del cinema, per esempio, è per lo più solo una storia di inquadrature e non di tessiture acustiche. Una tradizione che si perpetua anche al di fuori degli ambiti accademici: in generale non siamo in grado di descrivere le qualità di un suono, sappiamo dire se ci piace o meno una melodia ma non riusciamo a spiegare il perché, se non in termini molto astratti, ricorrendo comunque a immagini mentali evocative. Tutto questo, ovviamente, diventa un problema quando si tratta di individuare con chiarezza gli elementi interattivi del sound design all'interno di un videogioco, limitando quindi la discussione ad alcuni concetti fondamentali, come per esempio le categorie che compongono il panorama acustico di un'esperienza videoludica.

Effetti sonori. I suoni prodotti dagli oggetti presenti sulla scena (per esempio il rumore di un'arma da fuoco che viene ricaricata). Non solo forniscono indizi al giocatore ma sono un importante parametro di feedback. In un gioco di guida, per esempio, il rumore dei giri del motore può indicare la necessità di cambiare marcia; in un survival horror come *Resident Evil*, il rantolo di una creatura può avvisare del suo immediato attacco, sebbene non sia ancora comparsa in scena. E sempre nel caso dei giochi di esplorazione, ricreare un differente rumore dei passi per diverse superfici può rivelarsi un elemento di game design decisivo per avvertire in caso di trappole o pavimenti pericolanti.

Effetti ambientali. Suoni non specifici (e non interattivi) che contribuiscono a creare l'atmosfera della scena (temporali in lontananza, cinguettio nel bosco, rumore di traffico...). Nella realtà siamo sempre circondati dal suono: il silenzio può essere ricreato solo artificialmente. Proprio per questo, per rendere più credibile un mondo virtuale è indispensabile ricorrere a una fitta trama di suoni di sottofondo, sebbene il giocatore non vi presterà orecchio... almeno fino a quando i rumori non si interromperanno bruscamente, mettendo in allerta i suoi sensi!

Musica. La colonna sonora del gioco. Usata per fornire maggiore atmosfera all'interazione, la musica serve per rinforzare nel giocatore il tipo di reazione che dovrebbe avere di fronte alle immagini presentate sullo schermo. La colonna sonora può anche essere legata direttamente all'universo ludico (come accade in *GTA*, dove la musica è quella che esce dalle autoradio delle vetture rubate) oltre a essere presente solo come elemento extradiegetico (ovvero percepito solo dal giocatore ma estraneo allo scenario raffigurato nella dimensione ludica, come le orchestrazioni sinfoniche di *Tomb Raider* mentre Lara combatte con il T-Rex). La colonna sonora può essere composta da brani musicali veri e propri, oppure da loop che creano l'impressione di un unico brano, sebbene ripetuto. Un compositore può anche prevedere diversi temi che presentano uno stesso inizio e una stessa fine per poterli collegare insieme creando interessanti variazioni. Il metodo più efficace per garantire l'immersività del giocatore consiste nel creare brevi porzioni di musica collegate a particolari stati del gioco, in modo da adattarsi in maniera dinamica all'esperienza dell'utente.

Vocalizzazioni. Riguardano le voci dei personaggi in scena (dialoghi) e fuori campo (istruzioni fornite tramite vari dispositivi di comunicazione), tanto quanto il voice-over di commento alla performance del giocatore (del tipo "you win", strillato alla fine di un incontro in un beat'em-up). Considerata la non-linearità della fruizione, è necessario registrare più stringhe di dialogo per una stessa informazione in modo da adattarsi al diverso stato del gioco o del protagonista oltre, ovviamente, a offrire una certa varietà (non c'è niente di più seccante del sentirsi ripetere sempre la stessa frase da un dato personaggio).

Sebbene le produzioni più recenti riportino nei crediti finali lunghi elenchi di persone responsabili dei vari aspetti sonori, non è sempre stato così. I primi videogiochi, infatti, erano muti. La possi-

La matrice tecnologica

bilità pratica di immagazzinare e riprodurre file audio digitali avverrà solo durante gli anni '70. Mentre alcuni sistemi erano in grado di eseguire registrazioni musicali, altri ricorrevano a file MIDI (che, come uno spartito musicale, incorporano una serie di suoni di riferimento interpretati poi diversamente da ciascuna scheda sonora). Anche durante tutti gli anni '80 gli aspetti sonori del gioco continuarono a rappresentare una sfida in termini di risorse tecnologiche: oltre a ritmi di base, alcuni jingle speciali potevano essere usati per introdurre eventi dettati da condizioni particolari (come nel caso di sospensione dell'interazione). Uno degli esempi più creativi è fornito da *Pac-Man*, il cui ipnotico commento sonoro è prodotto dall'incessante movimento del semicerchio giallo, che cambia a seconda che stia inghiottendo un pallino o mordendo la polvere, oppure ingoiando un fantasma. I limiti del supporto di memorizzazione cessarono di essere d'impedimento negli anni '90 con la diffusione dei supporti ottici e l'equipaggiamento delle console e delle schede audio per PC con chip per la gestione del sonoro capaci di sostenere una frequenza di campionamento pari a 44,1 KHz (l'equivalente di quella usata per la digitalizzazione delle tracce sui CD Digital Audio-Red Book, lo standard definito di concerto da Philips e Sony). Questo importante cambio di supporto ha consentito di inserire nei videogiochi brani di accompagnamento della stessa qualità di quelli commercializzati sul mercato discografico (per non dire gli stessi...), sostituendo le elementari melodie monofoniche dei primi giochi per piattaforme a 8 bit. Le potenzialità offerte dalle nuove tecnologie resero necessario l'ingresso nella comunità di sviluppo di nuove professionalità, provenienti da ambiti fino ad allora esterni al videogioco. Sebbene il supporto ottico consentisse di inserire un'intera sinfonia orchestrata e registrata dal vivo, ancora poco si poteva fare per processare il suono "in diretta": per esempio, per fare in modo che un rumore diventasse più forte man mano che il simulacro del giocatore vi si avvicinava era necessario registrare il suono a volumi differenti e andare a pescare dal CD la traccia corrispondente in base alla distanza tra fonte e giocatore.

Tuttavia, proprio in quegli anni, il videogioco si affermerà come ricettacolo di nuove forme di espressività musicale, alcune appositamente studiate e composte per la fruizione interattiva. Così, mentre da un lato sempre più software house strinsero accordi con le case discografiche per avere all'interno dei propri prodotti i brani degli artisti più quotati, dall'altro le colonne sonore appositamente composte per determinate produzioni ludiche (pensiamo alla serie di *Final Fantasy*, orchestrata da Nobuo Uematsu) verranno lanciate riarrangiate anche nei negozi musicali in forma di CD audio. Sony fu la prima realtà a rompere il ghiaccio: per promuovere la propria console fuori dall'ambito videoludico, andando a cercare nuovi utenti in universi fino ad allora considerati lontani, associò alcuni titoli PlayStation all'immagine dei club londinesi e della musica dance. La chiave di questo cambiamento fu *WipEout 2097*, sviluppato dall'inglese Psygnosis (controllata allora da Sony), che incorporava una nutrita serie di brani composti dai più celebri gruppi della scena *underground* anglosassone. Brani che confluirono in un'omonima compilation pubblicata con buon successo di vendite dall'etichetta Virgin Music. Tutto questo portò alla decisione di promuovere il gioco attraverso un "club tour" mirato, per diffondere la conoscenza del prodotto presso i frequentatori delle discoteche, una fascia d'utenza considerata in antitesi con lo stereotipo del fan di videogiochi, casalingo tecnologizzato poco propenso alle relazioni sociali.

La successiva evoluzione nel sound design ha portato alla creazione di ambienti sonori che vanno ben oltre il semplice commento di un'azione sullo schermo. L'effetto acustico di un derminato suono può infatti essere condizionato da differenti parametri, come l'ambiente: la dimensione di una stanza, piuttosto che i materiali di cui è ricoperta o le condizioni climatiche, modificano in maniera dinamica la percezione di un suono come il rumore dei passi. Il suono, inoltre, è situato in uno spazio tridimensionale, per cui diventa possibile sentire il rumore di un mostro che si avvicina dal lato sinistro, che è un rumore diverso da quello dello stesso mostro che ora si trova proprio davanti a noi. Infine, un terzo parametro è rappresentato dalla fisica, come l'effetto Doppler. Sebbene così descritto possa sembrare una cosa semplice, in realtà il lavoro del sound designer è estremamente complesso e, soprattutto, si basa su principi completamente differenti rispetto a quelli del commento sonoro cinematografico, in cui l'inserimento dell'audio avviene solo in fase di post-produzione. Difatti, così come il resoconto della narrazione di un videogioco non è predeterminato ma generato dinamicamente sulla base delle azioni compiute dal giocatore, allo stesso modo, la musica auto-generata è creata (partendo da frammenti sonori di varie dimensioni) per riflettere le condizioni presenti del gioco. Il tema non è nuovo alla produzione musicale: il jazz si basa sull'improvvisazione. Nel caso dei videogiochi, il punto da cui partire è una singola melodia che possa essere modificata in tempo reale per adattarsi alle condizioni del contesto. In senso stretto non è ancora possibile parlare di composizione musicale dinamica perché, in effetti, si tratta pur sempre dell'esecuzione di determinati brani, più o meno sovrapposti, in accordo con le regole del gioco. D'altro canto, riuscire a chiedere a un computer di comporre da solo buona musica è tutto un altro genere di problema: la musica, infatti, può avere un collegamento viscerale con la nostra sfera emotiva e, impiegata efficacemente, è in grado di suscitare una ricca gamma di sentimenti, dall'eccitamento alla disperazione. Alcuni tipi di musica riescono a provocare lo stesso tipo di associazioni emotive a livello quasi universale: un ritmo sostenuto, per esempio, è associato a un'attività frenetica. Non è un caso se le frequenze ritmiche più apprezzate siano variazioni del battito cardiaco di un adulto. Così come per il ritmo, anche il tipo di arrangiamento può suscitare diverse sensazioni: mentre il suono di un sax solista immediatamente ci comunica la solitudine notturna di una metropoli, l'impatto sonoro di un'orchestra classica evoca la forza di un racconto epico. Il fine, in entrambi i casi, è quello di creare una determinata atmosfera, in modo da accentuare non solo il coinvolgimento ma anche il realismo o almeno fornirne un'idea. Compito, questo, che spetta in gran parte agli effetti sonori, che per suonare realistici richiedono una forte casualità. Il problema, in altri termini, non è dato dalla riproduzione fedele del suono di un oggetto nella realtà quanto, piuttosto, dalla creazione di una tessitura sonora che ricalchi la complessità fornita dall'immagine.

Questione di controllo

Croci, leve e pulsanti

L'interattività nel videogioco si realizza attraverso un'interfaccia di dialogo, che prevede la presenza sullo schermo di un corpo simulacrale, comandato attraverso un'apparecchiatura meccanica che interpreta gli input fisici trasformandoli in dati. Oltre alla vista e all'udito - abilità sensoriali che hanno a che fare con la percezione del simulacro e dell'ambiente simulato, diventa quindi rilevante un ulteriore senso: il tatto, che riguarda la fase di controllo e manipolazione del simulacro digitale e dell'ambiente in cui questo si trova. Gli aspetti grafico e sonoro, che chiamano in causa vista e udito, si riferiscono alla percezione passiva del videogioco: in quest'ottica, il giocatore può essere inteso come semplice "spettatore". Il sistema di controllo, invece, delegando al tatto la manipolazione dell'universo virtuale tramite una reazione attiva agli stimoli visivi/uditivi ricevuti, permette di considerare il giocatore come "attore" che prende direttamente parte alla rappresentazione videoludica in corso. Si è liberi di interpretare la parte scegliendo un determinato tipo d'azione nell'insieme di quelle previste dal game designer. L'improvvisazione fuori dalle regole significa violare la coerenza di quel micro-universo, rovinando così l'esperienza ludica.

Per la corretta interpretazione di qualsiasi soggetto videoludico è indispensabile saper decodificare con successo l'impiego fisico del sistema di controllo. Quanti giocatori alla prima esperienza, di fronte a una simulazione di guida, cercano di ruotare il joypad come se si trattasse di un volante? Quasi tutti. Questo perché l'esperienza comune ci spinge a trasferire anche nel mondo digitale un'azione convenzionale nella realtà. Non tutti i sistemi di controllo, però, sono intuitivi come l'interfaccia tattile di iPad o come il puntatore di Wiimote. Proprio per questo, nella maggior parte dei casi, i primi tentativi con l'universo digitale spingono a prendere confidenza con la disposizione dei comandi sul sistema di controllo, prima ancora, però, è necessario capire come funziona il sistema di controllo stesso.

Come per l'hardware a livello computazionale, anche la storia delle periferiche di controllo ci racconta di tanti standard differenti che si sono evoluti nel tempo. Uno dei grandi meriti di Highinbotham è stato quello di aver collegato all'oscilloscopio di *Tennis for Two* due potenziometri (solitamente usati per regolare il volume negli impianti audio) per consentire ai giocatori di definire l'angolo del tiro e un pulsante per scagliare la palla. L'evoluzione di questo concetto è il paddle, una periferica formata da una manopola che controlla in modo continuo una posizione lungo un asse e da uno o più pulsanti. *Pong* fu il primo gioco a impiegare con successo (di massa) questo sistema di controllo, il nome stesso di paddle, che letteralmente significa "pagaia", in gergo inglese serve proprio a identificare anche le racchette da pingpong: la periferica finì così per prendere il nome di ciò che muoveva sullo schermo. Il Magnavox Odissey, che poteva muovere gli oggetti su due assi, presentava come controller una scatola con due potenziometri laterali e un pulsante centrale. L'avveniristica console di Baer incorporava inoltre un fucile ottico (Shooting Gallery), da imbracciare come l'oggetto reale per sparare ai bersagli sul televisore (in realtà era in grado di riconoscere ogni fonte luminosa, permettendo così di barare facilmente).

Il joystick, che rimpiazzerà come standard il paddle sia sul mercato domestico (tramite l'Atari VCS 2600) sia a livello di sala giochi, proveniva in origine dal mondo dell'aviazione. Già il nome era in uso agli inizi del XX secolo come sinonimo di barra di comando e cloche, come riportato in una nota scritta del pilota e attore Robert Loraine del 1909. Tale tipo di dispositivo fu adottato fin dagli albori dell'aeronautica per controllare le superfici di volo di un aeroplano. Il primo joystick elettrico a due assi, che ispirerà la creazione di Atari, fu inventato probabilmente in Germania nel 1944 con lo scopo di guidare un particolare tipo di missile contro le imbarcazioni avversarie e venne in seguito usato per sganciare ordigni in volo. Non funzionava con potenziometri ma usando interruttori on/off e trasmetteva le informazioni al missile via radio. Negli anni '60, il joystick era diventato il più popolare sistema di controllo per il modellismo, e nel 1963 venne implementato con successo anche con le sedie a rotelle a motore. Il modello digitale di Atari ebbe il grande merito di definire le specifiche della porta di comunicazione per il collegamento alla console che, da quel momento in poi, permise di attaccare periferiche di ogni tipo alla maggior parte degli home computer. I concorrenti di Atari, Mattel e Coleco, sostituirono la leva con un appoggio circolare inclinabile in 16 posizioni e aggiunsero un tastierino numerico, ma il colpo più duro alla popolarità del joystick venne dato dal gamepad del NES. Questo sistema di controllo era dotato di quattro pulsanti digitali a sinistra deputati al movimento, disposti accoppiati sui due assi a formare la "croce direzionale", due pulsanti rotondi a destra deputati a compiere le azioni e 2 mini pulsanti centrali per le funzioni di accensione e selezione delle modalità ("start" e "select").Tale design era stato introdotto per la prima volta nella versione Game & Watch di *Donkey Kong* (1982), uno dei titoli di punta della linea di console portatili a schermo LCD ideata da Gunpei Yokoi (futuro creatore del Game Boy). Solo in seguito, visto il successo riscosso da questi giochi elettronici (che incorporavano orologio e sveglia), il sistema di controllo a "croce direzionale" venne brevettato da Nintendo e poi trasposto sulla nuova console da collegare al televisore, il NES. Grazie alla maggiore precisione nelle azioni impartite, il nuovo sistema di controllo si diffuse a macchia d'olio, divenendo quasi uno standard nel settore delle console domestiche.

Sul fronte coin-operated, al contrario, il peculiare sistema di controllo di ciascun cabinato continuava a rimanere una delle attrattive principali per l'accesso al gioco. Per esempio, volante, cambio e acceleratore furono introdotti da Atari già nel 1974 con *Gran Trak 10*. La guida digitale degli anni a venire diventerà un vero e proprio terreno di scontro per le tecnologie dell'intrattenimento più impressionanti (e ingombranti), fino a incorporare il telaio in vetroresina di una moto in *Hang-On* (Sega, 1985) o di un'auto in *OutRun* (Sega, 1986). Il responsabile di entrambi i progetti era Yu Suzuki, considerato da molti il più grande talento nei cabinati da sala, che nel 1987 stupirà il suo pubblico con *After Burner*, che si presentava come una replica ludica del cockpit di un F-14 Tomcat (reso popolare dal successo cinematografico di "Top Gun"), capace di inclinarsi in 4 posizioni differenti a seconda del movimento del velivolo sullo schermo.

Nel frattempo, i giochi più complessi per PC abbandonarono l'impiego del joystick (che ritornerà come fedele riproduzione della barra di comando per le simulazioni di volo) per richiedere l'uso contemporaneo di mouse e tastiera: una combinazione micidiale per lo sviluppo degli sparatutto in prima persona. In questo caso la funzione principale offerta dal mouse è quella di puntatore o mirino, mentre i tasti freccia servono per spostarsi nello spazio tridimensionale in avanti, indietro, o camminando lateralmente a destra e sinistra (tecnica conosciuta come "strife" laterale, movimento longitudinale che si effettua senza dover roteare il simulacro). In questo contesto, il sistema di controllo si cristallizzerà grazie al successo di *Quake* (id Software, 1996) nella configurazione WASD, ovvero, i tasti freccia saranno sostituiti dalle lettere corrispondenti nelle tastiere QWERTY, per garantire una maggiore comodità d'uso.

Per replicare la stessa fluidità e precisione di movimento, i costruttori di console inserirono all'interno dei loro controller degli stick analogici, dapprima in posizioni ausiliari (anche se centrali, come nel caso dello strepitoso controller di Nintendo 64) e poi sempre più preminenti.

E sempre a fine anni '90 venne introdotta la tecnologia di force-feedback, capace di emettere una vibrazione in caso di collisione con gli oggetti sullo schermo. Il meccanismo venne perfezionato da Sony con il DualShock: il controller inglobava alle estremità dell'impugnatura due solenoidi collegati a motori di diversa potenza, in modo da offrire una gamma di vibrazioni di intensità variabile, dal lieve ronzio del motore al violento impatto contro con un elemento dello scenario.

Il successo fu tale da diventare presto uno standard nella creazione dei sistemi di controllo, al pari del wireless nella generazione successiva.

Mentre il controller di base per l'intrattenimento domestico subiva questa standardizzazione, continueranno a proliferare periferiche ad-hoc, sviluppate specificamente per singoli titoli, come la canna da pesca pensata per *Sega Marine Fishing*, dotata di mulinello per riavvolgere la lenza, o l'imponente postazione di *Steel Battalion* (Capcom, 2002), composta da pedaliera e tre blocchi frontali, con una quarantina di pulsanti e due joystick (più il pulsante per l'espulsione di emergenza) per simulare il controllo di un sofisticato mech da combattimento (chiamato Vertical Tank). Sulla scia dei tappeti per la danza, introdotti da Konami con *Dance Dance Revolution* (1997), suddivisi in 9 sezioni, 4 a rappresentare i punti cardinali, dotati di sensori di pressione, il mercato dei videogiochi musicali diventerà ben presto il segmento più ricco di nuove periferiche, affiancando a conga (*Donkey Konga*, Nintendo, 2003) e maracas (*Samba de Amigo*, Sega, 1999) un'offerta sempre più vasta di microfoni, chitarre, batterie e postazioni di mixaggio, dal livello di sofisticazione tale da consentire l'apprendimento dei rudimenti dello strumento reale tramite il gioco ma, soprattutto, offrendo a più persone la possibilità di radunarsi contemporaneamente davanti allo schermo per tentare di eseguire insieme il brano musicale preferito.

Le basi per l'interazione gestuale con le immagini furono gettate da Sony con EyeToy (2003) per PlayStation 2, una telecamera, molto simile a una webcam, dotata di una tecnologia che impiega visione computerizzata e riconoscimento gestuale per processare le immagini riprese, consentendo all'utente di interagire usando il movimento, le differenze cromatiche e pure il suono, grazie al microfono incorporato.

Il perfezionamento di questa interfaccia gestuale arriverà con il Wiimote di Nintendo, il controller più importante per la storia dei videogiochi dall'introduzione del gamepad. Il successo è dato dal fatto che il sistema di controllo presuppone solitamente il movimento istintivo per una corretta interazione, rendendo l'interfaccia uomo-macchina ancor più trasparente.

L'annullamento di tale barriera è stato profetizzato da Microsoft con Kinect, una telecamera tridimensionale con un software di rilevamento dei movimenti evoluto, che non richiede l'intermediazione di altra strumentazione a eccezione del proprio corpo (ma che, proprio per questo, pone altri vincoli che, di fatto, l'allontanano nuovamente dalla discreta universalità del gamepad).

Mappare l'interazione

La tendenza, nello sviluppo dei sistemi di controllo, cambia fortemente a seconda del formato: nel caso dei coin-op, difatti, è parte integrante dell'esperienza ludica complessiva, molto spesso il software viene sviluppato come complementare al sistema di controllo stesso, mentre nel caso delle console il gamepad rappresenta una sorta di comun denominatore, capace di adattarsi a quante più esigenze di gioco possibili. Al contrario, nel caso di mouse e tastiera, l'interfaccia dei giochi a livello di sistema di controllo si è dovuta adeguare a due periferiche pensate in origine per compiti completamente differenti, legati alla sfera lavorativa piuttosto che a quella del tempo libero. Tuttavia, anche questa configurazione è riuscita a dare luogo a meccaniche di gioco peculiari, che non riescono a trovare corrispettivi usando gli altri sistemi di controllo. Il caso più esemplare è rappresentato proprio dagli FPS: gli stessi giochi, fruiti su console, offrono un tipo di esperienza sensibilmente differente. In tutti i casi, è curioso notare come, a differenza di altre interfacce meccaniche, in tutte le regioni del mondo (anche quelle con i comandi di guida a destra) e in tutte le configurazioni possibili, il controllo del movimento nello spazio ludico sia affidato alla mano sinistra mentre la destra controlla le azioni eseguibili. I rari casi di periferiche appositamente pensate per il pubblico mancino (quindi con i controlli invertiti), non hanno mai sfondato sul mercato.

Per quanto venga data per scontata (e non potrebbe essere altrimenti), la progettazione del sistema di controllo si rivela uno degli elementi chiave nel design di una piattaforma ludica. Basti pensare alla forma ergonomica del primo pad Sony. Per quanto azzardata allora, è diventata presto uno standard e tutti i successivi modelli, pur offrendo una maggiore complessità nei controlli, non hanno mai deviato dal design originale, tant'è che, quando le prime immagini di PS3 mostrarono la console affiancata a un pad dal nuovo design, ancora più tondeggiante e allungato, le critiche furono tali da far ritornare immediatamente Sony alla forma tanto amata.

Un altro caso rilevante per la storia del sistemi di controllo è quello del pad originale per Xbox. Il modello standard, pensato per il pubblico occidentale, aveva dimensioni ideali per le mani di un adulto maschio, ma leggermente eccessive in tutti gli altri casi. Ecco perché, quando il controller slim, inizialmente previsto per il solo mercato giapponese, venne diffuso anche su quello occidentale, prese presto il sopravvento, dettando le coordinate anche per il nuovo controller di Xbox 360.

Quanto l'ergonomia è fondamentale a livello hardware, tanto la mappatura dei comandi sui pulsanti più appropriati diventa indispensabile a livello software. I comandi, infatti, non possono essere mappati arbitrariamente perché, oltre ai vincoli dettati dalla disposizione fisica dei pulsanti di ciascun controller, esistono delle convenzioni legate all'uso che diventano quasi imprescindibili. Un caso esemplare riguarda il confronto fra le due serie di calcio più popolari, *FIFA* di EA e *Pro Evolution Soccer* di Konami: per riuscire a riguadagnare posizioni di mercato sottratte dal concorrente e, soprattutto, a riconquistarsi la fiducia dei calciatori digitali più esperti, a un certo punto EA ha deciso di rimappare i comandi di FIFA in modo da renderli sovrapponibili a quelli di PES. Quando, grazie a un gioco di successo, l'impiego di un determinato pulsante diventa una convenzione per quel tipo di azione, cercare di offrire un'alternativa può solo generare confusione nell'utente. È altrettanto vero però che, al passaggio su un formato differente, uno stesso gioco rischia di risultare meno accessibile se mantiene inalterata la struttura dei comandi, come accade con le trasposizioni per PSP del catalogo PS2. Ogni sistema di controllo, infatti, richiede di essere impugnato in una determinata maniera, che ne condiziona ovviamente anche le modalità d'uso: così come la forma di PSP rende più complicate alcune azioni altrimenti agevoli sul DualShock, usare il gamepad per titoli appositamente concepiti per Wiimote inficia l'esperienza, rendendola decisamente più scialba.

I quattro simboli del divertimento

Il design di ogni generazione PlayStation, sia a livello di controller che di altri accessori, è opera di Teiyu Goto, entrato in Sony nel 1977. Il controller principale, nella fattispecie, si è insediato di prepotenza nell'immaginario collettivo, e i simboli raffigurati sui pulsanti richiamano immediatamente l'idea del divertimento elettronico e non solo di PlayStation. Nelle parole del designer: "Il triangolo si riferisce ai punti di vista; sta a rappresentare una testa o una direzione e l'ho fatto verde. Il quadrato si riferisce al foglio di carta e rappresenta i menu o i documenti, l'ho fatto rosa. Il cerchio e la X rappresentano le decisioni *sì* e *no* e le ho rese rispettivamente rossa e blu. In molti hanno pensato che i colori fossero un caso e ho dovuto insistere con il management dell'azienda che invece erano proprio come li volevo". A differenza del Giappone, in occidente siamo abituati a usare una X per confermare, ecco perché tale comando è invertito in tutte le interfacce grafiche dei prodotti che escono in USA ed Europa.

Dispositivi di memorizzazione

Per completare la panoramica sulla dimensione "hardware" del termine videogioco, occorre soffermarsi sui dispositivi che permettono l'immagazzinamento del software che, al pari del cuore computazionale della macchina e del sistema di controllo, si rivelano determinanti per il design di un videogioco. Storicamente, le memorie di massa adottate come supporto per la commercializzazione del software si sono concentrate su tre famiglie tecnologiche: silicio, supporto magnetico e disco ottico.

Sebbene l'Odissey consentisse di giocare con differenti varianti del quadrato luminoso, fino all'arrivo dell'Atari VCS, la prima console a cartucce intercambiabili, il mercato delle origini fu permeato dalla presenza di un unico software per un unico hardware, riportando tra le pareti domestiche il modello dei coin-op. Il grande salto di immaginazione compiuto da Atari fu quello di creare un'unica piattaforma da collegare al televisore che avrebbe funzionato da riferimento tecnologico per lo sviluppo di giochi futuri, senza dover necessariamente sostituire tutto l'hardware ma costituendo, di fatto, un comun denominatore tecnologico.

Il supporto scelto per la memorizzazione è costituito da un circuito integrato contenente una serie di chip EPROM (Erasable Programmable Read Only Memory) su cui viene memorizzato il codice del videogioco, il tutto racchiuso in un contenitore di plastica (chiamato "cartridge", in italiano "cartuccia") da inserire in un apposito slot sull'apparecchio. I supporti silicei sono caratterizzati da tempi di accesso virtualmente nulli e da un'elevatissima velocità di trasferimento dati, tale da rendere il software immediatamente disponibile; il loro limite più grave è costituito dall'elevato costo e dalla limitata capacità.

L'alternativa, offerta dagli home computer dell'epoca, veniva dal nastro magnetico. La tecnologia magnetica, basata su comuni cassette a nastro o su floppy disk (inizialmente da 5 pollici e ¼, successivamente da 3 pollici e ½) poneva fin da subito eccessive limitazioni di capacità, imposte dal singolo supporto (un floppy disk da 3 pollici e ½ po teva co rtenere, normalmente, 1,44 MB di dati).

Un altro grave handicap proveniva dal rilevante tempo di caricamento, necessario per trasferire il codice sulla RAM (Random Access Memory) e permettere l'interazione. In quest'ottica, l'impiego di cartucce ROM consentiva inoltre di tenere libera la RAM, rendendola disponibile come appoggio computazionale per la CPU. Tuttavia la tecnologia magnetica si rivelò da subito la scelta più economica e, fattore da non sottovalutare, più facilmente riproducibile. Al contrario, l'impiego di cartucce dal formato proprietario implicò un modello di business che, di fatto, obbligava il produttore di software ad acquistare il supporto dal fabbricante dell'hardware (una cartuccia per Nintendo 64 costava allo sviluppatore circa 30$), contribuendo quindi a creare regimi di monopolio, con un forte controllo da parte del costruttore sullo sviluppo dei contenuti. Un altro vincolo veniva dalla capacità del supporto: maggiore lo spazio, più elevato il costo; tuttavia, considerata la sua natura elettronica, ogni scheda EPROM poteva essere arricchita dalla presenza di nuovi componenti: ben presto vennero incorporate memorie flash per poter salvare i dati personali e, in alcuni casi, furono inseriti interi chipset, come accade con il Super FX, un acceleratore grafico alloggiato in alcune cartucce di gioco del Super NES.

Mentre il mercato delle console continuerà fino all'avvento di PlayStation sulla costosa strada della cartuccia, in ambito PC si diffuse l'uso dell'hard disc per memorizzare i dati trasferiti da supporto magnetico, velocizzando i tempi di caricamento dopo aver installato il software (che, a questo punto, poteva essere convenientemente compresso per ottimizzare lo spazio sul dispositivo d'origine). Maggiore capacità di memorizzazione significava fondamentalmente avere la possibilità di creare più contenuti per il prodotto (ambientazioni e personaggi ma anche musiche e filmati), dando la possibilità di sviluppare nuovi generi, mai visti prima in sala giochi.

L'arrivo del CD-Rom nei primi anni '90 (uno standard sviluppato congiuntamente da Sony e Philips subito dopo il CD audio), sembrò offrire il meglio di entrambi i mondi: l'economicità nella produzione del supporto e l'enorme capacità di immagazzinamento erano accoppiate a una sicurezza superiore nella protezione dei contenuti rispetto ai formati magnetici a scapito, tuttavia, della velocità nel trasferimento dati. Il basso costo unitario di fabbricazione (circa 1$ già in origine) si rivelò immediatamente un elemento critico di differenziazione rispetto ai supporti silicei: questi ultimi, essendo costituiti da una serie di chip su circuito integrato, dovevano essere sottoposti a un ciclo di lavorazione lungo, complesso e costoso; i CD-Rom, invece, venivano prodotti in serie attraverso un processo di pressaggio a iniezione ("injection molding") relativamente semplice. Anche a livello di licensing per le terze parti il CD-Rom rappresenta una soluzione tecnologica molto più vantaggiosa rispetto alla cartuccia di silicio, non solo per i costi di produzione contenuti ma, anche per la flessibile procedura di assortimento: la semplicità del ciclo produttivo consente infatti di riassortire l'offerta entro il ciclo di vita a scaffale del prodotto, mettendosi al contempo al riparo dai rischi di un eccessivo stoccaggio in magazzino.

Mentre Nintendo rimase fedele alla cartuccia, PlayStation di Sony si attirò prima le simpatie della comunità di sviluppo e poi il favore del pubblico proprio grazie al nuovo formato. Il limite della sua architettura era rappresentato dalla RAM, limitata a 2 MB, e dall'assenza di altri dispositivi di memorizzazione interni, che implicavano l'acquisto di una unità di memoria ("memory card") separata per poter salvare i propri progressi nel gioco. Titoli come *Tomb Raider* e *Resident Evil* furono progettati proprio partendo da questi vincoli: nel primo caso un intero livello di gioco occupava interamente la RAM, mentre nel secondo i tempi di caricamento furono resi brevi ma frequenti, mascherati dall'animazione della porta che si apre in soggettiva. Il superamento di questa limitazione avvenne via software tramite il trasferimento continuo dei dati, denominato "data streaming", di cui furono pionieri titoli come *Soul Reaver* e *Fear Effect* di Eidos (1999 e 2000): nel primo caso non c'è interruzione di gioco, perché i pacchetti di dati vengono caricati mentre il giocatore attraversa uno scenario di gioco e nel secondo esempio gli scenari di gioco, rappresentati da schermate riprese in successione da angolazioni differenti (come *Resident Evil*), non sono immagini statiche ma filmati in FMV.

Mentre sul fronte PC la banda larga cominciava a prendere il sopravvento nella diffusione dei dati, lanciando fenomeni come il peer-to-peer, Microsoft - che già aveva compreso l'importanza della comunità online, mettendo in piedi l'infrastruttura di Xbox Live contemporaneamente alla progettazione di Xbox - decise di incorporare un hard disc nell'architettura della propria console, garantendo così una maggiore velocità nel trasferimento dei dati tramite lo "swap" di memoria (dalla ROM del DVD passando per la RAM della console fino alla ROM dell'hard disc) e permettendo inoltre ai giocatori di arricchire la propria esperienza ludica inserendo, per esempio, colonne sonore personalizzate.

La nuova frontiera nella distribuzione dei dati, però, sarebbe arrivata proprio dalla connessione a banda larga, che permette la diffusione del software senza la necessità di immagazzinarlo e impacchettarlo in un supporto fisico, eliminando di fatto ingenti costi di realizzazione, imballaggio, stoccaggio e distribuzione. I pionieri di questo nuovo modello di business sono stati i creatori di *Half-Life*: Steam è il nome della piattaforma sviluppata da Valve dedita alla distribuzione digitale, alla gestione dei diritti digitali, al gioco multiplayer e alla comunicazione. Attivata il 12 settembre del 2003, Steam viene usata per la gestione e la distribuzione di una vasta gamma di giochi (alcuni esclusivi) e il loro relativo supporto: il tutto interamente tramite Internet. Nel 2010 la piattaforma contava 25 milioni di account attivi e più di 1000 videogiochi realizzati da 100 differenti sviluppatori. Tramite una connessione criptata, Steam permette agli utenti di acquistare direttamente i giochi in distribuzione digitale: invece di ricevere la scatola, il disco o un codice seriale, il contenuto viene immediatamente aggiunto alla propria libreria, e contemporaneamente registrato sui server della piattaforma, in modo da consentire di scaricare nuovamente tale contenuto senza doverlo riacquistare. Quando l'utente seleziona e acquista un determinato prodotto, Steam si preoccupa di tenerlo aggiornato, processo che avviene automaticamente con il PC connesso. Steam può inoltre convalidare un contenuto, dopo averlo scaricato, per correggere eventuali errori dovuti al download e controllarne l'integrità per impedirne l'avvio in caso di file corrotti o modificati esternamente. Infine, integra un sistema di protezione anti-trucchi (VAC) per garantire a tutti gli utenti lo stesso livello di performance.

Gli stessi principi si applicano a piattaforme come Xbox Live e PlayStation Network, rispettivamente di Microsoft e Sony, così come ai Canali Wii di Nintendo. Sony, in particolare, ha cercato di rendere uno standard la distribuzione digitale per PSP, introducendo sul mercato il modello PSPgo, che al posto del lettore UMD contiene una memoria flash da 16 GB, con la necessità di ottenere contenuti unicamente tramite PlayStation Network. Tuttavia, un modello di business poco convincente (con prezzi per il digital delivery non troppo concorrenziali rispetto a quelli di mercato) e l'impossibilità di fatto di generare margine tramite la rivendita dell'usato ha decretato il fallimento del progetto.

Da questo punto di vista, l'eldorado per gli operatori di settore è rappresentato dall'App Store, un servizio realizzato da Apple disponibile per iPhone, iPod touch e iPad che permette agli utenti di scaricare e acquistare applicazioni disponibili in iTunes Store. Le applicazioni possono essere sia gratuite sia a pagamento (con costi decisamente contenuti), e possono essere scaricate direttamente dal dispositivo o su un computer. L'App Store è stato aperto il 10 luglio 2008 tramite un aggiornamento software di iTunes. Nel 2010 erano disponibili più di 250.000 applicazioni sviluppate da terze parti, con oltre 5 miliardi di download effettuati. Dopo il successo dell'App Store e il lancio di servizi analoghi da parte di numerosi concorrenti, il termine "App Store" è diventato di uso comune per indicare qualsiasi servizio simile a quello lanciato da Apple.

L'ultima frontiera, per quanto riguarda la distribuzione digitale dei contenuti, risiede non solo nella possibilità di scaricare il software sulla propria macchina, ma di fruirlo direttamente da qualsiasi schermo si possieda tramite una connessione a banda larga, trasferendo i dati in tempo reale da un server posizionato a centinaia di chilometri di distanza, usando un insieme di tecnologie informatiche definite "cloud computing". Il primo servizio di questo tipo si chiama Onlive, lanciato negli USA a dicembre 2010. Al di là delle specifiche tecniche e dell'effettiva efficacia del servizio, questo tipo di tecnologia permette di intravedere modelli di business paragonabili a quelli della telefonia mobile, ovvero il pagamento a consumo per un singolo gioco o a forfait per un determinato quantitativo di ore di gioco, che potrebbe chiaramente dare adito a nuove dinamiche nello sviluppo di questa forma di intrattenimento in continua evoluzione.

Generi in fermento

Questione di etichetta?

Nell'avvicinarsi sempre più al processo di creazione dei contenuti videoludici, ovvero all'individuazione di quei mattoni fondamentali che consentono al videogioco di rappresentare una forma di intrattenimento così peculiare e a sé stante, risulta purtroppo necessario addentrarsi in un terreno sterile per il fermento critico che, piuttosto, porta spesso a impantanarsi in definizioni dal valore limitato: la classificazione in generi di gioco. Non esiste, difatti, una metodologia condivisa, accettata universalmente, che consenta di catalogare le varie produzioni videoludiche in maniera univoca, dato che diversi operatori ricorrono ad altrettanti parametri: in primis gli attori del mercato hanno bisogno di etichette per collocare a scaffale la propria offerta, solitamente usando come parametro giochi che hanno già riscontrato successo di vendita, mettendo in evidenza le differenze che rendono unico il proprio prodotto. Dal lato opposto, gli utenti, rappresentati a livello istituzionale dalle riviste specializzate, hanno bisogno di termini ombrello a cui fare riferimento per avere un'idea già in partenza di come potrà essere giocato un determinato gioco a seconda degli obiettivi che pone e delle modalità di interazione. Una terza istanza è rappresentata dal mondo accademico, che tenta di organizzare una tassonomia sulla base di modelli applicati con successo in altri media.

Tuttavia, i generi di gioco, per quanto arbitrari, rappresentano pur sempre costrutti analitici applicati a un gruppo di oggetti in modo da poter rilevare in maniera significativa la complessità delle differenze a livello individuale. Ma non si tratta di costrutti astratti che non hanno valore nella realtà, anzi: le convenzioni stabilite da ciascun genere sono in grado di dettare determinate aspettative nel pubblico. Mentre nel caso di libri e film si valuta soprattutto la componente emotiva, legata cioè alla sfera di sentimenti veicolata attraverso la narrazione (commedia, dramma, horror, sentimentale), oppure entrano in gioco fattori come l'ambientazione (storico, fantasy, fantascienza) o il narratore (autobiografia, biografia), il videogioco, che pure punta molto sugli aspetti narrativi, di immedesimazione nei ruoli dei personaggi e nella ricchezza degli scenari, non può prescindere dalle modalità di interazione che, molto spesso, rappresentano un aspetto tecnico/tecnologico. Da questo punto di vista, la classificazione del videogioco è molto più vicina a quella musicale, i cui generi sono catalogati in base a ritmiche, strumentazione e arrangiamenti, non certo in base ai contenuti veicolati dal testo della canzone o all'impatto emotivo di una determinata melodia.

Per le finalità che questo volume si propone, una catalogazione esaustiva dei generi di gioco e dell'evoluzione di questa materia è poco rilevante. Tuttavia, siccome determinate convenzioni a livello di interfaccia, obiettivi e interazione, vengono spesso riproposte invariate dalla comunità di sviluppo, oppure costituiscono le basi per la creazione di un nuovo progetto, diventa fondamentale stabilire dei parametri di riferimento, partendo da questa domanda, che riguarda la categoria dei giochi in generale: "come si fa a vincere?". Nel nostro caso, tale interrogativo può essere meglio articolato in "le modalità di interazione previste per avere successo con un determinato software".

Le categorie che andremo a individuare, quindi, oltre a cercare di riassumere le voci più frequenti nelle istanze sopra citate, si caratterizzano per l'omogeneità dei modelli di interazione proposti, dell'interfaccia e, in certa parte dell'organizzazione dei contenuti, trasversali rispetto alle varie piattaforme hardware che ospitano le produzioni software che le rappresentano.

Prima di procedere definendo i dettagli, è comodo introdurre uno schema di riferimento:

Famiglia	Genere	
Azione	Beat'em-up	
	Shoot'em-up	
	First Person Shooter (FPS)	
	Platform	
Sport	Competizioni ufficiali	Simulazioni di guida
		Altri sport
	Competizioni "underground"	Racing
		Sport estremi
Rompicapo	Associare forme	
	Labirinto	
	Enigmistica	
	Ritmo	
Avventura	Testuale	
	Grafica	
	Film interattivo	
	Dinamica	Lineare
		Emergente
Giochi di Ruolo	JRPG	
	GdR sul modello "Dungeons&Dragons"	
	MMORPG	
Strategia	Real Time Strategy (RTS)	
	Strategico a turni	
	Manageriale	
	God Game	
	Crescita/Allevamento	
Simulazione	Simulatore di volo	
	Altro	

La prime tre famiglie, Azione, Sport e Rompicapo, appartengono a quella macrocategoria che un tempo veniva definita "Arcade". La spiegazione è evidente: i generi compresi in queste famiglie sono (o sono stati) tutti presenti in sala giochi ("arcade" nella dizione anglosassone). Ciò che li accomuna è la struttura di gioco frenetica e spesso lineare, fortemente scandita dalla dimensione temporale tipica appunto delle macchine mangiasoldi. Il giocatore deve rispondere agli stimoli offerti con la prontezza dei riflessi e con una sviluppata coordinazione occhiomano. Tuttavia, la trasposizione di questi generi sulle piattaforme casalinghe permette di allentare la morsa temporale e dare maggiore risalto all'aspetto strategico-simulativo se non addirittura a quello narrativo.

Il secondo gruppo di famiglie (Avventura, Strategia, Simulazione) nasce originariamente su computer e ciò che lo contraddistingue, almeno di primo acchito, è la maggiore complessità degli scenari e della meccanica di gioco. La riflessione è preponderante rispetto alla pressione forsennata dei pulsanti. L'azione è rallentata dalla gestione delle numerose opzioni e degli inventari, che permettono la personalizzazione di molteplici parametri. È evidente come tali generi per PC e console non possano trovare un corrispettivo nel settore dei coin-op.

Un'importante considerazione relativamente a questa classificazione riguarda l'ibridazione sempre più frequente fra i generi di gioco: produzioni come *Uncharted* (Naughty Dog, 2007 e 2009), per esempio, offrono uno sviluppo avvincente della narrazione, degno della migliore avventura, scandito da numerosi rompicapi, dalla necessità di saltare da un appiglio all'altro per attraversare lo scenario e, soprattutto, da intense fasi di combattimento, che prevedono tanto azioni a mani nude quanto sparatorie modello FPS o "su binari". Molto più frequenti sono gli abbinamenti tra una gestione del proprio avatar e delle relazioni tra i vari personaggi della narrazione in stile GdR e un modello d'azione tipico degli FPS (*Fallout 3* - Bethesda Softworks 2008; *Mass Effect 2* - Bioware, 2010), oppure GdR dal taglio action (da *Diablo* - Blizzard, 1996, a *Demon's Soul* - From Software, 2009, c'è solo l'imbarazzo della scelta) o titoli strategici che prevedono mini sessioni di gioco in stile Azione per sviluppare determinati parametri del proprio personaggio/unità (*The Sims 3* - Maxis, 2010).

Azione

I generi presenti in questa categoria sono, storicamente, quelli più rappresentativi dell'attività videoludica, si va da *Pac-Man* ad *Halo*, passando per *Street Fighter*. Ciò che accomuna queste esperienze ludiche all'apparenza così differenti sono la coordinazione oculo-motoria e il tempo di reazione. Le situazioni proposte vanno affrontate di petto, affidandosi ai riflessi e alla rapidità di impiego delle periferiche di controllo.

Beat'em-up. Chiamati in italiano anche "picchiaduro", portano sullo schermo le riproduzioni più o meno realistiche di varie arti marziali. Le serie di *Street Fighter* di Capcom e *Tekken* di Namco rappresentano i canoni odierni, proponendo un'ampia scelta di combattenti spiccatamente caratterizzati e realisticamente animati, dotati di un vasto repertorio di mosse altamente coreografiche che si ottengono tramite la pressione combinata o ripetuta di diversi pulsanti. Oltre a una rapida coordinazione oculo-motoria, i beat'em-up richiedono capacità di memorizzazione e senso del ritmo per riuscire a effettuare le combinazioni di mosse più complesse, note come "combo". I beat'em-up si distinguono a loro volta in due sottocategorie, quelli a incontri, che prevedono solitamente due soli lottatori opposti, dotati di una barra di energia che si svuota più o meno rapidamente, a seconda dei colpi subiti, oppure "picchiaduro a scorrimento", in cui il protagonista, aiutato anche da altri personaggi, deve abbattere a mani nude o all'arma bianca intere schiere di nemici, solitamente dotati di una barra d'energia inferiore alla propria.

Shoot'em-up. Noti anche come "sparatutto", rappresentano le origini del videogioco. Versioni digitali del tiro al bersaglio, il loro processo evolutivo comincia con *SpaceWar!* di Steve Russell, passa per *Space Invader*, *Asteroids* e *Defender* e approda ai giorni nostri entrando nella terza dimensione con serie come *House of the Dead* di Sega e gli altri sparatutto su binari come *Resident Evil: Umbrella Chronicles* (Capcom, 2007). La distruzione incondizionata di tutto ciò che si muove può essere generalmente frammentata dalla raccolta di potenziamenti e bonus e dall'acquisizione di nuovi e sempre più devastanti armamenti. L'area di gioco è limitata dallo schermo: non è neccessaria la pianificazione o il gioco di squadra: l'importante è avere il grilletto rapido.

First Person Shooter. Abbreviati in FPS, si differenziano dagli sparatutto per le nuove dinamiche di gioco introdotte e non solo per il punto di vista adottato dalla telecamera, che mostra le mani del simulacro che impugnano l'arma selezionata. Soprattutto, metà del divertimento è offerto dalle modalità multiplayer che, da *Quake III Arena* (Activision, 1999) in poi, smettono di essere un mero optional aggiuntivo, ma parte fondamentale dell'intera esperienza. La conoscenza del territorio è indispensabile per riuscire ad avere il successo sugli schieramenti avversari, così come il coordinamento con la propria squadra. Sebbene una buona mira sia un requisito quasi d'obbligo, occorre anche saper gestire con cognizione di causa l'arsenale raccolto. Il limite di una visibilità ridotta, dovuta al campo visivo ristretto della prima persona, è stato superato adottando un punto di vista più lontano, una sorta di mezzobusto, con la telecamera ancorata alle spalle del simulacro e il mirino dell'arma selezionata sempre al centro dello schermo.

Platform. In questo caso il nome deriva dalla presenza di piattaforme (sospese nel nulla ai tempi del 2D) e altri appigli che il personaggio controllato dal giocatore deve raggiungere saltando per poter accedere ai vari bonus e giungere alla fine del livello. Nel fare questo è necessario raccogliere una determinata

AZIONE

BEAT 'EM-UP — *Soul Calibur IV*

FPS — *Half-Life 2*

PLATFORM — *Super Mario Galaxy*

SHOOT 'EM-UP — *Geometry Wars*

quantità di oggetti (magari entro un tempo limite), spesso con la funzione di chiavi per procedere oltre e, contemporaneamente, evitare le trappole sparse sul terreno ed eliminare gli antagonisti. Tutti gli episodi della saga di Mario possono essere considerati i modelli di riferimento del genere. Ma anche la serie rinnovata di *Prince of Persia* (Ubisoft) rientra in questa categoria di titoli, prevedendo come attività principale l'esecuzione di acrobazie aeree per raggiungere una meta, valutando correttamente le distanze tra gli elementi interattivi degli scenari di gioco. Lo stesso *Tomb Raider* presenta più elementi platform di quante siano le fasi di combattimento o quelle di risoluzione degli enigmi. La decodifica corretta dell'ambiente e la selezione dei movimenti più appropriati rappresentano le abilità fondamentali per avere successo nel gioco.

Sport

Questa categoria di giochi tenta di riprodurre, con un rigore simulativo più o meno accentuato, le dinamiche di diverse discipline sportive. Scriveva a riguardo Aldo Grasso già nel 1985: "È una fantasmatizzazione al quadrato: i games simulano lo sport che appare in televisione, la quale simula…". Come in un incastro di scatole cinesi, il referente originario - la disciplina sportiva - viene riproposto non tanto nella simulazione diretta della sua forma praticata quanto nella simulazione di una simulazione già filtrata dal mezzo televisivo. Una prima distinzione viene operata sul piano dell'ufficialità delle competizioni, che rispecchiano la controparte reale, sia a livello di "protagonisti" (squadre di calcio, piloti di F1, campioni di sport estremo) sia di situazioni e luoghi (competizioni e campionati ambientati in circuiti o stadi ricostruiti in tre dimensioni). In secondo luogo, siccome i giochi di guida rappresentano un segmento di mercato importante e dinamiche proprie, è possibile delineare due generi adottando una definizione positiva e, di contrasto, una definizione negativo-residuale. In tutti i casi, l'attività principale è la competizione agonistica, che si estrinseca nel tagliare per primi un traguardo (guida) o nell'ottenere un punteggio superiore allo scadere del tempo (altri sport). Come per gli FPS, il divertimento maggiore offerto da questi prodotti è dato dalla possibilità di competere direttamente con altri avversari umani.

Giochi di guida. Basati sulla riproduzione dei comportamenti dinamici di vari mezzi di trasporto (automobili, motocicli, imbarcazioni); nelle trasposizioni per computer e console l'aspetto simulativo può essere preferito a quello prettamente arcade. Possono infatti essere presenti sezioni per il settaggio dei parametri che influiscono sulle prestazioni del veicolo; nella maggior parte dei casi i circuiti sono fedeli riproduzioni di quelli in cui si svolgono i campionati più famosi e spesso vengono implementate condizioni climatiche variabili. Questi accorgimenti, uniti alla possibilità di utilizzare volanti e pedaliere dotati di force feedback come periferiche di controllo, permettono di considerare i giochi di guida come la più realistica trasposizione di un'attività sportiva.

Altri sport. Rientrano ovviamente in questo genere tutte le altre discipline sportive "ufficiali", dalle olimpiadi (famose le trasposizioni di Epyx negli anni '80), al calcio (*FIFA* di EA e *Pro Evolution Soccer* di Konami), alla pallacanestro, passando per il football americano, l'hockey, il baseball. Come per i giochi di guida, un importante elemento discriminante è l'aderenza al mondo reale, non solo nella riproduzione delle livree delle varie squadre ma soprattutto a livello di prestazioni sul campo dei singoli atleti (non è raro che i campioni indiscussi di una disciplina siano riprodotti fedelmente, non solo nell'aspetto fisico, ma anche tramite i movimenti che meglio li identificano).

Racing. A differenza dei giochi di guida "istituzionali", in questi titoli si pilota di tutto, dalle astronavi di *WipEout* ai folli veicoli di *Mario Kart*. Il modello fisico su cui si basa il movimento dei mezzi può non aderire alla realtà e in gara è concesso di tutto, dall'imboccare scorciatoie all'innescare trappole.

Sport "estremi". Sebbene attività sulla tavola come skate, surf e snowboard siano sempre più regolamentate a livello di competizioni e tornei, come nella controparte reale, anche nelle trasposizioni digitali l'esecuzione dell'acrobazia è importante tanto quanto il raggiungimento del traguardo. In questa sottocategoria compaiono anche tutte quelle manifestazioni competitive che possono anche non avere un referente reale, o essere scollegate dalla pratica agonistica (come le attività di *Wii Sport* e *Wii Sport Resort* di

Nintendo): "estremi" quindi, non solo per la pericolosità insita nella disciplina stessa, quanto perché operano alle "estremità" di quello che può essere considerato come sport, se non fosse, appunto, per il raggiungimento di un punteggio superiore degli avversari allo scadere del tempo o al termine del percorso.

Rompicapo

In tutti questi casi, la sollecitazione delle capacità logico-deduttive è fine a se stessa. Sebbene l'azione pura venga subordinata al ragionamento, le scelte devono essere compiute d'impulso richiamando contemporaneamente le abilità di coordinazione psico-motoria; solo in questo modo si riesce a garantire un'interazione tanto immediata quanto coinvolgente. Il passaggio di livello può comportare una maggiore complessità degli enigmi da risolvere, la diminuzione del tempo a disposizione oppure l'aumento di velocità dell'azione. A livello di attività, ciascun genere di questa famiglia chiama in causa un determinato tipo di intelligenza per rispondere a sollecitazioni che, molto spesso sono di natura cognitiva ma che, presentate da un computer, richiedono anche una notevole prontezza di riflessi. I titoli che passano sotto il nome di party games di solito si presentano come un insieme di rompicapi inseriti in un'unica cornice di riferimento.

Associare forme. Per capire di cosa stiamo parlando, basta un nome: *Tetris*. Ma rientrano nella categoria anche serie come quella di *Puzzle Bobble* (Taito), in cui occorre saper associare i colori tramite giochi di sponda, in modo da rimandare il più a lungo possibile l'inevitabile entropia chiamata a saturare lo schermo. Tali prodotti, che difficilmente hanno una controparte nella realtà, dato che la sfida è resa possibile proprio dall'essenza stessa del calcolatore, che può generare permutazioni infinite di forme e colori con cui operare, sono pensati fondamentalmente come solitari, tuttavia, come accade con le serie citate, la competizione tra più giocatori può creare dinamiche interattive altrettanto interessanti.

Labirinto. Con l'avvento del 3D anche i giochi platform si sono tramutati in complessi labirinti, fatti di biforcazioni e vie senza uscita. In questo genere specifico ricadiamo però nell'ambito dei labirinti classici, intesi tanto come percorso obbligato quanto come piano inclinato, che non presentano una mappa aperta con alternative e scorciatoie ma solo bivi di natura dicotomica e un tempo limitato a disposizione. Tra i classici rientrano titoli come *Pac-Man* (in cui i bivi del labirinto sono rappresentati dai fantasmini che occupano la corsia), *Marble Madness* (Atari, 1984) e il più recente *Super Monkey Ball* (Sega, 2000).

Enigmistica. Dal sudoku ai test di intelligenza del dottor Kawashima (*Brain Training* di Nintendo), questi giochi mettono a dura prova l'intelligenza matematica e logico-deduttiva. Si tratta molto spesso di trasposizioni digitali di problemi e indovinelli che si possono trovare riprodotti in altri formati. Chiaramente gli stimoli offerti dal Professor Layton (Level5 per NDS) non sono nemmeno lontanamente paragonabili alle esercitazioni di un libro di matematica, non solo per la richiesta di pensiero laterale ma, soprattutto, per l'avvincente cornice narrativa in cui sono inseriti.

Rythm-Game. La premessa fondamentale è data dalla necessità di avere un buon orecchio e di prevedere con l'udito quelli che saranno gli input mostrati a video. Il patron di tutti i giochi che rientrano in questa categoria è il *Simon* del già citato (per altre circostanze) Ralph Baer, uscito sul mercato nel 1978. A forma di disco, *Simon* è composto da quattro spicchi di colori differenti: pulsanti

ROMPICAPO

ASSOCIARE FORME

LABIRINTO

Tetris Worlds

Super Monkey Ball

RITMO

Guitar Hero 5

$$7\times8=56$$
$$4\times8=32$$
$$3-1=$$

ENIGMISTICA

32

Erase

Brain Training

che si illuminano secondo una sequenza casuale emettendo contemporaneamente una determinata nota musicale. Una volta terminata la sequenza, il giocatore deve ripeterla premendo i pulsanti nello stesso ordine. In giochi come *Rock Band* e *Guitar Hero*, il disco di plastica è sostituito dalla riproduzione di una chitarra elettrica con soli 5 tasti (più il vibrato e la pennata) e la sequenza di note non è del tutto arbitraria ma segue la melodia di un brano musicale famoso (a livelli di complessità differenti). Come in *Tetris*, le "note" cadono dall'alto e i tasti corrispondenti devono essere premuti nel momento in cui toccano il fondo dello schermo.

Avventura

Ciò che caratterizza i generi presenti in questa famiglia è una forte componente narrativa scandita dalla risoluzione di enigmi che richiedono l'analisi degli oggetti attivi sullo schermo ed eventualmente la loro collezione all'interno di un inventario, per un possibile utilizzo futuro. La gratificazione non è solo di carattere intellettuale ma anche emotivo: si gioca per sapere come andrà a finire la vicenda narrata.

Testuale. Le avventure testuali (al momento estinte a livello commerciale) sono probabilmente state il primo genere di applicazione ludica a cui vennero adibiti i personal computer. In fase di sperimentazione già sul finire degli anni '60, i primi a raccogliere fama anche al di fuori dei circoli accademici o di una ristretta cerchia di amici furono Don Woods e Will Crowther che, nel 1972, assemblarono *Colossal Caves Adventure*. Il gioco proponeva un intricato complesso di caverne ricche di tesori e di mostri posti a guardia descritto unicamente a parole. Questa innovativa forma di intrattenimento prendeva spunto dal gioco di ruolo *Dungeons & Dragons*, la cui fama stava aumentando in modo esponenziale. Piuttosto che di videogiochi converrebbe parlare di romanzi interattivi: alcuni fra i più evoluti titoli di Infocom (tra cui *Zork* - 1977 - e l'adattamento interattivo della "Guida Galattica per Autostoppisti" di Douglas Adams), avrebbero infatti potuto reggere il confronto con opere narrative più accreditate del genere fantastico. La grafica venne introdotta solamente a metà degli anni '80 e, almeno all'inizio, fungeva unicamente da elemento decorativo. L'interazione avveniva attraverso un parser, ovvero una routine di programmazione in grado di interpretare gli input del giocatore trasformando frasi anche complesse in comandi comprensibili al codice del gioco, riconoscendo e individuando le parole chiave. Il predominio di Infocom venne ridimensionato nel 1986 da Magnetic Scrolls con *The Pawn* e l'anno seguente con *Guild of Thieves*: invece di ridursi a una battaglia di parole incomprese, giocare divenne un piacevole esercizio di immaginazione: l'interprete testuale era infatti in grado di gestire anche frasi complesse del tipo "PUT ALL EXCEPT THE LAMP IN THE SWAG BAG AND CLOSE IT".

Grafica. Piuttosto di investire ingenti risorse nello sviluppo di parser testuali, alcune nuove software house pensarono di introdurre un'interfaccia grafica che potesse permettere di interagire direttamente con gli oggetti presenti sullo schermo tramite la semplice pressione dei tasti del mouse. Nacque in questo modo un nuovo genere videoludico. Il padre putativo è riconosciuto in *Maniac Mansion* di Lucasfilm (ora Lucas Arts). Il rivoluzionario sistema di controllo denominato SCUMM (SCript Utility for Maniac Mansion) fu ideato da Ron Gilbert, autore in seguito dei best-seller *Zak McKracken* e *The Secret of Monkey Island*. Il sistema di controllo fa riferimento a una serie di comandi (sotto forma di verbi che consentono il compimento di un'azione) accompagnata a un inventario iconico, entrambi sottostanti la finestra grafica principale (in cui è possibile osservare il risultato delle azioni selezionate). Posizionando il cursore su un verbo (per esempio "unlock"), spostandolo poi su un elemento grafico della finestra di gioco (una porta) e, infine, se necessario, su un oggetto dell'inventario (una chiave), apparirà il messaggio "unlock door with key" e l'azione verrà eseguita premendo nuovamente con il cursore sul messaggio. Con il passare degli anni quest'interfaccia è stata sempre più semplificata: ora basta un click del mouse su un punto dello schermo per vedere il personaggio controllato compiere l'azione appropriata. L'introduzione dei dialoghi doppiati, possibile con il supporto ottico, ha portato alla completa eliminazione anche degli ultimi residui di testo scritto. Oltre ai già citati capolavori di Ron Gilbert, il genere vanta pietre miliari come *Myst*, la trilogia di *Gabriel Knight* (Sierra) e *Broken Sword* (Revolution Software), un'avventura pubblicata originariamente nel 1996 e periodicamente trasposta sui nuovi formati, in ultimo Wii, NDS, iPod e iPhone nel 2009. Le interfacce di puntamento e touch-screen delle piattaforme Nintendo e Apple hanno infatti dato nuova linfa vitale a un genere che, per il taglio rilassato e il ritmo poco incalzante, continua ad avvicinare ai videogiochi anche gli utenti meno predisposti.

Film Interattivo. Questo termine indica un tipo di avventura che si differenzia dalle altre solo per l'utilizzo di spezzoni filmici recitati da attori in carne e ossa (senza i budget di Hollywood). La struttura di fondo non cambia anzi, molto spesso l'impianto del gioco è un pretesto per collegare tra di loro le varie sezioni del "film". Ben lontani dall'essere quel tipo di prodotto auspicato dai profani (cioè un film in cui si interpreta il protagonista e si può cambiare il finale), sono stati disprezzati dagli hardcore gamers, spesso nemmeno disposti ad accettarli tra i videogame. Si tratta comunque di un genere di transizione, che ha proliferato con l'avvento del supporto ottico ma che, appena la tecnologia si è rivelata all'altezza, è dovuto soccombere al fascino e alla malleabilità del 3D.

Dinamica. A differenza delle avventure "tradizionali", in cui il giocatore controlla un cursore e solo in maniera indiretta il protagonista, nelle avventure dinamiche (note anche come "Arcade Adventure") l'utente comanda direttamente i movimenti del personaggio, come nei titoli d'azione. *Tomb Raider* potrebbe di fatto essere catalogato come platform tridimensionale, *Resident Evil* come shoot'em-up e *Shenmue* come picchiaduro. Tuttavia, l'attenta caratterizzazione dei personaggi e il complesso intreccio narrativo, che richiede il dialogo con gli altri personaggi presenti nel gioco, uniti a un game design che predilige l'esplorazione e la risoluzione di enigmi all'azione pura, fanno rientrare tali titoli nella famiglia delle avventure. A differenza dei titoli d'Azione, infatti, il ritmo di gioco non è sempre sostenuto: possono non esserci barriere che impediscono di ritornare sui propri passi e, anzi, il "back-traking" è spesso incoraggiato per ottenere l'accesso ad aree precluse in precedenza. In questa ampia categoria rientrano anche i titoli di tipo "stealth" (azione furtiva - in cui occorre spostarsi nell'ombra e individuare percorsi alternativi per non essere individuati dagli avversari), come la saga di *Splinter Cell* (Ubisoft) o quella di *Metal Gear Solid*. Lo stesso *Grand Theft Auto*, almeno dal terzo episodio in poi, rientra di fatto in questa categoria, non rappresentando né un gioco di guida puro né uno sparatutto puro, ma chiedendo al giocatore di interpretare un determinato ruolo.

A tale proposito, un'utile distinzione avviene sul piano narrativo/interattivo, tra avventure dinamiche lineari e a struttura emergente. Nel primo caso bisogna recitare copioni già scritti per riuscire

AVVENTURA

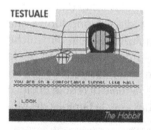
TESTUALE
The Hobbit

GRAFICA
Syberia II

FILM INTERATTIVO
Phantasmagoria

DINAMICA
LINEARE
Broken Sword III

EMERGENTE
GTA IV

a procedere con successo, superando un segmento narrativo per volta. L'accesso a nuovi livelli o ambientazioni sulla mappa può essere precluso fino a quando non viene compiuta una determinata azione o sequenza di azioni. Nel caso, invece, dei giochi a narrazione emergente, come il già citato *GTA*, non esistono vincoli di tipo narrativo che precludono l'accesso a nuove porzioni di gioco ma, interagendo con l'ambiente ludico, l'utente crea la propria avventura personale come avviene, solitamente, con i Giochi di Ruolo.

Giochi di Ruolo (Role Playing Games)

I titoli che rientrano in questa categoria rappresentano il punto d'incontro tra le famiglie Avventura e Strategia. Dalle avventure riprendono la componente narrativa e l'approfondimento psicologico dei personaggi e delle relazioni che intessono nel corso della vicenda; dei giochi di strategia assimilano invece gli aspetti gestionali. La dinamica di gioco è incentrata sulla progressiva evoluzione di un personaggio che, con il dipanarsi della trama, acquisisce esperienza e sviluppa abilità particolari. Il termine "gioco di ruolo" trae origine dalla storia della psicologia: il primo a usare "Role Play" fu Jacob Levi Moreno nel 1934, relativamente alla tecnica dello psicodramma, che richiede al paziente di recitare, con l'aiuto di assistenti, un avvenimento conflittuale del suo passato che presenta un antagonista, per poi invertire i ruoli, facendo recitare al paziente la parte dell'antagonista e capire il suo punto di vista. A questa prima accezione, da cui si riprende la possibilità di impersonare un determinato ruolo, anche distante dalla propria visione della realtà, va incorporata la dimensione ludica che discende invece dal wargame, la simulazione delle dinamiche della guerra tramite l'impiego di miniature, formalizzato per la prima volta nel 1913 dallo scrittore di fantascienza Herbert George Wells (che pubblicò un breve manuale di regole di gioco per i soldatini di stagno) e che sarà la base per la famiglia dei giochi di Strategia.

I primi giochi di ruolo giocati come tali si svolsero per la prima volta negli USA alla fine degli anni '60. In quel periodo Gary Gygax stava sviluppando un wargame di ambientazione medievale con l'inclusione di elementi fantasy, come draghi e magia, pubblicato nel 1971 con il nome *Chainmail*. Sulla base delle regole dettate da Gygax, Dave Arneson introdusse il concetto di "esperienza": vincendo gli avversari, i giocatori diventavano più abili e potenti. La collaborazione tra Gygax e Arneson portò alla prima edizione di *Dungeons & Dragons* nel 1974. Nel GdR digitale, il ruolo del Master (colui che racconta la storia) spetta al game designer e il lancio dei dadi è affidato al computer. La distinzione in generi differenti è legata alle modalità di interazione e alla struttura narrativa vera e propria.

Japanese Role Playing Games (JRPG). Si differenziano dalle controparti occidentali presentando spesso situazioni più intime e personali rispetto alle epiche trame in stile *D&D*, raccontate come un'avventura lineare, con personaggi ben caratterizzati su cui il giocatore ha poca possibilità di personalizzazione, se non a livello di abilità in combattimento. In molti casi i combattimenti sono generati casualmente (nel senso che, mentre si attraversa la mappa di gioco, può accadere in qualsiasi istante di imbattersi negli avversari) e si svolgono a turni. Nelle edizioni più recenti, i turni sono sfasati, nel senso che, prima di poter compiere un azione è necessario che si carichi una barra, la cui velocità cambia da personaggio a personaggio e con il variare di diversi parametri. La saga che meglio di tutte rappresenta questo genere è quella di *Final Fantasy*, giunta al XIII capitolo nel 2010.

Giochi di Ruolo (GdR). I GdR propriamente detti, di scuola occidentale, riprendono la formula di *Dungeons & Dragons* eliminando per gli utenti il calcolo delle variabili di gioco. Spesso di ambientazione fantasy medievale (a differenza di quelli giapponesi che possono essere ambientati tanto in epoche avanti nel futuro quanto all'interno di una scuola), prevedono diverse classi da scegliere per il proprio avatar, ciascuna dotata di abilità differenti e controbilanciate, rendendo di fatto differente ogni nuova interazione con l'ambiente di gioco. Da *Diablo* in poi, il sistema di combattimento a turni è stato rimpiazzato dalle schermaglie in tempo reale, in cui la forza dei colpi inferti e ricevuti dipende dall'equipaggiamento in dotazione all'utente e dai punti esperienza accumulati nei vari ambiti che costituiscono l'identità del personaggio. In produzioni come *Fable* (Lionhead), l'universo di gioco può mutare in relazione all'allineamento del protagonista (buono o malvagio). Alcune pietre miliari del genere provengono anche dal Giappone, come il cult *Demon's Souls*, realizzato da From Software nel 2009.

La matrice tecnologica

GIOCHI DI RUOLO

JRPG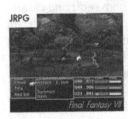

GDR

MMORPG

Final Fantasy VII

Dragon Age: Origins

World of Warcraft

MMORPG. Acronimo per Massively Multiplayer Online RPG, racchiude nella sua definizione mondi persistenti che risiedono su server dedicati a cui i giocatori accedono tramite registrazione e sottoscrivendo una forma di abbonamento. Data la natura online, non presentano un approccio narrativo vincolante, ma i "drammi sociali" nascono dalla libera interazione tra gli avatar controllati dai giocatori. Un aspetto importante è dato dalle microtransazioni all'interno del gioco relative all'acquisto di oggetti e potenziamenti per il proprio avatar, sia tramite canali ufficiali, sia tramite lo scambio con altri giocatori. Nello sviluppo di questi software è importante tenere conto degli strumenti per consentire a utenti di aree geografiche differenti di comunicare senza barriere oltre a prevedere (e impedire) comportamenti emergenti che consentano a determinati giocatori di estrometterne altri dall'universo ludico. Il gioco che, al momento attuale, meglio rappresenta il genere è *World of Warcraft* di Blizzard.

Strategia

I giochi strategici sono costruiti intorno alla riproduzione di sistemi complessi che il giocatore deve gestire modulando una serie più o meno ampia di negoziazioni. I generi prediletti dagli sviluppatori sono quello bellico e quello manageriale. Nel primo caso può essere presente anche una componente d'azione; il ragionamento e la pianificazione rimangono comunque gli elementi caratterizzanti. A livello di attività, difatti, le azioni compiute non servono per risolvere un conflitto immediato ma piuttosto per costruire una linea di azioni a lungo termine, richiedendo quindi di pensare in prospettiva tramite un'attenta pianificazione delle risorse, chiaramente limitate. Condividono con i giochi di ruolo l'antenato comune del wargame: con il passare del tempo il campo di interesse si è spostato dall'ambito bellico a quello della gestione di differenti elementi, dalle infrastrutture di una civiltà alle relazioni economiche e gli scambi commerciali, fino alle aspirazioni dei singoli individui.

Real Time Strategy (RTS). Il gioco è articolato in una serie di missioni durante le quali due o più schieramenti si confrontano operando simultaneamente, senza scarti temporali. Nati in origine come giochi d'azione con componenti strategiche (il primo esempio è *Cannon Fodder* di Sensible Software, 1993), amplificando l'aspetto negoziale sono diventati con *Dune 2* prima, ma soprattutto con *Command & Conquer* (entrambi di Westwood Studios) uno dei generi preferiti dall'utenza PC. Il giocatore può comandare sia un team che i singoli componenti: il problema fondamentale riguarda l'Intelligenza Artificiale, che deve essere molto sviluppata, dato che le unità non controllate direttamente dal giocatore devono comunque mantenere un comportamento realistico, come se il giocatore le stesse ancora assistendo. Problema che, ovviamente, smette di sussistere quando le unità nemiche sul monitor sono comandate da un altro giocatore, fattore determinante per il successo imperituro di *StarCraft* (Blizzard, 1998), il cui seguito è uscito nel 2010.

Strategico a turni. In questo caso schieramenti opposti si confrontano nelle varie missioni alternandosi come negli scacchi (che rappresentano l'ispirazione ideale di tutti i titoli del genere): non è possibile muovere le proprie unità prima che l'avversario abbia effettuato tutte le sue scelte. Anche in questo caso, lo scenario è bellico e, ancor più rispetto agli RTS, qui vengono riproposte le dinamiche dei wargame da tavolo.

Manageriali. Il giocatore è chiamato a prendere il controllo di vari sistemi complessi, come una società calcistica, un ospedale, un parco a tema oppure un'intera civiltà (la serie *Civilization* di Sid Meier è sicuramente il prodotto più rappresentativo). A differenza dei titoli bellici, manca generalmente un oppositore diretto: il giocatore, a cui spetta il ruolo di supervisore, viene dotato di tutti gli strumenti che possono permettergli di far fronte contemporaneamente sia alle problematiche endogene sia a quelle provenienti dall'esterno.

God Game. A differenza dei giochi manageriali, in questi l'utente assume il ruolo di un'entità dai poteri divini o soprannaturali. Non controlla direttamente le sue unità che, fondamentalmente, sono autosufficienti ma, intervenendo sul loro ambiente, ne modifica di conseguenza i comportamenti. Molti esponenti del genere non presentano un vero e proprio obiettivo finale, basato su un dualismo del tipo "vincere/perdere"; piuttosto, richiedono al giocatore di raggiungere e mantenere un certo stato delle cose (sia nel bene che nel male) con i mezzi che preferisce. Proprio per questo motivo, Will Wright, autore di *SimCity*, preferisce definire questi software "toy" piuttosto che "game". Il primo esponente del genere è stato *Populous*, sviluppato nel 1989 da Peter Molyneux, autore in seguito di altre pietre miliari come *Black & White* (2001) e *Fable* (2004).

Crescita/Allevamento. Quando al posto di una colonia umana c'è un singolo individuo rientriamo nel genere dei giochi di crescita o allevamento, a seconda che si abbia a che fare con creature che simulano i comportamenti umani (*The Sims*) o animali (*Nintendogs*, *Eyepet*). Sebbene si tratti di software che richiedono una certa complessità a livello di routine di Intelligenza Artificiale (che spesso si tramutano in vita artificiale), la cura per le creature digitali ha avuto inizio con *Little Computer People* nel 1985, realizzato da David Crane per Activision e rimasto, per lungo tempo, un caso

STRATEGIA

MANAGERIALE
Championship Manager

GOD GAME
Black & White 2

A TURNI
Advance Wars DS

RTS
Starcraft 2

CRESCITA
The Sims 3

isolato. Il concetto, fondamentalmente, è quello di casa delle bambole: il piacere dell'interazione consiste nello sperimentare nuove forme di comunicazione con le creature digitali, tramite l'impiego di risorse spesso scarse, e osservarne le reazioni.

Simulazione

Sebbene tutto ciò che un computer fa possa essere considerato una simulazione (e qualsiasi computer è idealmente una simulazione della macchina universale di Turing), il termine "simulatore" identifica per antonomasia un tipo particolare di simulazione, quella di volo. Questo è uno dei motivi per cui i titoli sportivi, in particolar modo quelli di guida, vengono fatti generalmente rientrare in una categoria a parte, nonostante la cura che può essere stata profusa dai programmatori nella realizzazione di un ambiente virtuale altamente realistico. Ciò che contraddistingue un simulatore rispetto ad altri titoli, oltre alla fedele riproduzione di un mezzo e alla ricostruzione planimetrica di un determinato ambiente, è la necessità per l'utente - prima di poter cominciare il gioco vero e proprio (generalmente organizzato in campagne e missioni come i titoli strategici) - di impadronirsi completamente di tutte le caratteristiche del mezzo pilotato e del sistema di controllo, solitamente contenuti in voluminosi manuali.

Simulazione di volo. Il pericolo insito nel pilotaggio degli aeroplani fu evidente fin dal momento della loro invenzione. Il potenziale militare, unito alla consapevolezza della pericolosità di certe manovre, rese quasi inevitabile lo sviluppo del simulatore di volo, con cui l'addestramento dei piloti sarebbe potuto avvenire in breve tempo e con poca spesa oltre che in tutta sicurezza. I primi brevetti per i progetti delle relative macchine si hanno già a partire dal 1910. Con il passare degli anni, i simulatori di volo si sono fatti sempre meno simili, fisicamente, a un velivolo, e hanno perduto qualsiasi riferimento visivo a una fusoliera di aereo. Le prime macchine, difatti, consistevano di riproduzioni in scala più o meno reale per imitare il movimento di un aereo. Per simulare l'esperienza di volo vera e propria sarebbe occorso un modello operativo, reso possibile solo dall'introduzione dei primi elaboratori elettronici. In un secondo momento, la diffusione dei personal computer in ambito domestico ha permesso la commercializzazione

SIMULAZIONE

VOLO

Flight Simulator X

ALTRO

Steel Battalion

di simulatori in grado di riprodurre il comportamento di mezzi volanti militari o civili, del passato, contemporanei o fantastici, con livelli di complessità anche molto elevati, al pari dei simulatori professionali. Un joystick programmabile, sagomato come la cloche di un aereo e dotato di force feedback, può rappresentare un onesto palliativo rispetto alle cabine idrauliche delle compagnie aeree.

Simulazione non di volo. In tempi recenti sono stati commercializzati prodotti che, pur riproducendo il comportamento di mezzi bellici o di trasporto diversi dagli aeroplani, sono assimilabili per impostazione alle simulazioni di volo. In Giappone, per esempio, spopolano le simulazioni ferroviarie. In particolare, si sono distinti per le qualità simulative e l'elevato realismo alcuni titoli dedicati ai mezzi terrestri, nella fattispecie carri armati. Fra questi, uno dei più complessi è il già citato *Steel Battalion* (uscito in due episodi, entrambi di Capcom, entrambi solo per Xbox) che mette il giocatore letteralmente al comando di un pesantissimo Vertical Tank, futuristico carro armato bipede, con tutte le complicazioni del caso, non da ultima, la necessità di premere il pulsante di espulsione in caso di danno critico, pena la perdita totale dei salvataggi di gioco.

Gioco e intrattenimento

Dobbiamo imparare bene le regole,
in modo da infrangerle nel modo giusto.
Dalai Lama Tenzin Gyatso

Le regole del gioco

Non solo media

Quando ci si accosta allo studio dei videogiochi, l'approccio più seguito è quello dei Media Studies, che può sicuramente servire d'aiuto per decifrare il prefisso "video-" del nostro intrattenimento preferito ma, per decodificare la parte ludica, bisogna inevitabilmente rivolgersi a quelle ricerche che hanno come materia di indagine il gioco più in generale.

A differenza di quanto sarebbe lecito attendersi, su questo argomento di portata così universale esistono in realtà ben poche opere degne di nota: forse per il discredito che si genera dallo sprecare energie con un'attività che si manifesta come una strutturazione euforica del tempo e dello spazio, che contrasta con la visione (riduttiva) dell'esistenza umana finalizzata al lavoro e alla produzione di risorse economiche. D'altro canto, il gioco come commercio di beni e risorse per godere del tempo libero è un'acquisizione piuttosto recente nella storia dell'umanità.

I maestri del gioco

Visto che continuiamo a parlare di "gioco", dobbiamo innanzitutto chiarire a cosa ci riferiamo con questo termine che, generalmente, serve a descrivere un'attività strutturata, svincolata da qualsiasi fine pratico (sia esso produttivo o difensivo), che può avere come conseguenza diretta la gratificazione individuale o collettiva. In questo contesto assume rilievo l'affermazione di Gregory Bateson per cui "il gioco è una classe di comportamenti definiti attraverso un negativo, senza identificare, come si fa di solito, che cosa quel negativo neghi" (1958). Ovvero, quando due cuccioli di leone si scambiano dei morsi, l'intento non è quello di azzannare sul serio, ma qualcosa di diverso. Per questi due leoncini, e per tutti gli altri cuccioli di mammiferi, il gioco rappresenta un'attività strettamente legata all'esplorazione e all'apprendimento di moduli comportamentali socializzanti. Mentre negli animali il gioco è dipendente sia da comportamenti innati (che proprio attraverso il gioco si strutturano progressivamente avvicinando al mondo adulto) sia da induzioni comportamentali imitative e acquisite, legate all'ambiente circostante, nella specie umana il gioco, pur seguendo schemi di sviluppo che presentano affinità con quello animale, tende a essere strutturato in modalità più complesse, che dipendono prevalentemente dalla trasmissione di elementi culturali. Come tale, il gioco non è solo prerogativa degli individui giovani, dunque, ma svolge un ruolo significativo anche nella vita quotidiana degli adulti.

Proprio questo aspetto ha fatto sviluppare allo studioso olandese Johan Huizinga, il primo serio indagatore della materia (riscoperto postumo), la tesi secondo cui la cultura derivi dal gioco: "Il gioco è qualche cosa di più che un fenomeno puramente fisiologico e una reazione psichica fisiologicamente determinata. Il gioco come tale oltrepassa i limiti dell'attività puramente biologica: è una funzione che contiene un senso. Al gioco partecipa qualcosa che oltrepassa l'immediato istinto a mantenere la vita, e che mette un senso nell'azione del giocare. Ogni gioco significa qualche cosa" (1939). Come fa notare Huizinga, tutte le manifestazioni culturali sono ricalcate sullo spirito di ricerca, del rispetto della regola e del distacco che il gioco innesca e sviluppa ("La civiltà umana sorge e si sviluppa nel gioco, come gioco"). Prima di essere *sapiens*, l'homo è dunque *ludens*. Huizinga sviluppa quest'idea partendo dal fatto che la cultura e il gioco presuppongano la convivenza fra più individui. Siccome anche gli animali giocano, seguendo le stesse modalità umane senza che l'uomo abbia insegnato loro a farlo, allora è possibile credere che il gioco preceda la cultura. Tuttavia, come fa giustamente notare il francese Roger Caillois (1967), le forme che il gioco assume storicamente sono pur sempre residui della cultura di una precisa epoca.

A che gioco giochiamo?

Diverse strategie di ricerca sono state applicate allo studio del gioco. Huizinga, per esempio, ha cercato di comprendere la struttura del fenomeno studiando il modo in cui le diverse lingue lo classificano e lo legano ad altre attività dell'esperienza umana. In molte lingue europee si distinguono due diverse aree semantiche, coperte rispettivamente dai termini inglesi "game" e "play" che, a grandi linee, distinguono il gioco organizzato da quello libero. Il secondo termine confina anche con discipline come la recitazione e l'esecuzione musicale, che nella dizione italiana troviamo distinte (altre lingue, quali il francese e il tedesco, utilizzano invece un unico termine, rispettivamente "jouer" e "spielen").

Tenendo conto della distinzione tra "play" e "game", Caillois individua due modalità generali in cui si esplica l'attività ludica: la *paidia*, il modo libero e non strutturato di giocare tipico dei bambini, e il *ludus*, il gioco organizzato in regole e rituali. Questo in realtà rappresenta l'asse trasversale di una classificazione che distingue il gioco in quattro categorie fondamentali, *agon, alea, mimicry* e *ilinx*.

Agon. Con questo termine vengono raggruppati i giochi che presentano le caratteristiche della *competizione*, cioè di un confronto in cui viene creata artificialmente l'uguaglianza delle probabilità di successo, in modo che i partecipanti possano affrontarsi in condizioni ideali che permettano l'attribuzione di un valore preciso e incontestabile al trionfo del vincitore. Ogni volta la rivalità è rapportata a una sola qualità. A seconda del grado di formalizzazione si va dalle lotte senza regole dei bambini allo sport *agon*istico (appunto...).

Alea. Dalle filastrocche infantili alle lotterie, la parola latina che indica il gioco dei dadi viene adottata da Caillois per designare tutti i giochi che si fondano su decisioni che non dipendono dal giocatore e sulle quali non può sindacare. La vittoria avviene non tanto nei confronti di un avversario quanto sul caso. La *fortuna* è la sola artefice delle vincite e il giocatore vi si abbandona passivamente. Mentre l'agon è una rivendicazione della responsabilità personale, l'alea rappresenta l'abdicazione della volontà. Sebbene esprimano atteggiamenti opposti e simmetrici, agon e alea obbediscono alla stessa legge dettata dall'assoluta e artificiale uguaglianza dei giocatori, che la realtà quotidiana nega.

Mimicry. È il vocabolo inglese che indica il *mimetismo* degli insetti ed è stato scelto per indicare ogni gioco che presupponga l'accettazione temporanea di un universo fittizio, chiuso e convenzionale, che porti alla trasformazione del giocatore in un personaggio altrettanto illusorio chiamato a comportarsi di conseguenza. I giocattoli, in quanto riproduzioni in miniatura degli strumenti che caratterizzano le attività degli adulti (e che, di conseguenza, ne consentono l'imitazione) rientrano di diritto in questo gruppo, così come il travestimento e la rappresentazione teatrale.

Ilinx. Quest'ultima categoria comprende i giochi che si basano sulla ricerca della *vertigine* e consistono nel tentativo di confondere per un tempo limitato le capacità percettive, facendo subire alla coscienza una sorta di panico "voluttuoso". Il turbamento sensoriale provocato dalla vertigine è fine a se stesso e lo ritroviamo tanto nelle attività infantili come il girotondo quanto nella pratica di sport no limits, passando per giostre e montagne russe.

Ciò che accomuna ogni manifestazione ludica è che, per essere tale, ciascuna deve presentarsi come un'attività anzitutto *libera*, nel senso che non si può obbligare nessuno a partecipare. Deve essere poi *separata*, ovvero circoscritta entro un preciso contesto spazio/temporale fissato in anticipo. È inoltre fondamentale che sia *incerta*, dal momento che svolgimento ed esito non possono essere conosciuti a priori e il giocatore deve avere piena libertà d'azione e improvvisazione. Il gioco deve pure essere un'attività *improduttiva*, poiché non deve creare nessun elemento nuovo e può solo limitarsi allo spostamento di proprietà tra la cerchia di giocatori (il montepremi della lotteria è infatti proporzionale alle vendite di biglietti). È fondamentale poi che sia un'attività rigidamente *regolata*, ovvero sottoposta a convenzioni che sostituiscono quelle ordinarie instaurando momentaneamente una legislazione nuova, che è la sola a contare, a cui i giocatori decidono di sottostare senza "strappi". Infine, il gioco deve essere un'attività *fittizia*, cioè accompagnata dalla consapevolezza di far parte di un universo immaginario.

Prendendo per buona questa elegante schematizzazione, siamo in grado di riconoscere il videogioco non tanto come una particolare forma di gioco quanto, piuttosto, come un nuovo modo di giocare, una modalità offerta appunto dalla possibilità di manipolare bit di informazione. Innanzitutto l'*agon* è prerogativa di qualsiasi videogioco e non esiste miglior arbitro del computer per garantire a tutti i partecipanti identiche probabilità di successo. In secondo luogo, pur non esistendo in nessun videogioco una pura espressione dell'*alea*, un elemento casuale è sempre presente a ogni nuova partita - ed è ciò che spinge l'individuo a rigiocare anche dopo aver portato a termine con successo il gioco una prima volta. Il *mimetismo* è poi una componente fondamentale, in quanto l'utente è presente nell'universo di gioco sempre sotto forma di simulacro (sia esso personaggio poligonale, un cursore o un agente invisibile come in *Tetris*). Infine la *vertigine* non è da ricercare solo nello stordimento visivo/acustico ma anche nell'effetto di straniamento, paradossalmente più evidente quanto più ci si avvicina a ricostruzioni fedeli della realtà. E se è vero che il videogioco si presenta generalmente come *ludus*, esistono modalità di gioco, come quelle di pratica o allenamento (nelle quali viene perso di vista lo scopo del gioco in sé e con esso barre d'energia e punteggio), che possono essere tranquillamente considerate manifestazioni di *paidia*.

Ludus in fabula

In quanto attività ludica, il videogioco, a differenza di altre forme di intrattenimento digitale, si caratterizza per la presenza di regole. Secondo lo studioso danese Jesper Juul (2005), giocare con un videogioco significa innanzitutto interagire con regole reali mentre ci si trova immersi in un universo immaginario, e un videogioco è tanto un insieme di regole quanto un mondo fittizio (che le stesse regole permettono di generare).

Per dirla con Isaac Barry (in Rabin, 2005), le regole forniscono la descrizione formale della struttura del gioco all'interno del proprio contesto (definito "frame", ovvero un tempo e uno spazio che distinguono il gioco come attività da tutto ciò che non lo è). Lo scopo delle regole, dunque, è quello di contribuire a organizzare e contestualizzare il gioco stesso. Nell'assolvere questo compito, riusciamo a distinguere due categorie differenti di regole, procedure e delimitazioni. Le procedure descrivono i processi e le tecniche che il giocatore usa per raggiungere l'obiettivo: in quanto insieme di istruzioni, indicano i metodi con cui i giocatori possono compiere determinate azioni. Le delimitazioni, invece, stabiliscono delle restrizioni al numero di azioni possibili, per prevenire il fatto che il giocatore sovverta (più o meno inavvertitamente) le sfide proposte dal gioco. Tramite procedure e delimitazioni, ovvero l'impalcatura di regole formali, il gioco manifesta le proprie modalità di interazione corrette, consentendo così al giocatore di concentrarsi sull'esplorazione delle varie strategie per superare le sfide proposte da un determinato impianto ludico piuttosto che sforzarsi a comprendere e interpretare l'impianto stesso.

Il paradosso sta nel fatto che, solitamente, quando parliamo di regole, tendiamo a non associarle mai al divertimento quanto, piuttosto, al divieto. L'elemento cruciale per comprendere il successo di tale impianto risiede in quella tecnica conosciuta come condizionamento operante (o strumentale) a cui il gioco (e il videogioco in particolare) fa ampiamente ricorso. Il condizionamento operante viene impiegato per modificare il comportamento rinforzando le azioni desiderate e ignorando o punendo quelle indesiderate. Un rinforzo positivo, infatti, associato a una reazione che genera valore per l'utente, consente di aumentare la probabilità che un dato comportamento si verifichi (come accade, per esempio, con l'aumento di punteggio, la comparsa di bonus o messaggi di incitamento); il rinforzo negativo, invece, aumenta la probabilità dell'azione desiderata rimuovendo uno stato negativo (per esempio disattivando un insistente allarme che continua a richiamare nemici sullo schermo); al contrario, la punizione riduce la probabilità che si verifichi un dato comportamento, associandolo a un effetto negativo (come la perdita di energia cadendo da piattaforme troppo elevate). Per far "digerire" una regola, quindi, diventa determinante prevedere un sistema sanzionatorio di rinforzo che premi o punisca il giocatore a seconda di come tale regola viene applicata, incentivando così l'utente non solo all'apprendimento ma anche alla continua reiterazione del comportamento desiderato.

Mentre le regole devono essere universalmente definite, mai ambigue e facili da applicare, il piacere del gioco dipende da come queste semplici regole si combinano per creare sfide di una certa complessità, che richiedono un continuo incremento dell'abilità da parte del giocatore. In quest'ottica, giocare è fondamentalmente una forma di apprendimento. Tutto il piacere di questa esperienza può essere dunque racchiuso nell'imparare nuove regole e nel diventare sempre più abili ad applicarle. Tutto ciò avviene in due modi, da una parte tramite strutture emergenti, ovvero quando un numero di semplici regole si combina per formare interessanti variazioni (è il caso dei giochi da tavolo e degli sport in generale, ma anche di giochi come *Pong* e *Tetris*); dall'altro, strutture progressive, quando sfide separate di difficoltà crescente vengono presentate con una certa periodicità, ovvero il giocatore deve compiere un set determinato di azioni prima di poter procedere oltre e arrivare alla fine del gioco. Mentre nel primo caso l'interazione con le regole comporta una serie infinita di possibilità, quando si arriva alla fine di un gioco a struttura progressiva si sono esaurite tutte le possibilità. Questo ultimo tipo di struttura ludica è relativamente recente (si è diffusa praticamente con i videogiochi) e dà molto controllo sull'esperienza finale al game designer: è proprio in questi casi che molto spesso finiscono per naufragare le ambizioni narrative del videogioco. Su questo ultimo punto in particolare, la scuola di pensiero che vede Juul tra i massimi esponenti è molto chiara: l'elemento narrativo è assolutamente accidentale. Giusto per fare un esempio classico, la sagoma di un determinato pezzo degli scacchi non è una prerogativa importante per il divertimento in relazione alle regole di gioco. I giocatori più esperti, infatti, spostano la loro attenzione dal mondo rappresentato all'universo di gioco come insieme di regole, questo perché, come dimostrato dalla teoria della riduzione dell'informazione (Haider e Frensch, 1996), una prestazione migliore implica la capacità di ignorare le informazioni non rilevanti per il raggiungimento dell'obiettivo (pensiamo nel nostro caso a quei giocatori che, durante i LAN party, disabilitano le texture dai modelli poligonali per non avere interferenze). Infine, mentre un gioco può essere divertente anche senza avere un contesto narrativo di riferimento, non basta una bella storia per salvare un gioco terribilmente noioso.

I pilastri del game design

Già nel 1982, Chris Crawford, game designer di fama riconosciuta e guru del settore, proponeva questa definizione: "Un gioco è un sistema formale chiuso che soggettivamente rappresenta un sottoinsieme della realtà." "Sistema" nel senso di insieme di parti che interagiscono tra di loro. "Formale" perché governato da regole esplicite, mentre il termine "chiuso" vuol dire che il videogioco deve essere completo e autosufficiente come struttura. Quando Crawford parla di "rappresentazione soggettiva", parte dal fatto che il gioco non è oggettivamente reale, nel senso che non ricrea a livello fisico la situazione che tenta di rappresentare. Tuttavia questa situazione diventa soggettivamente reale per il giocatore, che attua questo passaggio ricorrendo alla propria fantasia.

Per Crawford la forma più completa ed evoluta di rappresentazione è quella interattiva, ovvero quella che consente ai propri fruitori di esplorare liberamente i rapporti di causa/effetto. Questa forma di interazione è ciò che ci permette, ancora una volta, di dimostrare che il gioco non può essere considerato come una storia, nel senso che il primo può essere ripetuto più volte, consentendo al giocatore di cambiare continuamente strategia, mentre una storia presenta i fatti in una sequenza immutabile e, soprattutto, quando viene ripetuta, non aggiunge nessuna nuova informazione. L'interazione ha come conseguenza il conflitto, per il semplice motivo che il giocatore cerca di raggiungere uno o più scopi e, nel fare questo, viene ostacolato continuamente da elementi statici e dinamici, che richiedono la presenza di un agente intelligente. In questo modo il conflitto tra il giocatore e l'agente diventa inevitabile. Senza l'illusione di una reazione motivata alle azioni del giocatore, il gioco crolla su se stesso. Dove c'è conflitto, però, c'è pericolo, il pericolo implica il rischio di subire un danno e il danno non è mai desiderabile. Il gioco è dunque un artificio che offre l'esperienza psicologica del conflitto e del danno escludendo la loro realizzazione fisica. In breve, come conclude Crawford: "il gioco è un modo sicuro per sperimentare la realtà".

Partendo da queste premesse, Juul giunge a una nuova e più elegante definizione, che tiene presente la natura formale del gioco ma tenta di inserirla nel contesto reale, ponendo l'accento sulla volontarietà dell'azione, capace, in determinati casi, di modificare anche la vita degli individui. Volendo parafrasare le sue conclusioni, un gioco è un sistema basato su regole dai risultati variabili e quantificabili, dove a risultati differenti sono associati valori differenti (positivi o negativi). Il giocatore usa quindi le sue forze per influenzare tale risultato, proprio perché emotivamente legato a esso (ovviamente è felice se ha successo mentre il fallimento associato a un risultato negativo difficilmente gli procurerà euforia). Infine, le conseguenze di tale attività sono negoziabili, nel senso che lo stesso gioco (lo stesso insieme di regole) può essere giocato con o senza conseguenze per la vita reale (pensiamo ai giochi d'azzardo o ai giocatori di professione).

A sorpresa, rientra in gioco, è proprio il caso di dirlo, anche la finzione narrativa, in quanto è ciò che permette al giocatore di comprendere meglio le regole: il design dei livelli, infatti, oltre a presentare un mondo immaginario, determina allo stesso tempo ciò che un giocatore può o non può fare. Sia le regole quanto la fiction (da intendere come versione estesa della narrazione) permettono di rendere il gioco un'attività separata dalla vita quotidiana: le regole definendo uno spazio unico in cui hanno validità esclusiva, la fiction proiettando il giocatore in un mondo distinto da quello reale.

Se le regole permettono al giocatore di immaginarsi un mondo alternativo e la fiction consente di acquisire le regole del gioco, e se consideriamo il fatto che le azioni del giocatore nel mondo reale hanno una relazione (per quanto metaforica) con quelle compiute nel mondo virtuale (premendo un pulsante sul controller compio un salto mortale sullo schermo), allora possiamo definire i videogiochi come metà-reali ("half-real" nella definizione di Juul che fa il verso al famoso videogioco), nel senso che i mondi digitali con cui interagiamo sono fittizi ma le regole che applichiamo per interagire sono assolutamente reali.

Regole e sanzioni

Quando si tenta di descrivere il tipo di intrattenimento veicolato dal videogioco, uno dei concetti più ricorrenti, eppure più ambigui, è racchiuso nel termine "giocabilità". Coniato agli albori delle riviste specializzate come improbabile traduzione dell'inglese "gameplay", il termine cerca di esprimere come si gioca il gioco, non solo in base al sistema di regole ("game") ma anche in riferimento al divertimento e al senso di appagamento che tale attività riesce a procurare ("play").

Il gioco, abbiamo visto, può essere genericamente descritto come un'attività competitiva, orientata al raggiungimento di uno scopo, condotta all'interno di una struttura di regole condivise. Solitamente si è disposti ad accettare che, per imparare a giocare, si debbano necessariamente apprendere le regole che sottendono la struttura di gioco. In realtà è l'attività ludica in quanto tale che deve aderire a un rigido sistema di regole, mentre l'utente può decidere a quali di queste attenersi. Le regole (in quanto procedure e delimitazioni) stabiliscono infatti ciò che il giocatore può o non può fare e quali conseguenze sono provocate da tali azioni all'interno del contesto ludico. Imparare a giocare riguarda dunque l'apprendimento delle modalità di interazione con il sistema di regole, un apprendimento orientato al progresso nel gioco. Il riferimento, in questo caso, non è tanto alle regole del gioco, quanto alla "giocabilità" vera e propria, intesa come pattern di interazioni all'interno di un determinato sistema videoludico. È importante tenere a mente che la coerenza di questa impalcatura normativa è la prerogativa indispensabile per il successo dell'opera in termini di appagamento.

Il presupposto sul quale poggia la credibilità di un universo di gioco risiede nell'intensità dello scambio di informazioni tra utente e software, che trova fondamento nella trasparenza dei rapporti causa/effetto tra le scelte operate dall'utente e le conseguenze previste dal software. Questo tessuto di relazioni è subordinato al nostro sistema di regole che, fondamentalmente, possiamo distinguere in due ulteriori categorie: regole esplicite e regole implicite. Le prime hanno la necessità di essere chiare e precise e qualsiasi giocatore deve essere in grado di interpretarle allo stesso modo senza alcuna ambiguità. Tali regole esplicite riguardano solitamente elementi propri di ogni espressione videoludica come, per esempio, l'impiego corretto delle periferiche di controllo, la definizione di una condizione di vittoria e un sistema di valutazione della performance (relativo sia al punteggio sia all'energia del proprio alter ego digitale). Per una corretta fruizione dell'opera videoludica, il giocatore deve accettare indiscriminatamente il sistema di regole esplicite; solo in questo modo gli è concesso procedere, mentre l'infrazione di una o più regole può comportare la sospensione anticipata dell'interazione. Al contrario, le regole implicite non sono scritte e, soprattutto, non sono vincolanti: come, per esempio, l'accordo tra i giocatori di non barare sfruttando le debolezze del sistema formale, per non rovinare la sfida. Le regole implicite, pur rimanendo celate dal game design, rivestono un ruolo decisivo per la coerenza dell'interazione. Nello specifico dei videogiochi, queste hanno a che vedere, per esempio, con il bilanciamento del livello di difficoltà (ci si aspetta che più il gioco progredisca, più ardue siano le sfide da affrontare) e con la risposta dell'ambiente simulato agli input forniti dall'utente, risposta che, nella maggior parte dei casi, ci si attende congruente con quella del mondo reale o, perlomeno, pertinente al buon senso. Mentre il funzionamento delle regole esplicite è evidente fin dal principio, le regole implicite sono apprese nel corso dell'interazione.

Il sistema di regole esplicite e implicite presuppone sempre un sistema di sanzioni che consenta di valutare la performance del giocatore. In generale, nel momento in cui l'utente continua ad aderire correttamente alle regole esplicite riceve come compenso una serie di sanzioni positive, che possono variare dall'aumento del punteggio, all'acquisizione di bonus, a schermate di congratulazioni. Dall'altro lato, il game designer si riserva di dispensare sanzioni negative (in relazione all'infrazione di determinate regole esplicite) che siano coerenti con le regole implicite: avremo così diminuzioni della barra d'energia fino ad arrivare alla sospensione temporanea dell'interazione e alla necessità di ripetere parte del gioco, oppure ricominciare daccapo.

Insieme, il sistema di regole e il sistema di sanzioni scandiscono il ritmo del feedback interattivo.

All'interno di un sistema, il feedback si manifesta quando una porzione dell'output (ovvero la risposta a una determinata informazione o input) viene ritrasmessa al sistema stesso in forma di input. Si tratta di un concetto chiave nel campo della cibernetica e, anche nel caso dei videogiochi, il feedback è fondamentale per garantire lo scambio continuo di informazioni tra il giocatore e la CPU. I feedback possono essere sia positivi sia negativi. Mentre un feedback positivo tende a far esplodere un sistema (facendo sfuggire di mano una situazione), il feedback negativo orienta al raggiungimento di un obiettivo. Un esempio di feedback positivo è quel fischio stridente, conosciuto come effetto Larsen (dal nome dello scopritore), che si verifica quando i suoni emessi da un altoparlante vengono captati dal microfono collegato e rimandati al medesimo altoparlante. I feedback negativi, invece, restringendo di continuo il campo delle informazioni possibili, contribuiscono ad avvicinare all'obiettivo: un ciclo di feedback negativi consente al climatizzatore di spegnersi dopo aver raggiunto la temperatura desiderata. Il game designer Marc LeBlanc ha sintetizzato il rappoto tra feedbak positivi e negativi in un videogioco in questo modo:

Feedback negativo	Feedback positivo
Stabilizza il gioco	Destabilizza il gioco
Perdona chi commette un errore	Ricompensa i vincitori
Prolunga la durata del gioco	Conduce il gioco al termine
Amplifica i successi a lungo termine	Amplifica i successi immediati

In questi termini, il sistema di regole e quello di sanzioni si rivelano non solo funzionali alla coerenza del gioco ma, come vedremo poco più avanti, anche al suo indice di coinvolgimento.

Il sistema di regole riguarda, più in generale, il microcosmo digitale in cui è richiesto l'intervento dell'utente. Non è importante che la fisica sulla quale si regge un determinato mondo di bit rispetti le leggi della fisica reale (altrimenti dovremmo dire addio ai raggi laser), ciò che conta è che, all'interno di questo mondo fittizio, le regole vengano applicate in tutti i casi senza eccezioni. Può succedere, tuttavia, che la rigidità di una regola, per quanto ben applicata, sviluppi vari tipi di incoerenza in rapporto alle relazioni di causa/effetto che fanno parte della nostra percezione della realtà (e che per questo motivo giudichiamo intuitive). Tali incoerenze, che riguardano fondamentalmente le contraddizioni nell'applicazione di determinate regole implicite, possono manifestarsi a livello di causalità, di funzione e di spazio. Il primo è il caso, per esempio, di un gioco in cui un oggetto come il lancia granate può servire a fare una carneficina (regola esplicita) ma non provoca alcun danno a una porticina di legno (regola implicita contraddittoria) che, per essere aperta, necessita di una vecchia chiave arrugginita (e questo capita persino a blockbuster del calibro di *Tomb Raider* o *Resident Evil*). Coerente è invece l'impiego alternativo del lancia granate in *Quake III Arena*: pur violando le leggi della fisica reale è possibile prolungare il salto usando proprio lo sparo del lancia granate come propulsore (regola implicita); ben presto questa è emersa come vera e propria tecnica di gioco, conosciuta da tutti gli utenti come "rocket-jumping".

L'incoerenza a livello di funzione riguarda la restrizione dell'applicazione di una regola a casi rarissimi se non unici: è un esempio classico l'uso dell'accendino in *Resident Evil*, in dotazione al giocatore fin dall'inizio ma utile in un'unica circostanza. Al lato opposto troviamo un gioco come *Metal Gear Solid*, che contempla nell'inventario anche un pacchetto di sigarette. Fondamentalmente l'impiego delle sigarette comporta una sanzione negativa (se il protagonista comincia a fumare, la barra d'energia scende) coerentemente con il comune sentire che denuncia il fumo come nemico della salute. Tuttavia il fumo della sigaretta può essere usato per rivelare sensori a infrarossi e, in alcuni casi, fumare consente al proprio simulacro di avere una mira più salda (regola implicita).

L'ultimo tipo di incoerenza riguarda la gestione dello spazio. Un caso clamoroso è fornito dalla serie di corse automobilistiche *Ridge Racer* che non prevede assolutamente l'uscita dal manto stradale (regola esplicita), anche quando l'impedimento è una piatta linea di carreggiata (regola implicita contraddittoria) e non un muro di cinta o un guard-rail. Simile è l'incoerenza della serie di *Resident Evil*: dato un inventario limitato, il giocatore non può abbandonare per strada un oggetto che non ritiene più utile, ma deve per forza di cose depositarlo in un baule (regola esplicita). L'incongruenza sta nel fatto che è possibile ritrovare gli stessi oggetti in un baule che si trova a cinque isolati di distanza da quello in cui sono stati depositati (regola implicita contraddittoria).

La coerenza relativa al sistema di sanzioni riguarda, in generale, il livello di sfida proposto da ciascun gioco. Sul coinvolgimento del giocatore intervengono direttamente il tipo di ricompensa e la frequenza con cui questa viene elargita (ovvero il bilanciamento tra feedback positivi e negativi). Se, infatti, il giocatore viene premiato per non aver compiuto nulla, l'attività ludica diventa ben presto noiosa. Per ottenere il massimo effetto, una ricompensa deve dunque arrivare nel momento in cui il giocatore ritiene di aver dato prova della propria abilità. Il livello di sfida deve comunque essere sempre alla portata del giocatore e non reso impervio da elementi imprevedibili (leggi: trappola invisibile): questo tipo di scelta di design comporta l'evidente violazione di una regola implicita fondamentale, che prevede una sanzione negativa solo nel caso di infrazione di una norma esplicita da parte del giocatore. L'effetto che si ottiene è quello di scoraggiare il giocatore, che si sentirà esautorato dal proprio ruolo di protagonista dell'azione.

Non è detto comunque che un gioco facile sia più gratificante di uno difficile: l'elemento chiave è il fattore di frustrazione. Quando si gioca, infatti, si ha la consapevolezza dell'artificiosità del conflitto che ci si ritrova ad affrontare e, quindi, non solo si è pronti a osare di più, ma si è anche disposti ad accettare il fatto che il livello di difficoltà sia più elevato rispetto alle abilità già acquisite. Un certo livello di tensione, dato dalla presenza di una sfida il cui esito non può essere definito a priori, può generare un piacere molto più elevato quando si realizza che, tramite la pratica, si è riusciti a superare proprio quella prova che solo un attimo prima non si riteneva alla portata delle competenze in possesso.

In ogni caso è importante che il sistema di sanzioni non reagisca in maniera pavloviana. Il "rinforzo" (in psicologia l'elemento di ricompensa usato per stimolare la ripetizione in anticipo di un determinato comportamento) deve essere "parziale", nel senso che il giocatore deve essere gratificato in maniera intermittente e non ogni volta che supera con successo un determinato ostacolo, la cui difficoltà diventa sempre meno problematica da risolvere man mano che si matura esperienza con il gioco e il sistema di controllo. Innanzitutto, la "somministrazione" del rinforzo o della punizione deve avvenire dopo che una certa azione viene eseguita una o più volte; quando, poi, si stabilisce una relazione chiara e prevedibile tra la frequenza di un comportamento e l'effetto che produce, allora è possibile modificare tale comportamento sulla base di ciò che è diventato necessario per ricevere il premio o la punizione. Un piano ottimale consiste nell'elargire un rinforzo prevedibile nelle prime fasi (con somministrazioni di rinforzo a rapporto fisso) e rinforzi meno prevedibili in quelle successive (rinforzo a rapporto variabile).

La consapevolezza di poter assurgere a un insieme di ricompense superiore è dunque la molla che consente al fruitore di perseverare nella ripetizione della performance fino a quando non avrà acquisito l'abilità necessaria per affrontare con successo la curva di difficoltà. Quando tutto ciò si verifica, ecco che videogioco assolve il suo compito di intrattenimento - dal latino "inter" più "tenere", ovvero "tenere in mezzo", nel senso di far rimanere sospesi nel limbo tra realtà e finzione, abdicando volontariamente dalla prima per potersi ritrovare agenti nella seconda.

Il flusso di gioco

Questo rapimento dell'immaginazione attivato da un'opera di finzione, ciò che il poeta inglese Samuel T. Coleridge amava definire "willing suspension of disbelief", ovvero sospensione volontaria dell'incredulità, è stato analizzato dagli studiosi Csikszentmihalyi e MacAloon nel manoscritto *Play And Intrinsic Reward* (1986). Gli autori introducono il concetto di flusso ("flow") inteso come "una sensazione olistica presente quando agiamo in uno stato di coinvolgimento totale [...]. Ciò che esperiamo è un flusso unitario da un momento a quello successivo, in cui ci sentiamo padroni delle nostre azioni e in cui si attenua la distinzione fra il soggetto e il suo ambiente, fra stimolo e risposta, o fra presente, passato e futuro". Questa situazione di "flusso" si manifesta nel gioco e, più in generale, nell'esperienza creativa, attraverso sei tratti distintivi: innanzitutto, la fusione tra azione e coscienza, ovvero si può essere consci delle azioni che si stanno compiendo ma non si può essere consci del fatto di essere consci, pena una frattura nel ritmo dell'azione. In questo senso diventa preponderante la concentrazione dell'attenzione su un insieme limitato di stimoli. Prendono forza i concetti di "ora" e "qui" relativi al contesto di gioco, amplificati dalla presenza di regole formali e di motivazioni quali il desiderio di competizione. Questo comporta una sorta di perdita dell'io, intesa come accettazione acritica delle regole valide anche per gli altri giocatori, senza sentire il bisogno di "contrattare" con il "sé" ciò che si deve o non si deve fare. Tutto ciò è reso possibile da una maturata sensazione di padronanza delle proprie azioni e dell'ambiente: in pratica l'individuo ritiene di possedere capacità all'altezza delle richieste del gioco. Questo può accadere quando si è in presenza di esigenze d'azione non contraddittorie: tale coerenza offre infatti al giocatore un feedback chiaro e univoco rispetto alle proprie azioni. A questo punto, ricompense e finalità esterne non sono più indispensabili: l'individuo alle prese con il gioco si sente gratificato del fatto stesso di trovarsi all'interno del flusso.

Il concetto di flusso si sovrappone a quella che in gergo viene spesso chiamata "immersività", ovvero un livello tale di coinvolgimento da sentirsi immersi, al punto che, venirne fuori, richiede un certo sforzo. Nel caso specifico dei videogiochi tale coinvolgimento si può manifestare in tre differenti modalità che, frequentemente, possiamo anche trovare associate. Il primo tipo è un'immersività tattica: un'immersione momento per momento durante l'attività ludica. È fisica e immediata, come uno stato di trance. La sfida è semplice abbastanza da consentire al giocatore di risolverla in una frazione di secondo. I giocatori immersi tatticamente non badano alla strategia globale. Per avere successo occorre un'interfaccia di controllo priva di difetti.

L'immersività strategica, al contrario, consiste nella ricerca di un sentiero che conduce alla vittoria. Questo tipo di coinvolgimento, nella sua forma più elevata, è quello esperito dai maestri di scacchi, capaci di astrarre da ogni elemento fisico della scacchiera. Ciò che distrugge questo tipo di immersione è una giocabilità senza logica, anche se nel rispetto delle regole (come la pressione forsennata dei pulsanti in un picchiaduro da parte di un novizio che, almeno a breve termine, può rovinare le strategie di attacco di un avversario più esperto).

L'ultimo tipo di immersività è quella narrativa: si ha quando il giocatore comincia a interessarsi al destino dei personaggi e desidera conoscere la fine della vicenda. A questo livello possono persino essere tollerati limiti nell'interfaccia di gioco e lacune nella giocabilità. Non tutti gli utenti sono motivati a finire il gioco unicamente per vincere, molti sono sospinti anche dalla volontà di partecipare al finale degli eventi: per questi, per esempio, la natura auto-referenziale di *Metal Gear Solid* può risultare irritante, proprio perché la finzione continua a "mettere in gioco" se stessa.

Perché tale coinvolgimento risulti totalizzante, è indispensabile che un determinato prodotto videoludico non solo sia coerente con il proprio tessuto causale ma, soprattutto, sia in grado di gratificare costantemente l'utente tramite l'interazione, proprio per la sua natura di fonte di intrattenimento. Non esiste una gerarchia che preveda i gradi di gratificazione, ma la pratica costante concede di individuare alcuni pilastri su cui si fonda il divertimento elettronico: il primo tipo di gratificazione viene dall'interfaccia di comando, quella che viene definita amplificazione dell'input, un senso di controllo volutamente esagerato che, tramite la pressione di un semplice pulsante nel "mondo reale", permette di ammirare l'esecuzione di un comportamento complesso nel "mondo virtuale" (lo stesso accade nel mondo reale quando in auto si preme il pedale dell'acceleratore). Di pari passo con questo tipo di gratificazione "tattile spaziale" ce n'è anche una "temporale", ovvero il tempo che passa tra l'esecuzione di un'azione e l'altra, che possiamo definire come frequenza di feedback. Ci sono infatti giochi che si lasciano giocare di istinto facendo appello ai nostri riflessi e alla coordinazione occhio-mano, altri, invece, che richiedono un'azione più ragionata a breve e/o a lungo termine (tattica e strategia). Un terzo tipo di gratificazione è prettamente ludica e consiste nel piacere generato dalla comprensione e dalla corretta attuazione delle meccaniche di gioco che consentono il proseguimento della fruizione: innanzitutto comprendere l'obiettivo di gioco, a cui fa seguito la necessità di trovare la strategia corretta e, infine, svolgere le azioni indispensabili (e nel giusto ordine) per attuare la strategia e raggiungere l'obiettivo. L'insieme di queste tre gratificazioni contribuisce a creare quel senso di felicità che il biologo Robert Sapolsky nel saggio *Why Don't Zebras Get Ulcers* (1994) riconosce in primo luogo nel senso di controllo e, quando non è possibile avere il controllo assoluto della situazione, nella prevedibilità. Siccome il game design deve fornire al giocatore la possibilità di mettere in atto strategie imprevedibili per battere il gioco, il senso di controllo diventa fondamentale.

Probabilmente, il tipo di gratificazione più evidente è quella sensoriale, che si divide anch'essa in due categorie, una tecnologica, che riguarda la realizzazione tecnica del gioco intesa come numero di poligoni e di effetti speciali, e una puramente estetica; in entrambi i casi si continua a giocare anche solo per vedere come sarà progettata l'ambientazione successiva. Se è più o meno vero che ogni nuova produzione rappresenta un passo avanti nel campo della CG interattiva e il piacere deriva proprio dalla contemplazione di questo sfarzo tecnologico, è ancor più vero che l'apprezzamento per le scelte di design dei personaggi e delle ambientazioni non ha a che vedere con la componente tecnologica, dato che un buon design è il frutto, soprattutto, di talento naturale e di buon gusto. Un discorso a parte merita poi lo stile grafico, realistico o astratto. Anche in questo caso molto dipende dalle disposizioni personali. A stretto braccetto con la gratificazione di tipo estetico c'è quella narrativa. Capita sempre più spesso di lasciarsi coinvolgere dalle vicende in cui si trovano invischiati i personaggi e di affezionarsi al proprio alter ego digitale al punto di voler procedere solo per sapere come si concluderà la sua storia. Anche se molti accademici ripudiano la componente narrativa, ritenendola un mero complemento, è innegabile come certe storie e certi personaggi possano ricevere forza solo tramite il videogioco, in virtù del suo potenziale interattivo e del fatto che, giocando, accettiamo di interpretare uno specifico ruolo.

Al lato opposto troviamo invece la gratificazione "agonistica", data dal piacere di affrontare una curva di difficoltà crescente e di raggiungere determinati obiettivi superando le sfide proposte, ben al di là di qualsiasi coerenza narrativa o addirittura ludica (come, per esempio, l'ottenimento degli obiettivi con i titoli di Xbox 360). Complementare a questa c'è la gratificazione sociale, data dal piacere di giocare a un titolo a cui stanno giocando anche amici e perfetti sconosciuti per valutare insieme i propri progressi (offline) e mettere a confronto le proprie abilità (online).

E qui comando io!

Correlata alla gratificazione di tipo narrativo ce n'è un'altra, legata al ruolo di protagonista che l'utente è chiamato a vestire e che si manifesta con particolare intensità in tutte quelle produzioni in cui l'eroe è "un uomo solo al comando", come *Mass Effect* (BioWare, 2007) o *Fable* (Lionhead, 2004). È un tipo di gratificazione che viene da quello che potremmo definire "esercizio della leadership", nel senso che, ponendo il giocatore innanzitutto come risolutore attivo di problemi (e non sfortunato personaggio in balia degli eventi) e, soprattutto, lasciando traccia del suo operato nei cuori (artificiali) delle creature che incontra, questi, come un vero leader, viene spinto ad assumersi la responsabilità delle decisioni prese, senza che tali decisioni vengano giudicate a priori, ma offrendo sempre una giustificazione a posteriori (anche nel caso di scelte controverse).

Estetica del videogioco

Elementi di game design

Se, fino a questo momento, abbiamo affrontato l'argomento su un piano più formale e astratto, è giunto il tempo di rimboccarsi le maniche per indivuduare gli strumenti pragmatici che consentono la creazione di nuovi prodotti dell'intrattenimento digitale. Cominciamo dalla definizione di Sid Meier, autore di *Civilization*, che rappresenta il motto della comunità di sviluppo: "un gioco consiste in una serie di scelte interessanti". In realtà, sarebbe più appropriato parafrasare la definizione come: un *buon* gioco è quello che presenta delle possibilità di scelta che *devono* essere interessanti. Si tratta, in entrambi i casi, di definizioni riduttive che, pur riuscendo a cogliere parte dell'essenza di ciò che rappresenta il gioco, presuppongono una serie di competenze, da parte dell'utente, che non possono essere date per scontate. Prima di arrivare a offrire una scelta, difatti, occorrono delle regole che vincolino le modalità di interazione da parte del giocatore. Solo quando l'utente sarà sceso a compromessi con l'interfaccia di gioco e le regole esplicite, avrà decodificato correttamente la geografia dell'universo virtuale e distinto gli elementi narrativi fondamentali (buoni e cattivi, per intenderci), allora sarà possibile ritenere una scelta più interessante di un'altra. E, tuttavia, questa definizione sembra più appropriata nel descrivere un gioco di strategia (come appunto *Civilization* – che richiede costantemente al giocatore di scegliere se investire risorse in ricerca, diplomazia o armamenti, senza che un'unica scelta sia quella migliore) piuttosto che un gioco d'azione, in cui si è obbligati, per esempio a saltare da una data piattaforma per riuscire a proseguire. In questo caso, la scelta non è interessante di per sé, tuttavia l'azione richiesta può far accelerare il battito cardiaco, dato che il risultato dipende solo dalle abilità acquisite fino a quel momento. In quest'ottica, ciò che rende il gioco interessante risiede nella possibilità di migliorare costantemente la propria abilità con il sistema di controllo e di acquisire nuove competenze per riuscire a superare le sfide man mano proposte.

Un modello pragmatico intrigante è quello affinato tra il 2001 e il 2004 dai game designer Robin Hunike, Marc LeBlanc e Robert Zubeck, definito "MDA model", in cui la sigla serve a distinguere tre diverse dimensioni: "mechanics", "dynamics" e "aesthetics".

Le "meccaniche" di gioco riguardano le regole e il codice base del gioco stesso, ovvero l'insieme di informazioni che occorrono per costruire l'ambiente virtuale – in termini di algoritmi e di routine di Intelligenza Artificiale, giusto per fare esempi. In termini di design, le meccaniche di gioco possono essere ridefinite seguendo la lezione di Donald Norman (1986), che struttura l'azione in tre aspetti: scopo, esecuzione e valutazione. Lo scopo coincide con il risultato desiderato di un'azione. Durante l'esecuzione, lo scopo deve essere trasformato in intenzione di agire. L'intenzione deve diventare una sequenza d'azione prima in termini di processo mentale e poi di manipolazione fisica del controller in termini di esecuzione. La fase di valutazione comincia quando, tramite l'interfaccia, percepiamo lo stato del gioco, che deve essere innanzitutto interpretato (secondo il nostro modello mentale del sistema) e valutato paragonando lo stato corrente con l'intenzione e lo scopo originale.

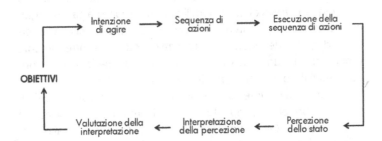

Le "dinamiche" di gioco rappresentano invece il modo in cui il gioco si lascia giocare tramite le meccaniche così definite. Questa dimensione riguarda gli eventi che possono accadere al giocatore durante l'interazione: mentre le meccaniche descrivono i pattern di movimento, azione e reazione di una determinata unità, le dinamiche consentono al giocatore di vedere solo un nemico intento a fargli la pelle. Siccome non è possibile predire il comportamento dell'utente di fronte a tutte le situazioni proposte dalle meccaniche, le dinamiche di gioco possono rivelarsi sorprendenti, dando vita a comportamenti emergenti (come l'uso delle mine di prossimità per scalare le pareti in *Deus-Ex*).

Le "estetiche" di gioco riguardano, infine, le risposte emotive suscitate nel giocatore durante l'interazione, che possono essere riassunte in otto elementi: sensazione (il gioco come gratificazione sensoriale), fantasia (il gioco come sospensione dell'incredulità), narrazione (il gioco come racconto), sfida (il gioco come percorso a ostacoli), aggregazione (il gioco come struttura sociale), scoperta (il gioco come territorio da esplorare), espressione (il gioco come scoperta personale), passatempo (il gioco come impiego del tempo libero).

Un terzo approccio è quello proposto da Simon Egenfeldt-Nielsen, Jonas Smith e Susana Tosca, autori del volume *Undestanding*

Video Games (Routledge, 2008), che partono dalle limitazioni delle due definizioni pragmatiche di cui sopra per definire l'estetica di un videogioco come l'insieme di tutti gli aspetti esperiti dal giocatore, sia direttamente (come l'audio e la grafica), sia indirettamente (le regole). L'estetica non è limitata alle proprietà formali del mezzo ma, in senso generale, serve a descrivere il gioco giocato, come funzione delle varie scelte di design implementate dagli sviluppatori. In questo senso, gli elementi fondamentali che servono per la costruzione del gioco sono individuati in: regole, geografia e rappresentazione, numero di giocatori.

Regole. Vincoli ben definiti che determinano ciò che il personaggio controllato dal giocatore (o qualsiasi altro personaggio o entità dinamica presente sulla scena) può o non può fare, e quali sono le azioni e gli eventi che permettono di incrementare o diminuire il punteggio del giocatore.

Geografia e rappresentazione. La geografia di un videogioco limita alcune azioni del giocatore (per esempio attraversare i muri) mentre ne consente altre (saltare tra le piattaforme sospese). L'universo di gioco viene solitamente presentato al giocatore tramite una rappresentazione grafica e un commento sonoro, offrendo un ampio spettro di possibilità (2/3 dimensioni, prospettiva isometrica, prima/terza persona, audio ripreso dal vivo...).

Partecipanti. In termini di design e sviluppo i giochi per singolo utente differiscono enormemente da quelli multigiocatore. Nel primo caso, i personaggi controllati dalla CPU (chiamati NPC, "non playing characters") e l'ambiente stesso devono rispondere del livello di intrattenimento offerto al giocatore, mentre nel caso dei titoli multiplayer diventano fondamentali gli strumenti per mettere in comunicazione gli utenti e lo sviluppo di arene che favoriscano imparziali dinamiche agonistiche.

A livello astratto, i tre elementi possono essere indipendenti uno dall'altro. Uno stesso insieme di regole, per esempio, può essere applicato a differenti rappresentazioni di gioco. Tuttavia, le scelte di design relative a uno di questi elementi tende a dare forma alle scelte sugli altri livelli.

Regole pragmatiche

Vincolare per liberare

Abbiamo già esaminato l'importanza di un coerente tessuto di regole e sanzioni per garantire il piacere dell'interazione con una determinata opera. Come fa notare lo scrittore di fantascienza Orson Scott Card, la bellezza dell'arte videoludica consiste nella collaborazione tra giocatore e game designer per costruire la storia finale. Ogni forma di libertà concessa al giocatore è una vittoria artistica così come ogni vincolo non necessario deve essere considerato un fallimento.

La chiave di interpretazione di questa dichiarazione risiede in quella che è la proprietà essenziale delle regole: limitando le possibilità d'azione del giocatore consentono di dare forma all'esperienza ludica e di guidare l'interazione. La loro continua negoziazione tramite l'interfaccia di controllo rappresenta tanto l'elemento di sfida all'interno del gioco quanto il senso di gratificazione che si ricava dal superamento di tali sfide. La funzione delle regole è dunque quella di limitare l'intervento del giocatore per offire il miglior tipo di intrattenimento possibile. Detta in maniera più formale, la regola è un imperativo che governa l'interazione con gli oggetti di gioco e il risultato potenziale di tale interazione (cfr. Egenfeldt-Nielsen, Smith, Tosca, 2008).

Abbiamo già operato una prima distinzione tra le regole esplicite (che riguardano la fisica dell'universo di gioco, nel senso di ciò che si può compiere e di come questo, combinato con l'input del giocatore, modifichi il gioco) e quelle implicite (relative, invece, alla curva di difficoltà, alla coerenza degli elementi di gioco e alla validità universale delle regole esplicite). Jesper Juul suddivide le regole appartenenti alla prima categoria in altri tre livelli: regole relative allo stato del gioco (come la condizione di certi elementi interattivi in un dato momento), riguardanti il valore del risultato (quali output devono essere considerati positivi, quali negativi), informative (le informazioni sullo stato del gioco condivise con l'utente durante l'interazione). In particolare, quest'ultima categoria ci permette di identificare un elemento molto importante del sistema ludico, ovvero quanto il giocatore sa sull'intera esperienza di gioco e in che misura questo gli consenta di interagire correttamente mantenendo alto il coinvolgimento. Come insegna la teoria matematica dei giochi opere come *Pac-Man* possono essere definite a informazione perfetta, nel senso che sullo schermo compaiono tutte le informazioni che riguardano il gioco, senza che possano essere introdotti elementi di sorpresa. Lo stesso non può dirsi per un gioco di strategia in cui porzioni della mappa possono essere oscurate a fini ludici da quella che viene definita "fog of war".

Una differente tipologia di regole viene offerta da Katie Salen ed Eric Zimmerman (*Rules of Play*, 2004) che distinguono in: regole operative (una combinazione delle regole relative allo stato del gioco e dei possibili risultati, che governano quindi sia i processi di gioco sia le condizioni di vittoria), regole costitutive (che riguardano le dinamiche di gioco, in termini di strutture formali e di abilità richieste all'utente, come senso del ritmo, capacità logico/matematiche...) e regole implicite (come già menzionato, quelle regole non scritte che vengono date per buone durante l'interazione, come l'aumento progressivo della difficoltà, e così via).

Dato che le regole implicite rappresentano l'alchimia del gioco, nel senso che non possono essere descritte in maniera esatta, perché, per esempio, possono rappresentare lo stile di un determinato autore, nella nostra analisi concentreremo principalmente l'attenzione su quelle che abbiamo deciso di raggruppare unicamente come regole esplicite.

Condizione di vittoria

Innanzitutto, la prima regola riguarda la condizione di vittoria: ovvero lo stato di cose che permette di decretare la fine del gioco e di ottenere un vincitore. Definita questa, occorre stabilire quelle che sono invece le condizioni di sconfitta: implicite, nel caso in cui il giocatore non sia il primo a ottenere la condizione di vittoria; esplicite, quando la sconfitta è conseguenza dell'esaurimento delle risorse "vitali" (sia in termini di impiego maldestro dell'interfaccia di controllo sia come errori nel valutare il risultato di una determinata azione).

Vite

Le risorse "vitali" rappresentano i tentativi forniti al giocatore per superare le sfide proposte e continuare nell'interazione. Solitamente tali risorse, per comodità "vite", sono perse per contatto con un avversario o con strutture pericolose. Quando si perdono tutte le vite, il gioco finisce. Altrimenti è bene fare in modo che quando il giocatore riappare sullo schermo sia invulnerabile (o al sicuro) per alcuni istanti (regola implicita).

Ci sono giochi in cui le vite possono essere guadagnate tramite power-up o superando certe soglie di punteggio; in altri, la vita è una sola, ma può comparire in congiunzione con una barra di energia. In questo caso, la riduzione dell'energia è la conseguenza di ferite riportate dall'avatar (il semplice contatto con gli avversari non è fatale). Inoltre, parte dell'energia può essere ripristinata ricorrendo a oggetti deputati all'azione. Infine, l'energia complessiva può essere suddivisa in differenti parametri, più o meno in relazione tra loro. Nel caso di *Eternal Darkness: Sanity's Requiem* (Silcon Knights, 2002) esistono tre barre: quella della magia, che diminuisce usando i poteri magici ma si rigenera muovendo il personaggio; quella della sanità mentale, che decresce a ogni incontro con le creature ostili del gioco e che può essere ripristinata infliggendo colpi di grazia al nemico; quella dell'energia vitale, che si abbassa quando il giocatore riceve un colpo dall'avversario, oppure quando la barra di sanità mentale tocca il fondo. Senza magia è più facile cadere preda della follia, che può portare alla morte...

Spazio

Secondo alcune definizioni formali, l'ambiente di gioco rappresenta una funzione di relazione tra gli oggetti che compongono l'immagine di sintesi: un mezzo per consentire il passaggio del tempo mentre un oggetto attraversa lo schermo, così da evitare che tutto accada simultaneamente (Poole, 2000). L'applicazione delle regole del gioco riguarda dunque la decodifica di questa funzione di relazione tra gli elementi interattivi dell'universo ludico. La decodifica corretta conduce alla condizione di vittoria che, solitamente, viene segmentata in diverse frazioni, comunemente chiamate livelli. In un gioco a struttura progressiva la condizione di vittoria è data dunque dalla necessità di superare tutti i livelli. Ogni livello, a sua volta, è composto da numerosi obiettivi da soddisfare, raggruppati in missioni. Capita sempre più frequentemente che l'ordine con cui si affrontano le missioni all'interno di un livello possa essere deciso dall'utente e questo, ovviamente, dà luogo a modelli di interazione più interessanti. Vedremo più avanti come tale modello di segmentazione a "collo di bottiglia" rappresenti inoltre una delle tecniche fondamentali per avere il controllo sul ritmo dell'interazione e sullo sviluppo progressivo del contesto di gioco.

Dal punto di vista delle regole implicite è importante sottolineare come l'avanzamento di livello comporti un incremento della difficoltà, sia in termini di complessità degli obiettivi da soddisfare sia in termini di gestione delle risorse vitali in rapporto alla presenza di avversari o trappole.

Gli elementi principali della dimensione spaziale sono rappresentati da porte e chiavi, usate per segmentare i livelli e controllare i progressi del giocatore. Sono la rappresentazione concettuale di un costrutto che prevede uno sforzo (la chiave) da parte del giocatore per poter superare un ostacolo (la porta). Il concetto di porta si sovrappone a quello di uscita: il tipo di uscita standard è rappresentato dall'accesso verso un nuovo livello mentre si possono dare anche uscite "warp", che possono condurre verso aree bonus nascoste, se non addirittura consentire il passaggio tra differenti livelli. Oltre alle uscite, un'importante funzione di segmentazione dello spazio è rappresentata dai "checkpoint", che determinano la posizione del giocatore all'interno di un livello di gioco dopo la perdita di una vita. Tale rigenerazione (in gergo "respawn") può avvenire nella posizione sicura più vicina rispetto al luogo in cui è accaduta la sospensione dell'interazione, oppure in un punto prefissato della mappa che deve essere preventivamente attraversato o attivato, oppure, ancora, all'inizio livello (e ciò accade anche in giochi complessi ed evoluti come *Demon's Souls*, un GdR che fonda la sua estetica ludica proprio sulla necessità di decodificare senza sbavature lo spazio di gioco, continuando a ripetere dall'inizio il percorso verso l'uscita del livello).

Tempo

La dimensione cronologica all'interno del mezzo videoludico si estrinseca in due differenti modalità, la prima relativa al tempo di gioco e la seconda al tempo come parametro di gioco. Nel primo caso facciamo riferimento a quelli che possono essere chiamati intervalli di tempo, che riguardano il ritmo dell'interazione. Nel caso di un gioco a turni ogni giocatore ha a disposizione un tempo "illimitato" per compiere la propria mossa, concedendo poi il turno al giocatore successivo (come accade con gli scacchi). All'opposto troviamo i giochi che si svolgono in tempo reale, ovvero non presentano alcun intervallo di tempo tra i turni: azione e reazione accadono simultaneamente. Un terzo caso è rappresentato dalle sfide a tempo, in cui ogni utente ha un limite temporale per compiere il proprio turno (in differita ma anche in tempo reale).

Per quanto riguarda invece il tempo inteso come elemento del gioco, come per la barra di energia, il suo scorrere riguarda un parametro che da un valore iniziale scende a 0. Quando ciò succede, il gioco presenta un cambiamento di stato consistente, che può variare dal "game over" a un effettivo cambiamento dello scenario di gioco o delle condizioni di vittoria. Tale elemento di design si manifesta in tre differenti modalità: innanzitutto può trattarsi di un tempo limitato per superare un livello (quando scade, si ricomincia da capo). Nel caso del "countdown" verso la catastrofe, quando il tempo scade, l'obiettivo è più difficile da raggiungere (come accade in *Bubble Bobble*, in cui i nemici all'improvviso accelerano sempre più la loro velocità). Infine, il tempo può essere relativo alla durata limitata di un power-up.

Avversari

Una nuova classe di regole riguarda gli avversari, la cui comparsa sullo schermo avviene tramite quelle che in gergo sono chiamate "ondate" e che si presentano in due modalità: gli avversari si manifestano in una determinata posizione secondo un ordine di apparizione predefinito oppure la loro materializzazione è casuale (un algoritmo determina quali avversari devono comparire in base alla curva di difficoltà). In entrambi i casi, gli avversari arrivano in formazioni la cui composizione è appropriata al livello di sfida (il numero e la resistenza/forza aumentano progressivamente con il procedere del gioco). Come il personaggio controllato dal giocatore, anche le creature avversarie possono essere dotate di una barra di energia (non evidente nell'interfaccia) oppure essere eliminate dallo schermo al semplice contatto con le risorse offensive dell'utente. La loro eliminazione può essere permanente, oppure può capitare che una data entità ricompaia nella stessa posizione dopo un determinato lasso di tempo o quando il giocatore riprende l'interazione in seguito alla perdita di una vita. Un'ulteriore cosiderazione relativa agli avversari "carne da macello" riguarda il "generatore di mostri", che continua a sputare fuori nuovi nemici. La strategia dominante consiste nel distruggere il generatore per primo, tuttavia il giocatore può decidere di incrementare il proprio punteggio continuando a lasciar fuoriuscire nuove creature da abbattere, offrendo quindi una "scelta interessante" a livello di game design.

Un discorso a parte meritano i "boss", avversari unici, significativamente più difficili da abbattere di quelli ordinari. Scandiscono solitamente il passaggio di livello. Possono essere momentaneamente invincibili o colpiti solo con armi particolari. Un gradino appena sotto troviamo i "mini-boss", che spezzano il ritmo dell'azione ordinaria comportandosi in maniera differente dagli avversari comuni e che, a differenza dei boss, possono ripresentarsi periodicamente durante l'interazione.

Valutazione della performance

Il punteggio è il primo parametro di valutazione della performance e misura il successo di un giocatore nei confronti degli altri, sia quando l'azione avviene in multiplayer online o sullo stesso schermo sia quando ci si trova ad affrontare da soli la sfida contro la CPU, offrendo poi la possibilità di lasciare le proprie iniziali o il proprio nome utente all'interno di una classifica. Generalmente, nei giochi a struttura progressiva, più si protrae nel tempo l'interazione senza perdere risorse vitali maggiore è il punteggio che si è in grado di accumulare. In realtà, moltiplicatori e punti bonus (come i punti "stile") premiano i giocatori più abili con l'interfaccia di controllo (come accade per l'esecuzione di mosse combinate, chiamate in gergo "combo", che poggiano sull'abilità del giocatore di eseguire una complessa sequenza di comandi in un tempo determinato – l'efficacia è proporzionale alla complessità, e così il punteggio).

Un altro elemento di design che premia l'abilità del giocatore consentendogli di aumentare alcuni parametri del proprio simulacro riguarda una classe di oggetti solitamente noti come power-up (potenziamenti). Esistono power-up permanenti che modificano le caratteristiche del personaggio per tutta la durata di un livello o fino alla fine del gioco (come armi e armature particolari), e power-up temporanei, che consentono un consistente vantaggio al giocatore per un breve periodo di tempo, come per esempio le "smart bomb", che permettono di uscire indenni da una situazione particolarmente difficile da gestire e senza via di scampo. Oltre ai potenziamenti, possono essere presenti sullo schermo altri oggetti "bonus", che consentono di aumentare significativamente il punteggio. Non sono indispensabili per l'ottenimento della condizione di vittoria e per questo il rischio per ottenerli è decisamente elevato e, di conseguenza, è bene se comporta una grossa ricompensa.

Ricompense	Sanzioni Punizioni
+ Risorse (energia, munizioni)	- Risorse (che vengono sottratte da quelle ottenute)
+ Power-up (temporanei o permanenti)	- Tempo (che viene sottratto a quello a disposizione)
+ Informazioni (per accedere a nuove porzioni di gioco)	
+ Chiavi (per accedere a nuove porzioni di gioco)	
+ Abilità	- Abilità (perdita parziale dell'abilità a procedere – energia, scudi, armi)
+ Punti	
+ Oggetti da collezione/Bonus	
+ Sbloccare nuove opzioni (livelli di difficoltà, personaggi, costumi o scenari segreti)	
+ Nuove alleanze (aiutare un personaggio può farlo diventare alleato in combattimento)	- Nuovi nemici (attaccare il bersaglio sbagliato può portare a farsi un nemico nuovo)
+ Postazioni di salvataggio	- Progresso (ricominciare da un checkpoint o dall'inizio di un livello)
+ Easter-egg (elementi a sorpresa inseriti dagli sviluppatori che richiamano altri giochi di loro produzione o eventi di costume esterni, estranei in ogni caso al contesto di gioco)	

Salvare la partita

Nei giochi a struttura progressiva una condizione indispensabile per garantire il ritorno del giocatore ed evitare frustrazione in caso di esaurimento delle risorse vitali è quella di poter interrompere la partita in corso per riprenderla in un secondo momento: possibilità offerta dai salvataggi, che si manifestano in tre differenti modalità, spesso presenti contemporaneamente: salvataggio rapido (quick-save), consente di salvare la partita in qualsiasi momento, senza lasciare l'universo di gioco, semplicemente premendo un pulsante; salvataggio automatico, solitamente coincide con un checkpoint, non necessariamente noto al giocatore; salvataggio in uno slot di memoria, consente al giocatore di poter interrompere la partita salvando i progressi solo se si verificano alcune istanze, come, per esempio, raggiungere l'uscita da un livello oppure ottenere l'accesso a un punto di salvataggio all'interno dell'universo di gioco. Mentre nell'ultimo caso è necessario uscire dall'ambito ludico, nei primi due si può continuare a giocare. A differenza del quick-save, il salvataggio automatico previene che il giocatore si ritrovi nella stessa condizione che ha decretato la sospensione dell'interazione facendolo ricomparire in un'area franca. Lo svantaggio di questo tipo di salvataggi è dato dal fatto che possono occupare un solo slot di memoria e fa fede l'ultimo salvataggio acquisito per ripristinare il simulacro del giocatore nell'universo ludico.

Il dibattito nella comunità di sviluppo è molto acceso in merito alla libertà di consentire al giocatore di salvare la propria partita in qualsiasi punto, dato che questo potrebbe inficiare indirettamente l'esperienza di gioco, ricorrendo a un approccio per tentativi ed errori (salvando e ricaricando) piuttosto che ricorrere alle abilità acquisite con la pratica. Allo stesso modo, rendere un gioco più difficile impedendo all'utente di salvare la propria partita, forzandolo a ripetere dall'inizio uno stesso livello o addirittura l'intero gioco, è una violazione dei suoi diritti di consumatore di un'opera di intrattenimento. Un compromesso accettabile è quello di consentire al giocatore di salvare quando vuole, ma di premiarlo in qualche modo se non lo fa, sbloccando modalità di gioco segrete o quant'altro.

Interfaccia grafica

La manifestazione delle regole sullo schermo è rappresentata dall'interfaccia grafica. Abbiamo già introdotto il concetto di interfaccia nella seconda parte del volume, come lo strumento che consente lo scambio di informazioni tra l'utente e la macchina. Dal punto di vista del giocatore l'interfaccia è la forma del gioco mentre il contenuto è la sua funzione. Ora affrontiamo l'argomento con un approccio più pragmatico. Lo scopo principale dell'interfaccia è quello di consentire all'utente di giocare correttamente, un compito che riguarda la trasmissione di due elementi: azioni e informazioni. Durante il gioco, infatti, l'utente può aver bisogno di accedere a informazioni che né l'ambiente né il simulacro sono in grado di fornire, come l'elenco delle abilità ottenute o la quantità numerica di una determinata risorsa. Allo stesso tempo, il giocatore compie varie azioni, come l'esplorazione degli scenari, la raccolta di oggetti o l'uso di armi. E anche di tutto questo l'interfaccia deve tenere conto. Solitamente l'interfaccia grafica compare sullo schermo attraverso la pressione di un pulsante dell'interfaccia manuale (ovvero il sistema di controllo), distinguendosi in due categorie, attiva e passiva, a seconda che consenta o meno al giocatore di interagire direttamente con le voci che rappresenta.

L'interfaccia grafica attiva consente all'utente di intervenire su parametri che fanno parte dell'esperienza di gioco in termini paratestuali, spesso presentati tramite menu, come: iniziare una nuova partita, salvare quella in corso oppure caricare una partita salvata; configurare le opzioni a livello di impianto audio/video; scegliere una modalità di gioco; determinare il livello di difficoltà; personalizzare l'aspetto del protagonista e così via. Questo tipo di interfaccia grafica attiva si ritrova, salvo rare eccezioni, in tutte le esperienze ludiche. Diverso è il discorso per le interfacce grafiche attive che accettano i comandi del giocatore per manipolare direttamente l'universo di gioco, come accade nella serie di *Final Fantasy*, in cui le azioni disponibili durante i combattimenti sono selezionate da un menu a tendina, oppure come avviene in *Metal Gear Solid*, che consente di scorrere l'elenco di armi o di oggetti da impiegare immediatamente senza interrompere il flusso del gioco. Un elemento importante dell'interfaccia grafica attiva è l'inventario, che consente al giocatore di tenere traccia degli oggetti disponibili per l'uso, soprattutto in produzioni come i GdR e le avventure, che si basano sulla raccolta e il collezionamento di varie categorie oggetti. In casi particolari, come la saga di *Resident Evil*, la gestione dell'inventario limitato è quasi un gioco nel gioco, in cui anche la disposizione grafica degli elementi sulla griglia di contenimento può consentire di trasportarne in quantità differenti (*Resident Evil 4*).

L'interfaccia grafica passiva fa invece riferimento a quegli elementi di gioco che non possono essere manipolati direttamente dall'utente senza compromettere l'integrità del gioco stesso. Questo tipo di interfaccia riguarda solitamente valori correlati allo stato del personaggio, come le vite a disposizione, il livello della barra di energia, il tempo rimanente o la sua posizione sulla mappa di gioco. Tali informazioni possono essere presentate in un'area ai margini dello schermo oppure all'interno della rappresentazione stessa, come accade, per esempio, in *Dead Space* di Electronic Arts (2008): la tuta del protagonista, ritratto di spalle, presenta vari indicatori che permettono di tenere sotto controllo altrettanti parametri, come una barra luminosa a tacche in prossimità della colonna vertebrale che indica lo stato di salute, mentre l'accesso ai file raccolti durante la perlustrazione avviene tramite proiezione olografica dal guanto cibernetico. In questo caso, ci troviamo di fronte a un'interfaccia grafica passiva invisibile, nel senso che, essendo integrata nella rappresentazione, non riduce l'area a disposizione della rappresentazione stessa. Tuttavia, è molto più frequente imbattersi in interfacce grafiche più invasive note come HUD (head-up display), che presentano tali informazioni tramite box in sovrimpressione, più o meno integrati con la rappresentazione, a seconda dell'importanza che assume la contestualizzazione dell'esperienza (avventure) rispetto alla necessità di fornire al giocatore un feedback chiaro e univoco sulla propria performance (giochi d'azione frenetici, RTS).

Sebbene l'eterogeneità dei parametri di gioco impedisca di definire uno standard per le interfacce grafiche, possono essere fatte alcune considerazioni di ordine generale che consentono di massimizzare le informazioni trasmesse evitando di interrompere la sospensione dell'incredulità. Il primo parametro, citato in tutta la manualistica, è noto come KISS ("Keep It Simple, Stupid"), ovvero la necessità di rendere le cose quanto più semplici possibili, in pratica una rilettura informatica del principio filosofico del Rasoio di Occam: "A parità di fattori, la spiegazione più semplice tende a essere quella esatta", una formula, usata anche in ambito investigativo e di problem solving, che si articola nei seguenti precetti:

- non moltiplicare gli elementi più del necessario;
- non considerare la pluralità se non è necessario;
- è inutile fare con più ciò che si può fare con meno.

Difatti, se è vero che tutte le informazioni alle quali il giocatore deve avere accesso per essere efficiente nel gioco devono essere mostrate su schermo, un numero eccessivo di informazioni presentate nello stesso momento genera solo grande confusione (come recita la legge di Hick: "il tempo necessario per prendere una decisione aumenta in proporzione al numero di alternative"). Per questo è importante ricorrere a diverse metodologie e seguire una determinata gerarchia, partendo dalle informazioni vitali per il proseguimento del gioco, come appunto la barra di energia, o l'ottenimento della chiave per uscire da un livello, per giungere progressivamente ai parametri di secondaria importanza, come la raccolta di oggetti che non rappresentano una risorsa scarsa.

Inoltre, l'uso del colore per indicare un cambiamento di stato è preferibile ai numeri e ai messaggi di testo. Una pratica piuttosto comune nei giochi d'azione è quella di rivestire di una pellicola rosso sangue la scena rappresentata quando l'energia è al limite, per far capire immediatamente al giocatore il suo status precario. E se è vero che all'interno del focus visivo l'occhio è sensibile al colore e alla forma, al di fuori di quest'area ristretta è più facile individuare i cambiamenti se questi si pongono in netto contrasto con gli elementi della rappresentazione: una tecnica per attirare istantaneamente l'attenzione del giocatore su un parametro che dovrebbe prendere seriamente in considerazione consiste nell'impiego di luci intermittenti (nei giochi di strategia è usata per indicare l'unità selezionata).

Tali considerazioni ci portano a un'altra regola fondamentale di design ovvero, quando esistono già delle convenzioni accettate a livello universale (anche sotto forma di rappresentazione iconica – come il simbolo del fulmine per indicare lo stato di carica di un dispositivo), è bene non stravolgere ma attenersi a quelle, in modo da facilitare la decodifica da parte del giocatore, di qualsiasi giocatore. Un concetto chiave, in questo senso, è quello di accessibilità, ovvero la capacità che deve avere l'interfaccia di consentire l'uso corretto a utenti dotati di competenze diverse (non solo di tipo linguistico) senza la necessità di particolari adattamenti o modifiche.

Altri principi universali del design da prendere in considerazione nello sviluppo di un'interfaccia grafica riguardano, per esempio, le leggi di vicinanza e di somiglianza, per le quali elementi vicini o simili vengono percepiti come correlati, riducendo di conseguenza il grado di complessità delle informazioni (per esempio, usando barre colorate adiacenti per rappresentare lo status dell'avatar); il principio della relazione uniforme, ovvero la percezione di una maggiore correlazione tra gli elementi collegati da proprietà visive uniformi, si rivela estremamente valido nei riguardi delle varie classi di oggetti: per essere più facilmente riconoscibili come tali, gli oggetti bonus dovrebbero presentare un colore tra quelli che compongono lo schema cromatico del simulacro del giocatore; per converso, tinte contrastanti con quelle del personaggio principale dovrebbero essere assegnate ai suoi antagonisti, in modo da poterli identificare molto più velocemente.

Per quanto riguarda le interfacce grafiche attive, in tutte le occasioni in cui la scelta di un'operazione possa compromettere l'esperienza di gioco dell'utente (come perdere un salvataggio) piuttosto che semplificare, si rivela opportuno inserire una richiesta di conferma prima che l'azione venga eseguita, in modo da evitare che, inconsapevolmente, il giocatore cancelli il file sbagliato. Infine, sebbene molti autori ritengano auspicabile una sempre maggiore personalizzazione delle interfacce di gioco da parte dell'utente, è bene ricordare come all'aumento della flessibilità di un sistema corrisponda una riduzione dell'usabilità, rendendo indispensabile scendere a compromessi, facendo attenzione al rapporto prestazioni-preferenze: non sempre il design che contribuisce a ottimizzare le prestazioni coincide con quello preferito dagli utenti...

Psicopatologia delle interfacce quotidiane

Nel libro *La caffettiera del masochista*, Donald Norman specifica i cinque principi di design fondamentali per la progettazione di oggetti funzionali – principi che si adattano perfettamente anche alle interfacce di controllo dei videogiochi:

- *Visibilità*: fare in modo che le parti e le informazioni rilevanti siano bene in mostra.
- *Mapping*: rendere chiara la relazione tra il sistema di controllo e le azioni su schermo.
- *Affordance*: riguarda le proprietà reali e percepite delle cose, fornendo così indicazioni sul loro funzionamento. In pratica, la forma deve invitare all'uso.

- *Vincoli*: prevenire che il giocatore compia azioni che non dovrebbe.
- *Feedback*: fornire all'utente un riscontro chiaro dell'azione compiuta e del risultato ottenuto.

Seguendo queste linee guida diventa possibile realizzare giochi meno incentrati sulla risoluzione di astrusi rompicapi o che richiedono destrezza con il sistema di controllo ma più focalizzati nella gestione del flusso di informazioni verso l'utente. I comandi principali devono essere evidenti e la loro funzione a livello hardware deve essere mappata il più naturalmente possibile con le funzioni nel gioco (come, per esempio, l'impiego del grilletto dorsale per sparare). Tramite l'interfaccia di controllo, le azioni del giocatore devono essere vincolate in modo da non generare confusione su come l'utente deve interagire. Inoltre, i giocatori devono ricevere un feedback che li rassicuri del fatto che l'input fornito è stato preso in considerazione dal sistema: tale feedback può essere mostrato attraverso le meccaniche (quando si preme un pulsante il simulacro compie un salto sullo schermo); se lo stato del gioco muta in maniera evidente non sono richiesti altri rinforzi; tuttavia ci possono essere casi in cui l'azione dell'utente non produce un risultato se non dopo un determinato lasso di tempo (come capita nei giochi di strategia), in questo caso diventa importante fornire un riscontro visivo e sonoro immediato.

Bilanciare il gioco

Un precario equilibrio

L'applicazione delle regole alla geografia del gioco determina quell'insieme di dinamiche che chiamiamo giocabilità. Tali dinamiche possono rivelarsi più o meno prevedibili, generando differenti forme di intrattenimento. Nel caso dei giochi d'azione, per esempio, si è disposti ad accettare di buon grado una maggiore prevedibilità, dato che l'interazione si concentra sull'intensità dello scambio di feedback. Nei giochi di strategia, al contrario, per evitare che il ritmo rarefatto dell'azione allontani dal monitor occorrono dinamiche che consentano l'emergere di linee d'azione sempre nuove e per questo imprevedibili, in modo da stimolare continuamente l'utente.

Abbiamo già visto come, dalle origini a oggi, il modello di interattività con le immagini che compaiono sullo schermo non si sia poi evoluto profondamente: si può evitare un oggetto, respingerlo da qualche parte o colpirlo (anche dalla distanza) per eliminarlo dallo schermo oppure raccoglierlo per usarlo in futuro (magari insieme a un altro oggetto) o migliorare il punteggio.

Anche le classi di oggetti, a dire il vero, si possono contare sulle dita di una mano: abbiamo quelli che hanno la funzione di chiavi (permettendo il passaggio di un livello o il superamento di un preciso ostacolo), quelli per ripristinare l'energia, armi e munizioni per eliminare gli avversari, oggetti bonus (power-up, smart bomb o semplici moltiplicatori di punteggio) e oggetti "malus" (trappole e proiettili vaganti). Ovviamente, perché questo semplice insieme di oggetti e operazioni si presenti in maniera allettante, occorre, oltre a un contesto di gioco interessante, una ancor più interessante impalcatura ludica, che abbiamo definito giocabilità e che abbiamo descritto in termini astratti, soffermandoci sull'importanza di un coerente sistema di regole e sanzioni. Per quanto indispensabile, questo non basta per incentivare il fruitore a giocare: la sfida deve presentarsi continuamente interessante e stimolante. Per raggiungere tale obiettivo il game designer deve continuamente ricalibrare il peso dei vari elementi ludici e le loro relazioni fino a quando non avrà raggiunto il giusto equilibrio, che i manuali di game design chiamano bilanciamento. Bilanciamento che deve essere presente in due modalità: statico (associato al sistema di regole e alla loro interazione, definisce lo stato iniziale di equilibrio prima dell'intervento del giocatore) e dinamico (riguarda la trasformazione dell'universo ludico in seguito all'interazione da parte del giocatore).

Bilanciamento statico

Abbiamo già accennato al fatto che, per essere divertente, un gioco deve comportare una serie di scelte interessanti. Scelte che, messe in fila una dietro all'altra, costituiscono la strategia di gioco. Per fare in modo che il giocatore sia incentivato ad adottare una strategia ludica adattiva, ovvero capace di applicarsi a un contesto in continua evoluzione, ogni linea d'azione deve presentare vantaggi e relativi svantaggi, di modo che ogni decisione presa dal giocatore sia conseguenza di quella precedente e non il frutto

completo di una pianificazione a priori. Uno dei problemi principali nella realizzazione di un videogioco riguarda infatti la strategia
dominante, cioè l'adozione di una linea d'azione che prevede una
successione di scelte sempre utili che rende vano l'impiego di una
scelta alternativa. In questo modo, il gioco esaurisce presto il suo
potenziale di intrattenimento. Chiaramente, ai fini di una corretta
interazione, il gioco dovrà mettere in evidenza come una data strategia possa rivelarsi superiore alle altre in determinate circostanze,
concedendo tuttavia al giocatore di poter sperimentare a piacimento, offrendo sempre una soluzione interessante, anche
quando la strategia alternativa non consente di ottenere i requisiti per soddisfare la condizione di vittoria.

Per ottenere un buon bilanciamento si può ricorrere alla simmetria, ovvero dotare ogni giocatore (compresi quelli artificiali)
delle stesse condizioni iniziali e delle stesse risorse (come
accade nel gioco degli scacchi o in qualsiasi disciplina sportiva
in generale). In questi termini, la simmetria garantisce che il
risultato finale del gioco dipenda solo dal livello di abilità raggiunto da ciascun giocatore. Il bilanciamento tramite simmetria
è più facile da ottenere nei giochi a struttura emergente, quelli
in cui il piacere dell'interazione è offerto dalla sfida con gli altri
giocatori, e il videogioco non rappresenta altro che l'arena per
il confronto.

Nel caso invece dei giochi a struttura progressiva, per capire
come impiegare la simmetria per bilanciare il gioco occorre fare
riferimento alle relazioni tra le risorse e gli elementi del gioco.
Esistono due tipi di relazioni simmetriche, transitive e intransitive. Il metodo più semplice per evitare che il giocatore si adagi
su una strategia dominante consiste nel porre l'enfasi sulle relazioni intransitive del tipo carta/sasso/forbice, che garantiscono
un equilibrio sempre dinamico fra le parti (tale metodo si rivela
funzionale anche nei giochi a struttura emergente: per esempio,
in *Tekken* il colpo batte la presa che batte la parata che batte il
colpo...). Questo tipo di relazione circolare tra gli elementi si
può applicare anche a situazioni più complesse, come quelle
offerte da un gioco di strategia come *Age of Empires II* (Microsoft, 1999), in cui la cavalleria, per esempio, si rivela efficace contro gli arcieri e le armi d'assedio, ma vulnerabile agli attacchi dei
soldati armati di lancia.

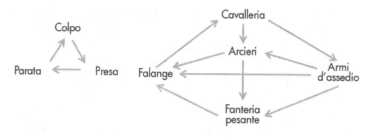

Maggiore complessità è offerta inoltre dal fatto che ciascuna unità richiede specifiche risorse e determinati tempi per essere armata e schierata, fattori a loro volta dipendenti dalla mappa del territorio e dal modello di civilizzazione scelto dall'utente. Tali considerazioni ci portano a esaminare le relazioni di tipo transitivo tra gli oggetti che, per rivelarsi interessanti ai fini del prolungamento dell'interazione, devono presentare dei costi opportunità, quelli che in economia si chiamano "trade-off", ovvero situazioni che implicano una scelta tra due o più alternative, in cui la perdita di valore di una costituisce un aumento di valore in un'altra. L'inserimento di trade-off impone l'adozione di una linea di pensiero a lungo termine da parte del giocatore: per esempio, in un gioco come *Tomb Raider*, per ripristinare la barra di salute si ricorre a medi-pack di due calibri, quelli grandi, che permettono di recuperare gran parte dell'energia, e quelli piccoli, che consentono di ripristinarne solo una porzione limitata; tuttavia, i medi pack grandi sono più rari, quindi è meglio conservarli per le occasioni in cui serviranno davvero.

La matematica del gioco

Per capire come differenti regole possano dar vita a differenti relazioni tra i personaggi del gioco, si può fare riferimento alla teoria matematica dei giochi che, sebbene concepita senza avere in mente i videogiochi, può aiutare il game designer a comprendere meglio i concetti di bilanciamento e strategia. Tale teoria matematica, sviluppata da Von Neumann nel 1944 e conosciuta come "Teoria dei giochi", riguarda il rapporto conflittuale fra due parti distinte, condotto secondo precise modalità. Lo scopo di tale teoria consiste nell'elaborazione di sequenze razionali di azioni. In quest'area circoscritta, il termine "gioco" denota una serie di eventi costituiti dalla successione di azioni da parte di due giocatori, A e B. Perché l'analisi matematica abbia luogo è indispensabile un insieme di regole formulate in modo non ambiguo, che tengano conto delle azioni (mosse) eseguibili in qualsiasi momento da ciascun giocatore, dell'informazione che ogni parte ha sul comportamento dell'altra, della successione delle mosse e del risultato finale ottenuto come effetto della totalità delle azioni eseguite da ciascuna parte. Avremo mosse personali quando le scelte (fra un numero definito di possibilità) o le esecuzioni sono coscienti, mosse casuali quando le scelte dipendono dal caso e non dal giocatore.

Se a ogni mossa ciascun concorrente è a conoscenza del risultato di tutte le mosse eseguite in precedenza, il gioco è detto a perfetta informazione. L'insieme di tutte le regole che determinano le scelte del giocatore in qualsiasi situazione di gioco ne rappresenta la strategia. Normalmente le mosse vengono effettuate a turni una per volta, tuttavia nulla risulta realmente cambiato se un giocatore sceglie anticipatamente tutte le proprie mosse. A seconda del numero di strategie possibili un gioco può essere finito o infinito. Se il gioco è ripetuto molte volte, la maggior vincita media possibile è garantita da una strategia ottimale: in linea di principio ne esiste una per ogni gioco finito; in pratica ci si deve spesso accontentare di strategie parziali, data l'impossibilità, per molti giochi, di sondare l'intero spettro delle possibilità di scelta (approfondendo solamente un certo numero di mosse).

Il risultato finale (vittoria e sconfitta) non sempre produce una rappresentazione quantitativa, tuttavia è solitamente possibile stilare una classifica in cui, per ogni concorrente, il risultato può essere rappresentato da un numero positivo o negativo ben definito. Un gioco viene detto a somma zero se la somma algebrica delle vincite è zero (un giocatore perde quanto l'altro vince, come nel caso di una scommessa; i giocatori hanno interessi opposti, pertanto può esserci solo competizione). Nei giochi a somma non zero i partecipanti non hanno interessi del tutto opposti e possono cooperare per raggiungere uno stesso obiettivo (per esempio, eliminare il nemico comune). Questa struttura prevede tensione continua tra cooperazione e competizione. L'esempio più famoso è noto come "Dilemma del prigioniero". Formalizzato negli anni '50 dal matematico Albert Tucker, il dilemma del prigioniero mette in scena due criminali accusati di rapina. Gli investigatori li arrestano e li chiudono in due celle diverse impedendo loro di comunicare.

A entrambi vengono date due scelte: confessare, oppure non confessare. Viene inoltre spiegato loro che: a) se solo uno dei due confessa, chi ha confessato evita la pena – l'altro viene però condannato a cinque anni di carcere; b) se entrambi confessano, vengono entrambi condannati a tre anni; c) se nessuno dei due confessa, entrambi vengono condannati a un anno. L'insieme dei risultati viene espresso nella seguente matrice:

MATRICE DEI RISULTATI	Confessa	Non confessa
Confessa	3//3	0//5
Non confessa	5//0	1//1

La scelta migliore sarebbe non confessare, ma entrambi i detenuti hanno paura del tradimento da parte dell'altro. La strategia dominante porterà quindi a confessare, creando un disagio maggiore per entrambi. Solo se il gioco viene reiterato, sulla base del principio "occhio per occhio", sarà possibile assistere alla cooperazione.

Per giochi semplici (somma zero, informazione completa, numero limitato di mosse) è possibile costruire matrici delle vincite che mostrino il risultato delle varie strategie possibili. Su questa base è possibile calcolare soluzioni ottimali del gioco (quando esistono) adottando tecniche come l'algoritmo minimax (costituito da una funzione di valutazione posizionale che misura la bontà di una posizione – o stato del gioco – e indica quanto è desiderabile per un giocatore raggiungere quella posizione; il giocatore fa poi la mossa che minimizza il valore della migliore posizione raggiungibile dall'altro giocatore – tecnica impiegata a livello di Intelligenza Artificiale per implementare, per esempio, gli stati di inseguimento e fuga).

L'importanza di questa teoria risiede soprattutto nella possibilità di costruire modelli per lo studio di realtà economiche, politiche e militari, e in tutti i casi in cui un conflitto di interessi possa (almeno in linea di principio) essere definito chiaramente. Ma la "Teoria dei giochi" ha anche il grande pregio di formalizzare con una certa efficacia molti aspetti dell'interazione ludica in termini di meccaniche di gioco.

Bilanciamento dinamico

Ogni gioco inizia in uno stato di equilibrio che rappresenta il bilanciamento statico. Quando il giocatore mette in moto gli eventi tramite l'interazione ecco che emerge il bilanciamento dinamico. Tale bilanciamento è passivo quando si mantiene il sistema in equilibrio continuando a riproporre la situazione iniziale (ovvero, appena il giocatore elimina un'ondata di avversari ne arriva subito un'altra) mentre è attivo se l'equilibrio viene mantenuto ribattendo alle azioni del giocatore adattando la difficoltà alle sue capacità (in alcuni beat'em-up, per esempio, il livello di combattimento degli avversari artificiali viene ricalibrato da un turno all'altro in base al ritmo con cui il giocatore preme i pulsanti e alla complessità delle combinazioni di mosse eseguite con successo). In entrambi i casi, l'intervento del giocatore si può manifestare in tre differenti modalità:

- *Distruggere l'equilibrio.* Il gioco presenta uno stato iniziale ordinato e il giocatore diviene la forza disgregante che sovverte tale equilibrio, facendo terra bruciata al suo passaggio. Tale modalità è quella più diffusa nei giochi a struttura progressiva: da *Super Mario Bros* a *Uncharted II*, passando per *GTA*, la storia del mezzo videoludico diventa il resoconto di una selvaggia devastazione degli universi di gioco da parte degli utenti.

- *Mantenere l'equilibrio.* Il gioco parte da uno stato di equilibrio, ma quando il giocatore comincia a interagire, emergono forze opposte che tentano di sovvertire tale ordine. Lo scopo del giocatore diventa dunque quello di prevenire il caos. Il caso più rappresentativo è dato da *Tetris*, ma anche *Asteroids* o il suo seguito spirituale *Geometry Wars* (Bizarre Creations, 2003) sono rappresentanti eccellenti di questo modello di bilanciamento.

- *Ripristinare l'equilibrio.* Lo scenario iniziale è caotico e sbilanciato a favore delle forze disgreganti. Il giocatore è chiamato quindi a riportare il sistema in equilibrio, ripulendo lo scenario o ricollocando ogni pezzo al suo posto, come accade per esempio in *Dead Rising* di Capcom (2006), dove i non morti rappresentano, almeno inizialmente, una forza soverchiante che tiene in scacco il centro commerciale in cui è rinchiuso il protagonista. Un esempio classico di ripristino dell'equilibrio è dato dalle tessere del gioco del *Quindici*, che devono essere allineate in maniera ordinata, o dal cubo di Rubik.

Sfide

Il bilanciamento dinamico è il frutto delle sfide offerte al giocatore, che costituiscono il presupposto per l'interazione. La sfida può essere esplicita o implicita, a seconda che sia immediatamente evidente (come nel caso di uno sparatutto), oppure emergente dalle caratteristiche del gioco (per esempio, come dividere le risorse o decidere quale unità schierare per prima in un gioco di strategia). Inoltre, le sfide si caratterizzano per il tipo di informazione veicolata. Nel caso di informazione perfetta, lo stato del gioco è sempre noto ai partecipanti e tale conoscenza ha effetto sulla performance, dato che il giocatore può usarla per implementare una determinata linea d'azione (per esempio, mantenere il risultato di vantaggio lasciando terminare il tempo a disposizione difendendo piuttosto che attaccando l'avversario). Quando, invece, l'informazione è imperfetta, ovvero solo parziale, al giocatore è richiesto di fare inferenze per decidere quale linea d'azione applicare. Il gioco da tavolo *Mastermind* è l'esempio perfetto di un modello di giocabilità dettato da tale istanza. Lo stesso vale per molti giochi di carte, e un esempio calzante in ambito videoludico è rappresentato dalla "fog of war" dei giochi di strategia in tempo reale, che nasconde al giocatore porzioni di mappa, precludendogli la possibilità di studiare la strategia avversaria. Facendo appello all'innata curiosità del genere umano, l'informazione imperfetta contribuisce in maniera determinante al coinvolgimento nell'universo di gioco.

Quando le informazioni per procedere con successo nel gioco sono estrapolate all'interno dell'universo ludico (per esempio i tasti da premere in un rythm game) parliamo di conoscenza intrinseca, che si contrappone a quella estrinseca: un tipo di conoscenza ottenuta da fonti esterne, come l'esperienza quotidiana, che ci insegna, per esempio, che il ghiaccio si scioglie con il calore – permettendoci così di risolvere un enigma all'interno di un'avventura.

Le varie sfide si caratterizzano poi per la presenza di obiettivi primari (correlati al raggiungimento della condizione di vittoria) e secondari (che servono a frammentare l'interazione e aumentare la complessità), che siamo in grado di individuare in almeno cinque categorie fondamentali.

Raggiungere qualcosa per primi. Sia questa una linea di traguardo – come nei giochi di corse, un punteggio finale superiore (nelle simulazioni sportive), o il raggiungimento di un dato obiettivo in un lasso di tempo ben definito (i boss finali di *Resident Evil* ma anche il *Prince of Persia* originale).

Esplorare/occupare dei territori. In quest'ottica, il videogioco presenta il suo ambiente come uno spazio conteso, che il giocatore deve conquistare sia dal punto di vista cognitivo sia operativo. In questo senso, occupare un territorio significa innanzitutto dominarne la conoscenza topografica. La progressione (irta di pericoli) verso l'acquisizione del sapere avviene per gradi definiti, e culmina con un confronto finale, punto di incontro di tensioni che mettono in discussione le competenze ottenute durante il percorso interattivo.

Scoprire/ottenere (ed eventualmente collezionare) un oggetto. Questa categoria compare frequentemente come collaterale della prima e della seconda e gli oggetti (spesso dalla funzione di chiavi) possono essere usati subito o possono essere archiviati per un uso futuro in congiunzione con altri oggetti. Gli oggetti all'intero di un gioco possono essere descritti sia in termini di attributi (le proprietà che determinano la loro essenza) sia di comportamenti (la funzione che assolvono). Inoltre esistono delle relazioni tra gli oggetti che consentono di definire il loro peso all'interno del gioco quando avviene un cambiamento nel sistema. I comportamenti degli oggetti devono essere governati da regole che definiscono quando questi entrano in funzione (per esempio, un oggetto non può essere raccolto se l'inventario è pieno). Gli oggetti possono essere suddivisi in varie classi a seconda della funzione assolta: medi-kit/vite (per ripristinare energia); armi/munizioni (per eliminare ostacoli dinamici); oggetti di scambio (per interagire con NPC); oggetti (singoli o composti) per la risoluzione di un rompicapo o progredire nell'esplorazione (chiavi); oggetti bonus e power-up. All'interno di ciascuna classe, gli oggetti si differenziano per le seguenti proprietà:

- *Integrali*: indispensabili per il funzionamento del gioco, definiscono la classe di appartenenza (per esempio, le erbe verdi in Resident Evil permettono di ripristinare l'energia).
- *Accessorie*: aumentano il divertimento a livello strategico ma non sono fondamentali (in combinazoine con l'erba rossa, l'erba verde consente di ripristinare interamente lo stato di salute).
- *Sostitutive*: offrono una scelta identica, possono variare in relazione al contesto (lo stesso effetto del mix di erbe si ottiene usando una bomboletta di spray medico).

Risolvere un enigma. In questa classe possiamo distinguere tre diverse sottocategorie:

- *Enigmi di tipo logico/matematico*: come i puzzle e i rompicapi di enigmistica pura; lo scopo del puzzle è quello di arrivare alla soluzione partendo da un particolare insieme di condizioni iniziali. A livello di game design, consentire di "annullare" e "ripetere" una mossa permette al giocatore di sperimentare nuove alternative, con la consapevolezza che, se non funzionano, si può tentare un'altra strada. Questo permette un approccio investigativo empirico piuttosto che strategico. Chiaramente la reversibilità non è applicabile nelle sfide con un altro avversario proprio perché lo si priva del trarre vantaggio da un errore commesso. Quando possibile, è preferibile evitare limiti di tempo che obbligano il giocatore a ricominciare dall'inizio; piuttosto, una traccia del tempo può essere un parametro per influenzare il punteggio finale.
- *Enigmi investigativi*: relativi alla scoperta, all'analisi e alla manipolazione degli oggetti – devono incoraggiare il giocatore a proseguire nell'esplorazione dell'universo ludico. A livello di game design si applicano alcune regole per integrare con successo questi enigmi all'interno del ritmo di gioco. Per esempio, nelle battute iniziali devono essere inseriti rompicapi in grado di generare soddisfazione immediata, evitando così di suscitare la frustrazione dell'utente che si accinge a fruire per la prima volta una determinata opera. In secondo luogo, i rompicapi devono essere facilmente individuabili e riconosciuti per quello che effettivamente sono. Inoltre, l'area di indagine deve essere limitata attorno al puzzle e tutti gli elementi che servono alla risoluzione devono trovarsi nelle vicinanze; in questo modo il

giocatore non avrà la tentazione di ripercorrere a ritroso le aree già esplorate nella speranza di recuperare un indizio passato inosservato durante il tragitto. Per creare maggiore coinvolgimento, i vari enigmi devono essere concatenati: la risoluzione di uno deve fornire indizi per arrivare all'enigma successivo. Non potendo però prevedere quale rompicapo il giocatore non sarà in grado di risolvere, è importante offrire sempre una scelta: se il giocatore non riesce a superare l'enigma A, potrà comunque avere successo con l'enigma B e, siccome questi sono collegati tra loro, tale conquista gli permetterà di avere nuovi indizi per tornare a risolvere l'enigma A. Tutto ciò non significa necessariamente dover rinunciare alla linearità: anzi, l'incontro con l'enigma deve avvenire in maniera logica, ricorrendo a elementi contestuali all'interno di una determinata scena o facendo appello al senso comune (come manipolare le valvole per far defluire l'acqua da una piscina e accedere a un ingresso segreto sul fondo della vasca, come accade in *Resident Evil*): difatti il metodo per ottenere una maggiore gratificazione nel giocatore alla risoluzione di un enigma consiste nel lasciargli usare la propria conoscenza del mondo reale.

- *Enigmi di movimento*: sono relativi all'uso degli elementi dello scenario per riuscire a passare da un'ambientazione all'altra. Ciò che caratterizza gli enigmi di movimento all'interno delle varie produzioni ludiche riguarda prima di tutto la presenza di ostacoli, che impediscono di procedere oltre; in secondo luogo, si richiede al giocatore di ispezionare la zona circostante alla ricerca di indizi; l'ultimo passaggio riguarda una minima operazione logica necessaria per intuire come raggiungere il proprio obiettivo. I rompicapi che fanno parte di questa famiglia possono essere ricondotti a due classi principali: enigmi di movimento "acrobatici", nel senso che al giocatore viene richiesta una prova di grande abilità con il sistema di controllo; ed enigmi di movimento "ambientali", che richiedono l'impiego di elementi dello scenario per riuscire a superare un determinato passaggio.

Sopraffare/eliminare gli avversari. Visto che la diplomazia ha delle routine troppo complesse da implementare a livello di Intelligenza Artificiale, l'eliminazione fisica di chi ostacola il cammino del giocatore verso la meta rimane l'unica alternativa.

Se è vero che in giochi come *Pong* l'obiettivo è uno solo – raggiungere il punteggio più alto per primi, già *Pac-Man* presenta una complessità superiore, nel senso che, per ottenere il punteggio più elevato è necessario ripulire il labirinto di pallini (attività che rientra nella categoria di esplorazione/occupazione di un territorio) e, nel fare questo, è possibile eliminare gli avversari ingoiando una delle quattro pillole giganti (operazioni che rientrano nelle categorie ottenere un oggetto ed eliminare gli avversari). Nel caso di un gioco come *Tomb Raider* – che, in generale, si concentra sull'esplorazione di caverne e templi – ritroviamo presenti tutti questi obiettivi. Riuscire a procedere è una questione di risoluzione di enigmi (acrobatici, ambientali, di investigazione e puzzle), di ritrovamento di determinati oggetti, di sopraffazione degli avversari e di raggiungimento di luoghi precisi nel minor tempo.

Competenze e abilità del fruitore

Individuati gli scopi, il nostro compito ora è quello di verificare le competenze richieste al giocatore per soddisfare i requisiti dell'interazione. Innanzitutto all'utente viene chiesta la capacità di interagire con l'interfaccia, ossia di saper utilizzare in maniera corretta una periferica di controllo per poter effettuare scelte e azioni pertinenti durante la partita. In secondo luogo, il giocatore deve essere in grado di mettersi in relazione con quanto accade durante l'interazione, ovvero accettare il sistema di regole esplicite (relative alla mappatura del sistema di controllo, la gestione delle risorse e l'ottenimento della condizione di vittoria) e quello di regole implicite (distinguere i "buoni" dai "cattivi", evitare i proiettili degli avversari, scegliere tra diverse opzioni quella che ritiene più adatta al raggiungimento di un obiettivo). L'ultima classe di competenze riguarda invece la capacità di valutare il sistema di sanzioni positive e negative che sono la conseguenza di un determinato tipo di fruizione.

Questo genere di competenze rientra in quello che, parafrasando Umberto Eco (1979), costituisce il dizionario di base del giocatore modello. L'enunciazione del testo videoludico è però la manifestazione di istanze pragmatiche, che corrispondono al livello di abilità individuale di ciascun giocatore previsto durante la performance.

Ogni gioco richiede infatti al proprio utente determinati sforzi cognitivi (e solo limitatamente fisici) per poter superare con successo le sfide proposte. Generalizzando, anche in questo caso, riusciamo a distinguere quattro abilità fondamentali, che spesso si trovano combinate all'interno dei singoli prodotti videoludici:

- *Tempo di reazione.* Abilità di tipo visivo-motorio, consente di rispondere nel minor tempo possibile agli input che compaiono su schermo; viene richiesta soprattutto da generi di gioco caratterizzati da un'elevata frequenza di feedback, come gli sparatutto e i giochi di guida.

- *Consapevolezza spaziale.* Abilità richiesta per navigare attraverso gli universi di gioco, permette di discriminare tra i vari elementi presenti nell'ambiente e di riorganizzarli a seconda delle esigenze (*Tetris*) ma anche di orientarsi su una mappa (*Pac-Man*), oppure di raggiungere una determinata destinazione nei giochi di esplorazione (*Tomb Raider*).

- *Microgestione.* Altra abilità di tipo logico-spaziale, si ritrova soprattutto nei giochi di tipo gestionale, che richiedono l'amministrazione di varie risorse (*SimCity*), ma anche nelle sfide basate su relazioni transitive, che sollecitano il giocatore a prendere in considerazione gli effetti di diversi parametri prima di operare una scelta (non necessariamente quella che immediatamente massimizza il risultato).

- *Riconoscimento di pattern.* Abilità di tipo mnemonico-ritmico, ha a che fare con l'apprendimento di sequenze di azioni (come la pressione di diversi tasti sul controller) che devono essere opportunamente ripetute in maniera ritmica; sono di esempio i picchiaduro e i vari giochi musicali, che richiedono al giocatore di non riflettere sulle azioni che sta compiendo ma di rispondere agli input tramite automatismi sviluppati con l'interazione.

Uno dei motivi per cui non ha più senso parlare oggi di diversi generi di gioco risiede proprio nel fatto che le abilità richieste non si presentano più in maniera così netta. Se è vero infatti che giochi come *Halo* continuano a riproporre la struttura archetipica del tiro al bersaglio, in realtà il successo non si fonda solo sulla buona mira e la rapidità di sparo, ma anche sulla conoscenza perfetta della mappa di gioco, che a sua volta implica la possibilità di muoversi ritmicamente all'interno dello scenario, come se si trattasse di una danza piuttosto che di una fuga scoordinata.

La struttura di gioco classica

La scelta giusta

Per descrivere gli elementi che rendono un gioco memorabile, Noah Falstein (in Rabin, 2005) parafrasa la famosa sentenza di Meier in questo modo: "Un grande gioco consiste in una serie di scelte interessanti e significative compiute dal giocatore nell'inseguire un obbiettivo chiaro e avvincente". Senza possibilità di scelta un gioco non è interattivo e una singola scelta (come testa o croce) non è abbastanza interessante per essere considerata un gioco. Così come una serie di sequenze animate senza scelta è un film, una serie di scelte senza un obiettivo è un giocattolo ("toy") e non un gioco ("game"). In giochi come *The Sims* manca un obiettivo chiaro; tuttavia, data la natura particolare della simulazione, che fa riferimento alla gestione dell'ambito familiare e delle relazioni sociali, i giocatori proiettano le proprie aspirazioni personali e la loro conoscenza del mondo reale all'interno della simulazione, trasformando il "toy" in "game".

Un'esperienza poi diventa significativa quando è correlata in maniera positiva agli obiettivi individuali: se un giocatore è portato a credere che, per raggiungere un determinato obiettivo, un'opzione sia migliore di un'altra, allora ha compiuto una scelta significativa. Il significato è tutto nella testa del giocatore e il compito del game designer è quello di fornire le indicazioni corrette per creare tale significato. Al contrario, se due oggetti differenti, con funzioni altrettanto differenti, non vengono percepiti come differenti dal giocatore, allora anche la scelta smette di avere un significato.

Infine, per quanto riguarda l'obiettivo, è palese che, se non è avvincente, difficilmente riuscirà a ottenere attenzione, ma è decisivo che sia anche definito chiaramente: i giocatori che non hanno idea di quello che devono compiere diventano presto annoiati o frustrati dal gioco.

Fatte queste premesse, la struttura di gioco più semplice è quella che non presenta alcun tipo di scelta oppure in cui l'insieme di scelte non è interessante, nel senso che ogni azione compiuta dal giocatore produce comunque sempre la stessa risposta. All'opposto, un numero di scelte potenzialmente infinite non è gestibile in termini di sviluppo. La sfida maggiore per un game designer è dunque quella di riuscire a strutturare le restrizioni in modo che sembrino naturali e trasparenti nei confronti del giocatore. Un metodo usato dalle avventure grafiche delle origini è quello in cui una sola alternativa è valida, le altre portano a morte certa o non producono alcun effetto, richiedendo di ripetere l'interazione. Chiaramente anche questa si rivela una struttura senza scelta, come ampiamente dimostrato da produzioni come *Dragon's Lair*.

Dopo anni di tentativi ed errori si è arrivati a sviluppare una struttura più o meno condivisa, che Falstein definisce appunto "classica", che parte da un insieme ristretto di scelte che man mano si apre a nuove scelte che, gradualmente, il sistema di regole e l'ambientazione ridimensionano fino a riportare il numero d'opzioni a un insieme ristretto o, addirittura, a una sola azione, che il giocatore deve compiere per riuscire a proseguire. Il modo migliore per rendere questa transizione naturale è quella di fare in modo che le condizioni di gioco la rendano quasi inevitabile.

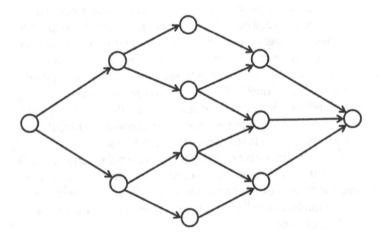

Questo tipo di struttura si ritrova in gran parte dei giochi tradizionali, come gli scacchi, in cui un numero limitato di mosse iniziali esplode per poi contrarsi nuovamente verso la fine della partita. Nei videogiochi questa struttura viene solitamente reiterata tra un livello e l'altro: quando il giocatore entra in una nuova area il campo di scelte è piuttosto ristretto; man mano che esplora l'ambiente il numero di scelte si amplia fino ad arrivare a ottenere le competenze che gli consentono di accedere al confronto con il boss che rappresenta il collo di bottiglia per raggiungere il livello successivo. Tale modello è presente anche in scala "frattale": mentre nei livelli iniziali, infatti, il numero di scelte è limitato rispetto a quello dei livelli successivi e i compiti sono più semplici per fare in modo che il giocatore prenda confidenza con il gioco stesso, nei livelli finali il numero di scelte può essere drasticamente ridotto per dargli la possibilità di concentrare la propria attenzione solo sul raggiungimento dell'obiettivo conclusivo.

Un buon gioco, inoltre, non rende mai i colli di bottiglia eccessivamente frustranti o improvvisamente inevitabili, lasciando sempre un certo margine di scelta, cioè offrendo al giocatore la possibilità di tornare sui propri passi fino a quando non viene attivata la sequenza che dà inizio al confronto con il boss, dando così l'opportunità di continuare a recuperare un numero sempre maggiore di risorse oppure di migliorare le proprie abilità per prepararsi al combattimento con maggiore consapevolezza. Prevedendo sezioni in cui il numero di scelte è vasto, questa struttura offre libertà al giocatore; allo stesso tempo, le sezioni in cui una serie di azioni deve necessariamente essere effettuata in sequenza, restringendo il campo delle possibilità, permette al game designer di inserire importanti elementi narrativi o introdurre nuovi strumenti o proprietà del gioco.

Incremento ondulatorio

Per comprendere l'efficiacia della struttura di gioco classica, Falstein ricorre proprio al concetto di flusso sviluppato da Csikszentmihalyi. Nel passaggio dalla consapevolezza allo stato di flusso, il giocatore parte da una base relativamente striminzita di abilità e un basso livello di sfida. Man mano che il gioco procede e le sue abilità incrementano, il giocatore va alla ricerca di un livello di sfida progressivamente più elevato; tuttavia, se la sfida diventa troppo difficile tutto d'un tratto, la frustrazione comincerà a generare

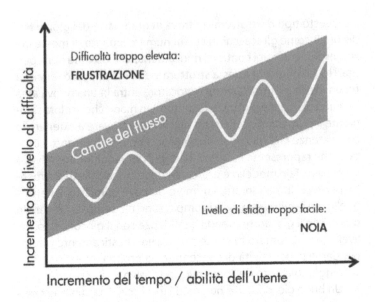

Incremento del livello di difficoltà

Difficoltà troppo elevata:

FRUSTRAZIONE

Canale del flusso

Livello di sfida troppo facile:

NOIA

Incremento del tempo / abilità dell'utente

ansia nell'utente; allo stesso tempo, se viene a mancare un aumento del livello di difficoltà col progredire dell'esperienza, la noia prenderà il sopravvento. Il "sentiero" in mezzo a questi due estremi viene definito da Csikszentmihalyi il canale del flusso.

Un buon gioco, dunque, è quello che presenta una difficoltà che incrementa con il passare del tempo, in corrispondenza con l'aumento dell'abilità del giocatore. Ma piuttosto che muoversi in linea retta, è importante fare in modo che il livello di difficoltà segua un andamento ritmico a forma d'onda: ovvero presenti momenti in cui la difficoltà incrementa velocemente seguiti da altri in cui il livello di difficoltà incrementa più lentamente o, addirittura, diminuisce (come quando si comincia un nuovo livello in una nuova ambientazione). Questo ritmo ondulatorio offre al giocatore la possibilità di riprendere il fiato dopo una sfida particolarmente impegnativa, consentendogli di apprendere nuove abilità oppure di migliorare quelle di cui è già in possesso senza dover subire la frustrazione di un imminente fallimento. I picchi di difficoltà possono corrispondere ai colli di bottiglia della struttura, in cui il numero di scelte è limitato mentre, durante le fasi in cui il giocatore si trova ad avere davanti a sé molte più opzioni, il livello di difficoltà può incrementare più lentamente, oppure calare, inserendo aree bonus o zone in cui recuperare più risorse.

Questo alternarsi di sezioni dal ritmo più intenso ad altre più tranquille, organizzate sequenzialmente lungo una serie di variazioni sul tema si applica anche in altri contesti di intrattenimento, come la musica (sinfonica e rock), la letteratura e il cinema.

I partecipanti

Uno contro tutti

Il numero di giocatori che partecipa all'interazione è un'importante discriminante nello sviluppo di un software di intrattenimento. E se è vero che sempre più giochi in cui la modalità principale è in solitario offrono anche complete modalità multi-giocatore, può non esistere un rapporto di continuità tra le due esperienze, pur condividendo mappa e personaggi. Come abbiamo già fatto notare, nella modalità in singolo il game designer deve riuscire a intrattenere il giocatore puntando sulla creazione di uno scenario intrigante e dando vita ad avversari credibili, in grado di presentare un livello di sfida adeguato mentre tale sfida, nelle modalità multiplayer, è offerta innanzitutto dalla presenza di giocatori dalle differenti abilità, e l'intervento del game designer deve limitarsi alla creazione dell'ambientazione e delle regole del gioco. Per questo, un prodotto che nasce per essere affrontato da più giocatori umani difficilmente sarà altrettanto appassionante fruito in singolo, così come la modalità multigiocatore di un gioco caratterizzato dalla forte componente narrativa sarà in grado di offrire solo una visione parziale dell'esperienza ludica complessiva. Tuttavia, con il tempo sono andate affermandosi modalità ibride, come la cooperazione all'interno di una stessa vicenda (*Gears of War*, *Resident Evil 5*), che riescono a catturare il meglio dei due mondi.

A eccezione di alcuni rarissimi casi (*Tetris*), il giocatore non è mai solo sullo schermo. Contemporaneamente possono agire altri giocatori (certe versioni di *Tetris* prevedono comunque la sfida a due) oppure possono intervenire i personaggi controllati dal computer chiamati NPC. Queste entità sintetiche distinte dal simulacro del giocatore rientrano nel campo d'indagine dell'Intelligenza Artificiale. Per quanto possa sembrare fuori luogo, le creature artificiali che popolano i mondi digitali dei videogiochi odierni hanno come progenitori proprio questi giocatori altrettanto artificiali di scacchi e dama che oggi rappresentano uno dei settori più evoluti della ricerca nel campo dell'Intelligenza Artificiale. Ma che cos'è l'Intelligenza Artificiale e perché è così importante per il nostro passatempo preferito? In quanto disciplina scientifica, l'Intelligenza Artificiale (da adesso "IA") si pone come scopo la comprensione delle entità intelligenti; a differenza della filosofia e della psicologia, l'IA cerca di costruire tali entità oltre a studiarle. Nel nostro caso, lo studio di sistemi di IA riguarda la creazione e la gestione di Non Playing Characters (NPC), programmati per agire razionalmente all'interno della struttura di gioco, quindi in un ambito ristretto, limitato alla risoluzione di problemi determinati all'interno di contesti specifici ben delineati. "L'IA è un modo per far fare ai computer cose che sembrino intelligenti". Questo è il pensiero di Peter Molyneux. Un abisso infatti separa la ricerca accademica dalle applicazioni ludiche: di fatto, nei videogiochi, il termine IA è utilizzato in maniera impropria. Come precisa Sid Meier: "Non ci sono trucchi, macchine pensanti o simulazioni del pensiero umano che tengano. Il game designer deve imparare a giocare meglio di tutti i suoi giocatori, sviluppare la strategia migliore possibile e implementarla nella macchina."

Storicamente, l'evoluzione del percorso videoludico dell'Intelligenza Artificiale potrebbe essere assimilata alla lotta per l'emancipazione degli oggetti del tiro al bersaglio. Infatti, in titoli come *Space Invaders* non può certo essere definito "intelligente" il ripetitivo ondulare tra i bordi dello schermo e la discesa sempre più rapida della flotta nemica. A distinguere una partita dall'altra è solo la pioggia di proiettili nemici generata casualmente. Per non parlare di *Pac-Man*, il cui successo è da attribuire proprio al fatto che i quattro fantasmini si muovono secondo schemi ben definiti che il giocatore provetto conosce a memoria.

Una delle prime forme di Intelligenza Artificiale si ritrova nei giochi che adottano la tecnica dello scrolling direzionale. L'introduzione di schermate in successione, rispetto ai quadri statici, pone difatti una nuova sfida agli sviluppatori. Un NPC entra in azione solo quando il giocatore raggiunge una certa distanza "di sicurezza", il che spesso coincide con l'ingresso in una nuova schermata. Certo, non si può ancora parlare di comportamento intelligente ma, gradualmente, i personaggi gestiti dalla macchina sembrano acquistare "indipendenza" o, perlomeno, il lievitare delle regole di comportamento fa sembrare le loro azioni sempre più simili a gesti "consapevoli".

Sistemi esperti e reti neurali

La maggior parte delle IA più evolute che si trovano nei giochi in commercio è basata su sistemi esperti, raramente (e con risultati non sempre esaltanti) su reti neurali. Un sistema esperto tenta, attraverso l'impiego di tecniche dichiarative, di catturare il dominio di conoscenze proprie di un esperto umano in un settore specifico. La risoluzione di un problema viene affrontata con un approccio dall'alto verso il basso, andando alla ricerca delle corrispondenze presenti nel corpus di conoscenze immagazzinate nel database. Un sistema esperto è relativamente semplice da programmare e da modificare: il rovescio della medaglia è che un'IA di questo tipo si rivela poco flessibile e un avversario umano determinato riuscirà a prevederne regolarmente le azioni.

Una rete neurale, invece, è composta da unità (dotate di un livello di attivazione) e connessioni (ognuna delle quali ha un peso associato a essa). Le unità connesse con l'ambiente esterno possono essere di input o di output. Dato un input sensoriale, la rete è in grado di produrre l'output corrispondente. Per fare ciò non è necessario un controllo globale: ogni unità esegue una computazione locale basata sugli input delle unità vicine (adottando dunque un approccio dal basso verso l'alto).

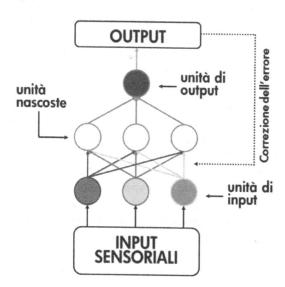

Ovviamente, generi videoludici diversi prevedono differenti sistemi di IA. Tuttavia esistono alcuni metodi standard - che risalgono all'alba del settore video ludico – che, nelle loro forme più evolute, vengono tuttora impiegati. Gli algoritmi più semplici da implementare sono i cosiddetti algoritmo di inseguimento e algoritmo di fuga: fanno sì che un oggetto del gioco insegua il giocatore o se ne allontani. In entrambi i casi è necessario conoscere sia la posizione dell'oggetto in questione sia quella del simulacro principale.

Un altro metodo, impiegato intensamente dai pionieri del game design, riguarda l'uso di modelli che tentano di simulare il movimento di una creatura tramite campionamento. In questo modo il comportamento degli NPC consiste semplicemente nell'esecuzione di un modello preregistrato. In un sistema di IA di questo tipo possono essere inseriti diversi modelli, attivati in base alla posizione del giocatore e selezionati casualmente per ogni entità, per creare situazioni di gioco più complesse e imprevedibili.

Macchine a stati finiti

È notte. Il soldato compie il suo consueto giro di ronda. Il suo campo visivo è limitato dalla stretta apertura per proteggerlo dal freddo, ma il suo udito non lo inganna. Qualcuno si è mosso dietro a quelle casse, ha sentito dei passi calpestare una pozza d'acqua. Il soldato devia dal suo percorso: avvicinandosi alla sorgente del rumore scorge una sagoma che si sta accovacciando e si allarma: corre a ispezionare segnalando l'intrusione. Gira inutilmente per un minuto attorno alla zona prima di ritornare al proprio posto. Anche i commilitoni sono tornati in posizione. L'intruso esce dal nascondiglio e si dirige di soppiatto alle spalle del soldato, ma manca l'attimo della presa. Il soldato, allora, ruota di scatto, lanciando di nuovo l'allarme e colpendo l'intruso con il calcio del fucile. L'intruso cade all'indietro e la nostra guardia comincia a sparare in attesa dei rinforzi. L'intruso non cede sotto i colpi del fucile e, anzi, mette a segno con precisione una dose di tranquillante nella gamba del soldato, che cade in un sonno profondo e, senza accorgersi di nulla, viene trascinato e nascosto in un angolo buio. È stato fortunato, sarebbe potuto annegare nell'acqua ghiacciata, ma l'intruso forse sapeva che, se lo avesse eliminato fisicamente, un clone avrebbe preso il suo posto, così, invece, il numero di sentinelle da evitare è diminuito di un'unità. Questo è il resoconto dei primi minuti di *Metal Gear Solid* dal punto di vista dello spettatore che assiste alla scena. In termini di Intelligenza Artificiale ci troviamo invece di fronte alla descrizione del comportamento di una Macchina a Stati Finiti. Una MSF è una macchina, simulata via software, in grado di passare da uno stato all'altro in base all'input ricevuto. In questo senso le transizioni di stato possono avvenire in accordo con una serie di variabili relative all'ambiente di gioco. È possibile ottenere una MSF guidata dall'ambiente così definita:

• se il giocatore è vicino, l'NPC passa allo stato codificato dal modello;

• se il giocatore non è vicino, l'NPC gli dà la caccia utilizzando lo stato inseguimento;

• se il giocatore sta colpendo l'NPC, questo passa allo stato fuga;

• se non si verifica nessuna di queste condizioni è attivato uno stato di movimento casuale.

A livello descrittivo, i vari stati che le creature artificiali possono assumere possono essere ricondotti ad alcune categorie fondamentali, attivate in base all'interazione del giocatore.

Inconsapevole. I nemici che non sono consapevoli della presenza del giocatore possono manifestare due stati, in guardia (soldati appostati) o di ronda (soldati in movimento). Gli avversari di ronda seguono determinati schemi di movimento o attività, dando al giocatore la possibilità di osservare i loro comportamenti per decidere il momento migliore per agire.

In allerta. Hanno avvertito la presenza del giocatore ma non la sua posizione. Lo stato di allerta può essere attivato in quattro modi: contatto visivo, contatto uditivo, attivazione di un allarme, scoperta di un corpo. Quando un avversario è in allerta cambia il proprio set di azioni. Per esempio, può attivare una modalità di ricerca, per stanare il protagonista. Dopo un determinato periodo di tempo, il nemico in allerta torna a essere inconsapevole.

Attivo. Il giocatore è stato localizzato e possono darsi le seguenti modalità di azione: caccia, l'avversario si muove verso il giocatore; attacco; protezione (non attacca il giocatore ma difende una postazione); fuga, i nemici feriti possono allontanarsi dallo scontro per recuperare le energie; chiamare i rinforzi, l'avversario mette in allerta i suoi alleati; modalità berserk, l'avversario combatte come un pazzo fino alla fine.

Addormentato. Il giocatore ha momentaneamente messo fuori combattimento l'avversario, che non può compiere alcuna azione. Quando scade il tempo, l'avversario riparte in modalità allerta per poi tornare alla ronda, a meno che non individui il protagonista.

Morto. Un avversario sconfitto o deceduto in azione può scomparire dallo schermo o rimanere un cadavere che mette in allerta gli alleati.

Una condizione ulteriore che è possibile aggiungere riguarda il controllo preventivo dello stato. In altre parole, in base al valore di qualche variabile o funzione, la MSF è in grado di cambiare stato prima che il raggiungimento di quello corrente venga portato a termine. Se una quantità sufficiente di fattori viene soddisfatta durante l'esecuzione di uno stato, la MSF esce da tale stato. Perché l'ambiente di gioco risulti più coinvolgente è necessario che creature differenti svolgano ciascuna determinate azioni. Possono così esistere molteplici stati e le probabilità che ciascuno di essi venga attivato variano da creatura a creatura. Per ogni entità dovremo dunque stabilire una tabella che codifichi, per ogni azione possibile – rappresentata da uno stato nella MSF –, la probabilità percentuale di essere eseguita rispetto alle altre.

Una conquista relativamente recente riguarda la possibilità di dotare ogni singola creatura di memoria e apprendimento, fornirla, cioè, della capacità di usare l'esperienza del passato per risolvere nuovi problemi unita alla capacità di ricevere e interpretare le informazioni. Per fare ciò è possibile tenere una traccia del valore di qualche variabile e usarlo nelle funzioni di selezione e implementazione degli stati. Per esempio, si può assegnare a ogni creatura una mappa interna dell'ambiente di gioco. Nel caso in cui una creatura si sia trovata in precedenza in una stanza ricolma di cadaveri di altri NPC, si può fare in modo che la sua aggressività aumenti al successivo ingresso.

Parallelamente alla creazione di creature dal comportamento sempre più complesso, la nuova sfida dell'IA consiste nell'adattamento del sistema alle capacità del giocatore, questo comporta innanzitutto la scomparsa dei livelli di difficoltà, calibrati in risposta alla destrezza dell'utente.

In ogni caso, il segreto per ottenere una stupefacente IA è da ricercare nelle disposizioni del giocatore: in un contesto fittizio (ma anche in tutte le situazioni incomplete o ambigue) siamo disposti a riempire le fratture tramite l'esperienza personale per cui, se ci troviamo a essere attaccati alle spalle da un'unità nemica mentre la battaglia infuria su tutt'altro fronte, saremo portati a pensare a un deliberato tentativo di attacco a sorpresa, quando in realtà può benissimo trattarsi di una routine precalcolata.

La vita dietro lo schermo

Una macchina a stati finiti può prevedere un numero anche elevato di comportamenti ma sarà sempre inadeguata per affrontare l'imprevisto e adattarsi alle circostanze. Ecco perché un giocatore preparato, dopo aver assimilato i rudimenti dell'interfaccia di controllo e intuite le meccaniche del sistema di IA, riuscirà ad avere sempre la meglio. Per sopperire a questo inconveniente, alcune software house, oltre a coltivare un rinnovato interesse verso le tecniche più sconsiderate di Intelligenza Artificiale, sono state attirate da una nuova sfida: la Vita Artificiale.

A detta di Chris Langton, ritenuto il fondatore della disciplina, la Vita Artificiale nacque nel dicembre del 1971: sebbene costretto a lavorare fino a notte fonda, prima di lasciare il laboratorio Langton si concedeva una partita con un gioco creato quasi per scherzo l'anno precedente dal matematico John Horton Conway e dal collega Bill Gosper – Life – un solitario che procede per passi, ognuno derivato da quello precedente in base a due regole fondamentali:

- all'interno della griglia (che rappresenta l'ambiente) una casella si attiva se sono attivate tre delle sue vicine;
- una casella rimane attiva solo se sono attive due o tre delle caselle vicine, altrimenti si spegne.

Per Langton il fatto sconvolgente era che particolari configurazioni di caselle attive potessero continuare a svilupparsi dando vita a strutture più o meno complesse. La griglia di Life diventava un universo miniaturizzato in continua evoluzione. Qualcosa di vivo esisteva all'interno della macchina e di colpo ogni distinzione fra l'hardware e il processo smise di avere un senso. Come l'Intelligenza Artificiale nasceva dal bisogno di comprendere la neuropsicologia, così la Vita Artificiale si proponeva di scoprire i segreti del processo evolutivo.

L'idea che all'interno del computer esistesse la vita spinse anche un illustre pioniere del game design, David Crane (co-fondatore di Activision e autore di *Pitfall*), a domandarsi quali creature potessero abitarlo. Il risultato fu *Little Computer People*, pubblicato a metà degli anni '80 per Commodore 64. Il presupposto era diverso da quello di Langton: Crane era alla ricerca del capro espiatorio che potesse svelare una volta per tutte i misteri riguardanti gli improvvisi spegnimenti della macchina, la scomparsa di file dall'importanza vitale e così via. Al posto di un terribile mostro, però, i giocatori ebbero modo di fare la conoscenza con un buffo ometto che agiva indipendente dietro lo schermo, preparandosi da mangiare, leggendo il giornale, guardando la TV, suonando il pianoforte, uscendo a passeggio con il cane. L'unico modo per interagire consisteva nello scrivergli una lettera (usando la tastiera) a cui in seguito l'ometto avrebbe risposto. Nonostante le poche linee di codice, poteva accadere che il personaggio si risentisse del fatto che non gli veniva prestata abbastanza attenzione e che, addirittura, si ammalasse, fino ad arrivare ad abbandonare la sua dimora di bit. Ai tempi, il concept di Crane venne semplicemente giudicato come strambo, nessuno avrebbe mai sospettato il putiferio che si sarebbe scatenato, tre lustri dopo, innanzitutto per i *Tamagotchi* e poi, a seguire, per i Sims e per i cuccioli di Nintendo.

Il segreto delle tecniche di Vita Artificiale risiede nello studio delle forme di vita reali. I metodi usati per emulare tali comportamenti sono svariati, dalle reti neurali agli algoritmi genetici, ma appartengono in genere alla stessa classe delle tecnologie adattive. In pratica il sistema viene istruito ad apprendere dall'ambiente circostante e a fornire risposte adeguate, secondo parametri di valutazione decisi a priori dal designer (solitamente premiando le azioni che garantiscono la sopravvivenza e inibendo quelle che portano all'estinzione). Nel caso delle reti neurali, per esempio, dato un input sensoriale il designer fornisce un feedback per correggere l'output generato, andando a modificare i pesi sulle connessioni. Per ottenere un output ottimale (per esempio fare in modo che una rete neurale riesca a guidare in maniera ragione-volmente corretta lungo un circuito) è necessario un gran dispendio delle risorse di calcolo per periodi prolungati di tempo, rendendo di fatto inadeguate le attuali tecnologie per l'intrattenimento. Il secondo problema consiste poi nello stabilire cosa è bene e cosa è male. La terza sfida non è da meno: come fare in modo che il sistema di Vita Artificiale apprenda dalle azioni compiute dal giocatore senza che questo se ne renda conto?

La soluzione per ovviare a questi inconvenienti consiste fondamentalmente nel rinunciare a codificare comportamenti complessi (come cucinare un menu elaborato), per scomporre il problema in parti più piccole (aprire il congelatore, prendere la cena, scaldarla al microonde). Questi semplici modelli comportamentali sono poi collegati insieme in una sorta di gerarchia decisionale che i personaggi possono usare (eventualmente in congiunzione con emozioni motivanti) per determinare le azioni più appropriate per soddisfare le proprie esigenze. Le interazioni che avvengono al livello più basso, tra i comportamenti esplicitamente pre-programmati e le motivazioni/bisogni del personaggio, provocano l'emergere di comportamenti più "intelligenti" senza ricorrere a una complessa programmazione.

Una delle serie che ha tratto i maggiori vantaggi da queste tecniche è quella di *The Sims*. Il gioco impiega una tecnologia che Will Wright, il creatore, ha definito "smart terrain" (territorio intelligente). Tutti i personaggi hanno varie motivazioni e altrettanti bisogni e il territorio offre tanti modi per soddisfare tali necessità. Ogni sezione del territorio trasmette ai personaggi che si trovano nei paraggi tutto quello che ha da offrire. Per esempio, se un personaggio affamato si avvicina al frigorifero, l'elettrodomestico trasmette il segnale "ho cibo da offrire", di modo che il personaggio possa decidere di procacciarsi il nutrimento da lì. Il cibo stesso trasmette poi il messaggio che deve essere cotto e il forno a microonde quello che è lì apposta per cuocere il cibo. In questo modo, il personaggio sembra realisticamente motivato a compiere un'azione dopo l'altra per assecondare i propri bisogni, mentre è semplicemente guidato da una programmazione a livello di oggetti.

Piuttosto che concentrarsi unicamente sul miglioramento delle condizioni di un singolo individuo, i prodotti che impiegano sistemi di Vita Artificiale si pongono come obiettivo il mantenimento di una popolazione per un certo periodo di tempo. Questo obiettivo, ovviamente, lo si persegue tramite la riproduzione. Per ottenere nuovi individui dall'incrocio di più creature bisogna definire un genoma, ovvero un insieme di parametri (i geni) che definiscono tutte le caratteristiche della creatura e che possono variare da individuo a individuo (per semplicità di game design, potranno fare eccezione quei parametri che si ripetono in tutte le creature, come la simmetria del corpo, per esempio). Per ogni caratteristica avremo almeno due valori (uno ereditato dal padre, l'altro dalla madre). Se questi valori (alleli) relativi a una stessa caratteristica non combaciano, uno di loro dominerà l'altro secondo una determinata regola. Tuttavia una delle due variabili potrà essere scelta a caso nel passaggio alla generazione successiva. Possiamo introdurre inoltre il concetto di mutazione, come il risultato di un fattore esterno. Questo offre il beneficio di inserire casualmente nuovi valori nel patrimonio genetico. È possibile anche aggiungere la trasmissione di caratteristiche acquisite; difatti, piuttosto che insegnare a ogni creatura un comportamento, questo può essere tramandato nei geni, oppure l'informazione può essere memorizzata e diffusa da una creatura all'altra. Ogni creatura necessita poi di una durata di vita oppure la popolazione tenderà a esplodere. La selezione naturale, intesa come migliore adattamento all'ambiente, ha senso se le creature presentano diverse fasi di sviluppo: un periodo di immaturità in cui non sono fertili, seguito da un periodo di maturità, in cui possono riprodursi. La selezione naturale funziona solo se serve a eliminare le creature che hanno geni inadatti quando non sono ancora abbastanza mature per la riproduzione. Rispetto a quella asessuata, la riproduzione sessuale ha il vantaggio di creare un mix di geni unico per ogni individuo, che può così dimostrarsi più adatto all'ambiente. Sebbene il numero di sessi possa essere superiore a due, questo è il numero che consente la massima probabilità di successo nella riproduzione.

Tali parametri sono alla base, per esempio, di *Spore* di Will Wright (EA, 2008), simulazione dell'evoluzione di una civiltà dalle prime molecole fino alla conquista del cosmo, suddivisa in varie fasi, ciascuna caratterizzata da uno stile di gioco peculiare, connesse tra di loro (cibarsi di organismi animali nella fase cellulare renderà la creatura nella fase successiva un carnivoro, condizionandone l'aspetto e il comportamento, che influiranno sulle dinamiche di gioco).

Più siamo meglio è!

Per quanto scaltra, un'intelligenza creata dalla CPU è destinata a rappresentare un artificio che spesso non basta per rimpiazzare un avversario umano, dal punto di vista della competizione molto più interessante e imprevedibile. A questo proposito è curioso notare come l'esperienza del gioco sia, in genere, un fatto sociale: i giochi "tradizionali" hanno la funzione principale di offrire un pretesto per l'aggregazione di più partecipanti, lasciando la solitudine ad altre forme di intrattenimento, come la lettura. Anche il primo videogioco della storia era proprio un gioco multiplayer: già il titolo, *Tennis For Two*, rende esplicita la natura multi utente della creazione di Higinbotham. Lo stesso *SpaceWar!* di Russel per PDP1 (1962) si presenta come duello spaziale fra due astronauti. Sia in *Pong* dell'Atari sia nelle varianti per la console Odissey di Magnavox il presupposto per l'interazione è dato dalla presenza contemporanea dell'altro giocatore.

Il concetto di Intelligenza Artificiale è emerso solo in una seconda fase, trasformando il videogioco in metafora del conflitto dell'uomo contro la macchina e non più semplice strumento per veicolare il divertimento tra due esseri umani. Da *Space Invaders* in poi il giocatore ha cominciato ad affrontare da solo le sfide lanciate dalla CPU (*Pac-Man, Donkey Kong*): l'unico modo per compararsi alle prestazioni degli altri esseri umani è dato dalla possibilità, concessa solo ai meritevoli, di poter lasciare il proprio soprannome nella classifica dei punteggi. Anche le modalità multigiocatore di quegli anni consentono la sfida solo in differita: a turno i giocatori tentano infatti di superare la stessa curva di difficoltà, la medesima offerta dal gioco in singolo, con l'unica differenza che, tenendo traccia del punteggio di entrambi i partecipanti, alla fine dell'interazione è possibile dichiarare un vincitore tra i due.

Rispetto ai primi esponenti del genere, i videogiochi della seconda metà degli anni '80 propongono un nuovo modello di interazione fra due utenti: non solo competizione, ma anche collaborazione nell'affrontare sullo stesso schermo le sfide proposte per il raggiungimento di una meta comune; due casi esemplari su tutti *Bubble Bobble* (Taito, 1986) e *Double Dragon* (Technos Japan, 1987).

Split-screen/LAN/online

Del gioco in multiplayer riusciamo a distinguere tre diverse conformazioni, che hanno a che vedere con una singola piattaforma di gioco, più piattaforme collegate in rete locale, più piattaforme collegate via Internet. Nel primo caso, il numero massimo di giocatori che possono partecipare contemporaneamente alla performance, dividendosi un unico schermo in riquadri uguali, è solitamente quattro. È possibile moltiplicare i giocatori collegando in rete locale (LAN) più piattaforme di gioco e dotarsi di altrettanti schermi. In questo caso, vista la possibilità di avere tutte le unità hardware in uno stesso luogo, ha ancora un certo rilievo la comunicazione verbale interpersonale, che invece si perde giocando contro altri giocatori via Internet, dato che a quel punto non è più indispensabile condividere uno stesso spazio fisico e ogni giocatore ha a completa disposizione una propria postazione di gioco (in quest'ultimo caso, prende piede tra gli utenti una forma di comunicazione iconica e testuale mutuata dai Multi User Dungeon delle origini della Rete). In tutti i casi, la presenza di più giocatori attiva modelli di interazione complessa in cui i flussi di informazione fra utente e software si sommano e si intersecano con gli scambi comunicativi tra i giocatori stessi. Se è vero che anche una semplice partita in modalità single-

MULTIPLAYER

- **CONDIVIDENDO LO STESSO SISTEMA**
  - A turni
  - Schermo condiviso
  - Split-Screen
    - più riquadri su uno stesso schermo

- **CONNESSIONE REMOTA**
  - LAN (local area network)
    - tutte le unità hardware si trovano in uno stesso ambiente
  - Internet
    - manca la condivisione di uno stesso spazio fisico

2-4 giocatori
comunicazione verbale interpersonale

esperienza individuale
necessità di fare gruppo

player può coinvolgere l'attenzione di più giocatori che partecipano emotivamente all'interazione dell'unico utente che si interfaccia alla macchina, è solo collegando due o più sistemi di controllo alla stessa piattaforma che è possibile dare luogo a un'esperienza ludica che, a livello emotivo, coinvolge con la stessa intensità tutti i partecipanti.

Le dinamiche di socializzazione più interessanti si verificano all'interno degli universi di gioco online. A livello di fruizione riusciamo a distinguere due diverse tipologie: giochi che permettono di esperire avventure sostanzialmente individuali (come *EverQuest*), nei quali si cerca l'aiuto degli altri solo quando è indispensabile il lavoro di squadra per riuscire a procedere, e giochi nei quali il piacere della fruizione è dato proprio dal desiderio di fare gruppo con gli altri utenti, svincolando la comunicazione interpersonale da qualsiasi fine pragmatico per l'avanzamento del gioco stesso. È questo il caso di un titolo come *The Sims Online* (EA, 2002), nel quale l'interazione costante con altri personaggi è la chiave del successo: "*The Sims Online* è, in fondo, una metafora di Internet" – ha commentato l'autore Will Wright – "Chiunque possiede una propria pagina web e vorrebbe essere visitato da migliaia, milioni di navigatori. In *The Sims Online* i visitatori hanno l'aspetto di avatar".

Dal successo del gioco online alla nascita di comunità virtuali sempre più numerose il passo è breve. Infatti le comunità online si formano quasi spontaneamente attorno a ogni prodotto digitale di successo. Nella realizzazione di un videogioco online diventano preponderanti nuovi parametri rispetto alle istanze del game design rivolto al single player: innanzitutto gli sforzi devono essere concentrati sull'implementazione di un'interfaccia di facile utilizzo che aiuti, pur non essendo invasiva, la comunicazione fra gli utenti, dando la possibilità di mettere in contatto anche giocatori di nazionalità e lingue diverse. Inoltre, bisogna fare i conti con l'esigenza di personaggi "contenitore" facilmente personalizzabili, capaci di incarnare sogni e aspirazioni delle varie categorie di giocatore. A questo proposito va tenuto presente che molti utenti scelgono di impersonare sempre lo stesso tipo di personaggio per giochi diversi (affezionandosi più al ruolo che a un gioco in particolare). Infine, il game designer deve dare vita a un universo di gioco che conceda ampio spazio alle scelte dei giocatori, creando "mondi persistenti" per continue avventure piuttosto che ambientazioni da attraversare una sola volta. In tutto ciò è implicita la nascita e l'affermazione di nuove modalità di produzione, distribuzione e consumo dei videogiochi, orientate a una struttura episodica il cui modello di ispirazione sembra essere il serial televisivo.

Fra le dinamiche che si instaurano tra giocatori e tra i giocatori e l'opera dei programmatori, uno degli aspetti più problematici riguarda l'atteggiamento destabilizzante di alcuni utenti che preferiscono all'approccio costruttivo l'eliminazione degli avversari e di eventuali compagni di viaggio per poi poterli depredare. In universi come quello di *Ultima Online* esistevano anche "minoranze etniche", composte da quel 2/3% dell'utenza che sceglieva, per esempio, di giocare come troll. Tendenza che in giochi come *World of Warcraft* è andata espandendosi, rendendo più appetibili anche le razze meno antropomorfe. Un ultimo elemento curioso riguarda l'esibizione di atti volutamente osceni, frutto della libera manipolazione delle regole implicite da parte dell'utente. Così come nascono queste "aberrazioni" non previste dagli sviluppatori, si creano anche le contromisure da parte del resto dell'utenza. Estromettere i giocatori dal comportamento deviato non si è mai rivelata la soluzione vincente, ma è sempre stata la stessa comunità videoludica a riadattarsi, imparando a fare i conti con tali atteggiamenti. Insomma, la Rete si organizza da sola.

Costruire il contesto

Un buon romanzo ci racconta la verità sul suo eroe.
Un cattivo romanzo ci racconta la verità sul suo autore.

Gilbert Keith Chesterton

Che storia è questa?

Svincolando gli oggetti e le situazioni dal loro contesto reale, la narrazione permette di creare casi esemplari, capaci di attivare i pattern dell'immaginario collettivo, rappresentando così la nostra forma di trasferimento delle informazioni privilegiata. Nella storia dei mezzi di comunicazione il videogioco è l'ultimo tassello di questo percorso di scambio di informazioni: tramite la matematica, la tecnologia digitale è in grado di riprodurre immagini che possono essere manipolabili con l'interazione. Perché tale interazione abbia luogo c'è bisogno di uno spazio dove collocare gli oggetti e di un tempo per osservare gli effetti della manipolazione: l'universo ludico. Ovviamente, per fare in modo che queste nuove dimensioni spaziali e temporali assumano un significato e non rimangano astratte espressioni matematiche occorre una qualche forma di rappresentazione: perché il videogioco diventi una funzione che contiene un senso è quindi necessario contestualizzarlo dal punto di vista narrativo. Per converso, man mano che le possibilità di rappresentazione all'interno del videogioco si sono andate evolvendo, in accordo con lo sviluppo tecnologico dell'hardware, è diventato possibile non solo creare scenari e personaggi più dettagliati e convincenti ma anche dare forma a nuove modalità per raccontare una storia, prima fra tutte la possibilità, concessa all'utente, di costruire la narrazione del gioco insieme al game designer, diventando, di fatto il co-autore dell'opera.

Una storia a quattro mani

Senza addentrarci nei meandri dell'approfondimento semiotico, tale intuizione, elegantemente esposta da Massimo Maietti (2004) fa riferimento allo sdoppiamento dell'istanza autoriale prevista dal videogioco, partendo dai concetti di Autore e Lettore Modello, identificati da Umberto Eco (1979) come pure strategie testuali che ogni opera sequenziale presuppone a livello ontologico: in parole molto povere, un testo esiste nel momento in cui qualcuno lo produce e qualcuno lo fruisce. Nel caso del videogioco, il compito del game designer è quello di creare regole, scenari e personaggi, ma di lasciare poi al giocatore la libertà di espressione. In questo senso, fino a quando il giocatore non interagisce, l'opera videoludica non può esistere come testo. Ecco dunque che la figura di Autore Modello deve essere sdoppiata in due istanze, il game designer e il giocatore stesso. Pertanto il game designer non deve pensare solo a un Lettore Modello che fruirà la sua opera a livello terminale, ma anche a un Giocatore Modello, che metterà in atto le strategie testuali previste dall'insieme di regole.

Testo	Autore Modello		Lettore Modello
Videogioco	Creatore Modello	Giocatore Modello	Lettore Modello

Un videogioco, in quanto meccanismo che genera testi attraverso la propria fruizione, funziona attraverso un processo a due movimenti. Il Creatore mette a disposizione un mondo dotato di una struttura logica che viene attualizzato attraverso l'agire di un giocatore empirico, modellato sulla base di un Giocatore Modello. A questo punto la superficie espressiva potenziale dell'ipertesto videoludico si attualizza in un testo sequenziale che ha a sua volta inscritto un Lettore Modello.

Il Creatore Modello determina ciò che all'interno del mondo può e non può accadere, il giocatore determina ciò che effettivamente accade nei limiti delle regole istituite dal creatore. La specificità della figura del Giocatore Modello si riferisce all'insieme delle competenze ipertestuali (per esempio: l'utilizzo dell'interfaccia) piuttosto che a quelle testuali in senso stretto.

Nel saggio "Game Design as Narrative Architectures" (in First Play, 2003) lo studioso Henry Jenkins propone una definizione delle storie nel videogioco come spaziali e ambientali. Le storie spaziali corrispondono in letteratura a quelle che raccontano l'odissea di un eroe, che in termini di game design diventano racconti di viaggio in cui il cammino non è compiuto solo dal personaggio ma dal giocatore stesso. Le storie ambientali, invece, trovano un corrispettivo nella letteratura di genere, fantascienza e fantasy, il cui focus è la raffigurazione di un mondo che il videogioco trasforma in dinamiche di esplorazione. Partendo da queste due coordinate la narrazione si sviluppa in quattro modalità distinte:

- *Evoked* (evocate). Il videogioco riproduce un mondo che il giocatore riconosce grazie ad altre forme di intrattenimento (come capita nei giochi su licenza), così che il gioco stesso diventa parte di un dominio semiotico più complesso.

- *Enacted* (messe in atto). La storia è strutturata a partire dai movimenti del personaggio attraverso lo spazio e le caratteristiche dell'ambiente possono accelerare o rallentare la traiettoria della trama (in questo caso è il giocatore che detta il ritmo della storia tramite l'interazione).

- *Embedded* (incorporate). Lo spazio di gioco diventa un palazzo della memoria i cui contenuti devono essere decifrati dal giocatore mentre cerca di ricostruire la trama (come accade nel genere avventura).

- *Emergent* (emergenti). Lo spazio di gioco è progettato per offrire diverse possibilità di narrazione, consentendo al giocatore di costruire delle storie con gli elementi presenti sulla scena (come accade con i Sims).

In maniera molto più generica possiamo riconoscere come tutte le forme di narrazione così prodotte ci raccontino di qualcuno che fa qualcosa da qualche parte. Da questa definizione superficiale possiamo individuare gli elementi fondamentali di una storia in tre categorie: gli eventi, i luoghi e i personaggi, che nel caso dello sviluppo del videogioco sono rappresentati dal gameplay, dal level design e dal character design. Queste tre discipline costituiscono, a livello pragmatico, l'ossatura di un videogioco. La narrazione è quindi parte stessa della struttura ludica; la storia deve infatti essere raccontata tramite il gioco giocato. Quando l'interazione non basta per poter sviluppare la storia e i personaggi, considerato che ci troviamo di fronte a un mezzo che consente la riproduzione di suoni e immagini, diventa importante mostrare tramite la raffigurazione l'evoluzione degli eventi; solo in ultima istanza è possibile presentare la storia come testo scritto, con il rischio, però, di mettere in evidenza la debolezza del proprio concept, venendo meno alla regola fondamentale del game design: "Non raccontare ciò che si può mostrare, non mostrare ciò che si può far giocare". Per quanto possibile, diventa quindi di fondamentale importanza lasciare al giocatore il controllo dei momenti chiave della narrazione. Tuttavia, per quanto vaghe o appena accennate, le strutture narrative già predisposte consentono al giocatore di relazionarsi con l'interfaccia e di apprendere le regole del gioco, che sono il fondamento dell'interazione.

Prima di procedere con l'analisi delle componenti narrative di un videogioco occorre fare un po' di chiarezza sulla terminologia. Innan-

---

Animare storie digitali

Uno dei comportamenti emergenti più interessanti che riguarda l'interazione con le regole del gioco in chiave narrativa è il fenomeno che prende il nome di "machinima", l'abbreviazione di "machine cinema" e/o "machine animation"; si tratta del collage, più o meno strutturato, di animazioni realizzate con l'engine di gioco da parte degli utenti finali, doppiato e musicato per ottenere effetti sorprendenti. I primi esempi risalgono al 1996 e furono realizzati usando il motore di gioco di *Quake* di id Software. Con il tempo, machinima è diventata una vera e propria forma espressiva, generando comunità di appassionati che possono esprimere il proprio talento narrativo ricorrendo agli stessi software che usano per giocare, come capita con i vari episodi di Sims, che integrano appositi editor per girare le proprie animazioni sul set digitale con gli attori virtuali.

ziutto, in maniera impropria, fino a questo momento si è ricorso ai vari termini come sinonimi, in realtà, per storia si intende l'ordine cronologico degli eventi di una narrazione, mentre il testo è la rappresentazione visiva o verbale di tale ordine e, infine, la narrazione coincide con l'atto stesso di raccontare o scrivere una storia. Volendo fare un'esempio, *God of War* è la storia di Kratos, guerriero spartano che ottiene il potere sovrannaturale che gli consente di contrastare gli dei, fino a uccidere Ares e prendere il posto di dio della guerra. Questi, almeno, sono gli elementi di testo predisposti da David Jaffe, creatore del gioco, insieme agli studi Sony di Santa Monica; l'esposizione del testo avviene sia tramite i filmati e i dialoghi presenti nel gioco sia tramite l'interazione da parte del giocatore, che contribuisce con le azioni compiute a definire la narrazione di questa particolare esperienza ludica. Per raccontare la storia di un videogioco bisogna quindi ricorrere a due tipi di testo: da un lato il testo sequenziale offerto da filmati in computer grafica, cut-scenes (scene di intermezzo realizzate con il motore di gioco), scripted events (eventi già predisposti che il giocatore deve compiere in un determinato ordine), più eventuali dialoghi e schermate di testo; dall'altro quello che Maietti (2004) definisce "ipertesto denso", ovvero la performance di gioco, intesa come l'interpretazione delle meccaniche ludiche da parte dell'utente attraverso l'interfaccia.

Un discorso diverso è quello di finzione, che si applica tanto ai contenuti quanto all'ambientazione del gioco. Per finzione, o fiction, si fa riferimento a eventi che non sono accaduti nella realtà (film e telefilm) al contrario della "non-fiction" di documentari e servizi giornalistici. Un mondo di finzione o finzionale è un costrutto immaginario creato dalla descrizione di un testo: lettori, spettatori e giocatori accettano l'esistenza di un universo credibile in cui gli eventi che stanno fruendo hanno un senso. Non abbiamo bisogno che ci venga spiegato tutto di un mondo finzionale per ritenere che certi eventi abbiano un senso perché, nel momento stesso in cui lo fruiamo come utenti, immediatamente e a livello inconscio tendiamo ad applicare per inferenza conoscenze acquisite sul nostro mondo reale piuttosto che da altri mondi di finzione contigui.

I mondi di finzione sono importanti anche quando sono appena accennati o a malapena riconoscibili, come in *Super Monkey Ball* o lo stesso *Tetris* in versione coin-op, che, tramite indizi finzionali (le banane nel primo caso, la stilizzazione della Piazza

Rossa nel secondo) stimolano l'immaginazione del giocatore, trasformando l'esperienza ludica in una sorta di esperienza narrativa, sebbene questa non sia esplicita, aumentando così il livello di coinvolgimento.

Proprio per questo, numerosi videogiochi ricorrono all'impiego di mondi di finzione per contestualizzare l'interazione; perché, anche se scollegati dalle regole del gioco, possono rivelarsi estremamente importanti per l'esperienza complessiva. Anche quando non esiste una storia vera e propria, la successione degli eventi, combinata con la presenza di personaggi e di scenari, crea per forza di cose una narrazione. Da questo punto di vista diventa facile confondere i mondi di finzione con la narrazione, questo perché un modo che abbiamo per comprendere una successione di eventi è quello di riempire i vuoti facendo inferenze, postulando connessioni, interpretando le motivazioni dei personaggi nel momento in cui compiono un'azione. Quindi, quando parliamo di narrazione nei videogiochi sarebbe più corretto fare riferimento ai mondi di finzione, composti da ambientazioni dettagliate e personaggi carismatici che consentono al giocatore di proiettarsi in un universo immaginario.

Il problema maggiore nell'abbinamento di narrazione e videogioco nasce appunto dalla difficoltà di combinare un'esperienza di gioco che sembri libera con i vincoli imposti da una struttura narrativa lineare, ovvero lasciare agire liberamente il giocatore, facendo in modo che ogni azione produca un risultato interessante per la storia. Tuttavia, esistono casi emblematici che consentono di comprendere le potenzialità di questo nuovo linguaggio, primo fra tutti *Grand Theft Auto IV*, un gioco a struttura emergente che, nonostante le memorabili sequenze non interattive che guidano l'evoluzione della vicenda, consente enorme libertà interpretativa all'utente. Di più, GTA IV, insieme alle due espansioni, *The Lost & the Damned* e *The Ballad of Gay Tony*, mette in evidenza come la narrazione rivesta un ruolo fondamentale nel decretare l'impatto di un'esperienza ludica: la città è sempre la stessa, le regole del gioco pure, così come le strategie ludiche, eppure i personaggi principali, il modo in cui parlano e l'ambiente in cui "vivono" dà vita a tre vicende molto diverse a livello emozionale, facendo leva sulle proprie componenti meno tecnologiche e più "autoriali".

Narrare per giocare (meglio)

Esula dalle finalità di questo manuale approfondire il dibattito tra narrazione e videogioco, che riempie tante pagine di letteratura sull'argomento. In sintesi, il diverso approccio epistemologico dei vari autori ha portato alla formazione di due schieramenti opposti: da una parte i narratologi che, partendo dagli strumenti classici dell'analisi del testo, concordano sul fatto che i videogiochi rappresentino un modo tutto nuovo di raccontare storie, in cui il ruolo dell'autore è diviso tra game designer e giocatore; dall'altra parte si posizionano i ludologi, per i quali la prerogativa dei videogiochi è quella di essere sistemi formali chiusi che come tali devono essere studiati, astraendo da qualsiasi contesto. Le due opere che rappresentano il punto di partenza per entrambi i movimenti sono state pubblicate nel 1997. Il manifesto dei narratologi è rappresentato da "Hamlet on the Holodeck" di Janet Murray, in cui l'autrice ricorre come metafora alla piattaforma d'intrattenimento dell'universo di Star Trek (l'holodeck, appunto): una macchina per la realtà virtuale che consente alle storie di prendere vita permettendo ai "lettori" di partecipare come attori in un ambiente che coinvolge tutti e cinque i sensi. Ciò che la Murray si auspica è la nascita del cyberbardo, un nuovo Omero o Shakespeare del futuro capace di usare il computer a fini artistici, più di quanto non accada ora. All'opposto di questa romantica visione c'è il "Cybertext" di Espen Aarseth, ovvero il testo che prevede operazioni di calcolo nella produzione degli "scriptons", le nuove unità che ridefiniscono la testualità nell'era digitale. Tale modalità di produzione richiede una partecipazione dell'utente che va ben oltre la semplice lettura. Lo sforzo interpretativo richiesto da un libro nel cybertesto diventa un attività di configurazione. Contrariamente a quanto si possa pensare, i cybertesti sono un patrimonio dell'umanità da millenni, come testimonia l'I-Ching (il libro dei mutamenti cinese che ricorre a unità di testo per decodificare il lancio delle monete), il computer non ha fatto altro che amplificare queste caratteristiche e renderle più facili da implementare. In entrambe le opere il videogioco, per quanto considerato un mezzo di comunicazione ancora immaturo, rappresenta un elemento chiave per interpretare il passaggio dall'epoca dell'atomo a quella del bit.

Chiaramente, il merito maggiore del dibattito che si è sviluppàto in seguito è stato proprio quello di stimolare la ricerca ed evidenziare la necessità di puntare allo sviluppo di nuovi strumenti interpretativi. Come spesso accade, la verità si trova nel mezzo e negli anni lo sviluppo delle due posizioni ha portato a un avvicinamento. Per quanto riguarda il caso specifico dei videogiochi, si è arrivati a riconoscere come ci siano giochi più narrativi di altri e, tuttavia, anche quelli più astratti presentano elementi, per quanto solo abbozzati, che consentono la proiezione in un mondo di finzione. D'altro canto, basta dare un ramo secco in mano a un bambino per accorgersi di quanti mondi di finzione possano nascere più o meno simultaneamente.

Ai fini di un game design più appetibile occorre comunque mettere in evidenza le strategie che consentono di implementare al meglio l'aspetto narrativo all'interno della struttura ludica, che rimane in ogni caso il punto di partenza dello sviluppo.

Quante storie...

Dal punto di vista degli elementi che concorrono a delineare una storia, si comincia dalla premessa, chiamata anche "high concept", che rappresenta una sintesi veloce dello scopo del gioco e del tema associato (è quella che si trova solitamente sul retro delle confezioni): per intrigare il giocatore, spesso è scritta in seconda persona. La "backstory" contiene le informazioni che hanno portato allo stato attuale delle cose presentate nel gioco. Può essere un paragrafo sul manuale di istruzioni o un testo (accompagnato da voce narrante) all'inizio del gioco. Serve a orientare il giocatore e a creare il primo legame con i personaggi. La sinossi è la storia riassunta per punti, così come viene affrontata dal giocatore durante l'interazione e si distingue dal tema, che è l'argomento di cui la storia parla. Per quanto collaterale, un elemento importante per la storia è il setting, ovvero il mondo che viene esplorato dal giocatore (spesso collegato al genere di gioco).

Abbiamo già visto come la rappresentazione, che costituisce la premessa per poter raccontare la nostra storia, faccia ricorso a due mezzi distinti, l'audio e il video. Come già evidenziato, l'audio si divide in voce (su schermo, off-screen, voice over), effetti sonori (fanno parte dello scenario oppure sono elementi legati alla giocabilità – come il jingle all'apertura degli scrigni in Legend of Zelda) e musica (proviene dal gioco oppure è extradiegetica, sentita solo dal giocatore). Il video, invece, riguarda i seguenti elementi: testi (testo scritto, per essere letto, e testo iconico, per essere compreso al volo), grafica (elementi dell'interfaccia, come barre e colori) e sequenze cinematografiche. Queste, a loro volta, possono essere ricondotte a quattro forme differenti.

Filmati in CG. Realizzati con una tecnica grafica superiore a quella dell'engine del gioco, servono a catturare subito l'attenzione del giocatore. Anche i diversi finali possono essere realizzati in CG come ricompensa per il completamento dell'interazione.

Cut Scene. Scene di intermezzo che portano avanti la trama del gioco in maniera sostanziale. Si accompagnano al raggiungimento di un obiettivo importante e/o al cambio di scenario.

Scripted events. Si tratta di brevi sequenze animate non interattive, conseguenza di una particolare azione compiuta dal giocatore (porzioni di dialogo, winning pose).

QTE (Quick Timer Event). Sequenze limitatamente interattive in cui animazioni precalcolate sono eseguite a seconda delle reazioni del giocatore in corrispondenza di comandi che appaiono velocemente sullo schermo.

Tutti questi elementi (testi, grafica e filmati) devono essere considerati parte integrante della storia e quindi correlati tra di loro. Per esempio, in *Resident Evil* i testi compaiono sullo schermo lettera per lettera, come se fossero redatti al momento in un verbale della polizia. Allo stesso modo, per salvare la partita occorre recuperare un nastro inchiostratore da usare con una macchina da scrivere, oggetti anacronistici che però contribuiscono a creare l'atmosfera di mistero che aleggia nella villa vittoriana in cui ha sede l'azione. Inoltre, la scarsità di munizioni non è solo un elemento di giocabilità, ma parte stessa della vicenda che si sta svolgendo sullo schermo: il giocatore si trova ad affrontare una decisione che lo coinvolge a livello emotivo e razionale.

Uno degli argomenti più contestati in relazione alla presentazione del mondo finzionale è l'impiego delle cut-scenes, ovvero le sequenze di intermezzo dal taglio cinematografico introdotte dal game designer per veicolare informazioni al giocatore, assumendo così il completo controllo autoriale. In realtà, piuttosto che esautorare il giocatore dal suo ruolo di co-autore, consentono di fondare i presupposti per l'interazione futura. Come fanno notare Dille e Zuur-Platten (2007), l'impiego di questi segmenti narrativi può essere utile in differenti contesti:

- *Preparare la sfida*: spesso una sequenza narrativa non interattiva serve per introdurre le sfide che il giocatore dovrà affrontare in un livello o in una parte di livello (per esempio, all'ingresso di una nuova sezione, la telecamera può correre lungo i corridoi fino a mostrare l'obiettivo che il giocatore dovrà raggiungere).
- *Payoff*: si tratta di sequenze spettacolari che, oltre a ricollegare l'interazione all'arco narrativo, confermano il superamento di un dato ostacolo da parte del giocatore (per esempio, il filmato successivo all'ultimo colpo inferto a un boss di fine livello).
- *Autopsia*: in questo caso parliamo di sequenze che mostrano al giocatore dove ha sbagliato, di modo che alla successiva interazione non cada negli stessi errori.
- *Avanzamento*: sono come i payoff, ma su scala maggiore. Servono a introdurre nuove ambientazioni, nuovi personaggi, oggetti o abilità. Solitamente vengono impiegate alla fine di un livello, sia come congedo, sia per introdurre quello successivo.
- *Il viaggio dell'eroe*: giocando, l'utente crea il viaggio iniziatico del proprio personaggio. L'eroe si evolve, incrementa i propri poteri e la propria conoscenza (o subisce un danno sempre maggiore). Di questo argomento parleremo diffusamente più avanti.
- *Briefing*: lo scopo è fornire informazioni al giocatore sugli obiettivi che deve superare (non devono essere informazioni utili immediatamente ma è importante lasciare che il giocatore sperimenti la gioia della scoperta quando mette in atto tali consigli).
- *Stabilire regole e aspettative*: aiutano il giocatore a capire le regole del gioco e a definire il suo livello di aspettativa nei confronti delle azioni che compie. Si tratta, per esempio, di integrare nella storia il sistema di valutazione della performance. Allo stesso modo, i personaggi devono essere definiti dalle azioni che compiono. In questo senso, il bello dei videogiochi viene dalla possibilità di compiere direttamente delle scelte per

conto dei personaggi coinvolti nella storia. Lo sviluppo della narrazione dipende quindi dalla valutazione delle scelte operate dal giocatore. Ricompense e punizioni aiutano il giocatore a districarsi con la giocabilità, gli offrono obiettivi da raggiungere e dei parametri per poter valutare i propri progressi.

Mentre i filmati in computer grafica (solitamente realizzati da studi esterni specializzati) hanno la funzione di semplice attrattiva, spesso raccontando le premesse dell'azione, le cut-scenes, per quanto distinte a livello stilistico dal gioco giocato (nel senso che, sebbene realizzate con il motore di gioco, ricorrono all'impiego di telecamere e piani sequenza tipici del linguaggio cinematografico, per rendere la narrazione più spettacolare) devono essere maggiormente integrate, per garantire continuità tra l'azione e il racconto. Le uniche anomalie concesse sono quelle a livello temporale: mentre il gioco giocato avviene in tempo reale, le cut-scenes possono far avanzare o rallentare il tempo della narrazione, ricollocando l'interazione più avanti o più indietro nel tempo, espediente usato con frequenza nel cinema dove, nel giro di poche inquadrature si può fare un salto avanti (o indietro) nel tempo e nello spazio. Nel caso di QTE, addirittura, il tempo viene spesso rallentato, per consentire al giocatore di premere il pulsante corretto.

Senti chi parla

Se i filmati ci raccontano la storia dal punto di vista visivo, a livello verbale esistono diverse strategie per portare avanti un racconto, per esempio tramite la narrazione da parte di un'istanza diversa dal protagonista (un personaggio non giocante o l'autore), che ci informa dei retroscena e ci fornisce indizi per capire come si svilupperà la vicenda. Oppure si può ricorrere al monologo, il commento unidirezionale di un personaggio (solitamente il protagonista) per chiarire il suo stato emotivo e condividere con il giocatore l'obiettivo della missione, mentre il dialogo avviene tra personaggi diversi all'interno del gioco (raramente tra i personaggi e il giocatore reale). Solitamente, visto che i personaggi sono inseriti all'interno della storia, non dovrebbero mai parlare della storia stessa, ma farla emergere indirettamente tramite lo scambio di battute, che possono essere veicolo di una serie di informazioni disparate:

- rivelare la personalità di un personaggio (si può riflettere anche nelle inflessioni di pronuncia e nei modi di esprimersi di un determinato personaggio);
- rivelare un'emozione;
- mandare avanti la trama (pur risultando una forzatura, può servire per far cambiare prospettiva al giocatore);
- rivelare un conflitto (è meglio, tuttavia, che questo venga esplicitato con le azioni);
- stabilire una relazione tra i personaggi (richiede un'ottima sceneggiatura);
- commentare l'azione corrente (in modo da giustificare la reazione o condividere con il giocatore un obiettivo).

Dato che il successo di un gioco si basa sull'interazione, il metodo migliore per far progredire una vicenda è quello interattivo, che si basa sullo scambio di informazioni tra i personaggi. Da questo punto di vista, l'uso del dialogo si rivela quindi fondamentale per lo sviluppo della narrazione. Uno dei vantaggi è dato dal fatto che, offrendo per esempio più opzioni al giocatore (come in *Mass Effect*), si ottiene una maggiore flessibilità nello sviluppo dei personaggi e quindi della storia intesa come successione di determinati eventi (a seconda dell'allineamento del carattere del giocatore e delle decisioni prese a livello di dialogo, l'evoluzione dello scenario in *Mass Effect* può subire determinate variazioni, più o meno consistenti).

Trattandosi di un elemento interattivo è importante mantenere un giusto bilanciamento (offrire indizi/sviluppare il contesto di gioco) e la giusta lunghezza (per evitare che il giocatore salti le parti di dialogo). Inoltre, lo scambio di informazioni tra personaggi deve offrire dettagli utili per progredire nell'interazione; ogni parola pronunciata ha un peso e deve rivelarsi un indizio per capire meglio la struttura del gioco e dell'universo in cui ci si trova a interagire. È importante mantenere sempre il contatto con il contesto di gioco; a differenza di altre forme di intrattenimento, infatti, l'uso di un linguaggio figurato o la presentazione di informazioni devianti può creare frustrazione, indirizzando il giocatore a compiere azioni sbagliate o non pertinenti.

Il dialogo può assumere anche la forma del monologo interiore, in modo da rendere partecipe degli obiettivi richiesti dal gioco anche l'utente. È chiaro che occorre trovare uno stile che renda interessanti queste informazioni/istruzioni. Il rischio, infatti, è che il giocatore senta venir meno il proprio ruolo di perno della vicenda. Non bisogna infatti dimenticare che l'eroe, all'interno della narrazione ludica, è il giocatore stesso, rappresentato da un simulacro sullo schermo. E se è vero che per interagire correttamente ha un bisogno costante di istruzioni, può finire che tutti dicano al protagonista cosa fare, facendolo sembrare il personaggio più stupido del gioco. Siccome il simulacro controllato dal giocatore non può avere tutti gli elementi narrativi che competono anche agli altri attori della vicenda, l'espediente più frequente per non farlo sembrare un'idiota completo è ricorrere all'amnesia. Ma il piacere del gioco deriva dal controllo (della situazione) e dal potere (di agire e modificare lo scenario): non bisogna mai mettere il giocatore in posizione inferiore rispetto agli altri personaggi. Per risolvere il problema, occorre definire un eroe che sia proattivo piuttosto che reattivo, che vada alla ricerca di informazioni piuttosto che subirle: la crescita del personaggio avviene se, invece di prendere ordini, è lui stesso a impartirli.

Alla ricerca del climax

Dal punto di vista del game design, lo scoglio maggiore per trovare l'armonia tra narrazione e interazione deriva dal problema della linearità: ovvero come indirizzare l'utente attraverso il gioco in maniera interessante. Difatti, per quanto buona possa essere una storia, forzare le scelte del giocatore non si rivela mai la soluzione giusta a livello di game design. D'altro canto, se non si obbliga il giocatore a compiere determinate azioni, non è possibile costruire una trama interessante.

Nei media tradizionali sequenziali lo sviluppo di una storia segue un percorso che, nel 1863, il drammaturgo tedesco Gustav Freytag ha trasformato in un modello triangolare. Tale modello, che porta il nome dell'autore, prevede un ipotetico piano cartesiano in cui l'asse delle ascisse riguarda lo scorrere del tempo mentre le ordinate rappresentano gli elementi di complicazione della storia, ovvero quei fattori che incrementano l'attenzione dello spettatore. L'azione in ascesa è ciò che conduce al *climax* o al un punto di svolta; l'azione in caduta è ciò che accade dal climax alla conclusione. L'ascesa e la caduta di un'azione formano i lati del triangolo, in cui il climax è l'apice e uno qualsiasi degli avvenimenti può essere collocato sulla struttura grafica del triangolo. Negli anni a seguire il modello è stato ripreso e implementato fino ad assumere la seguente configurazione:

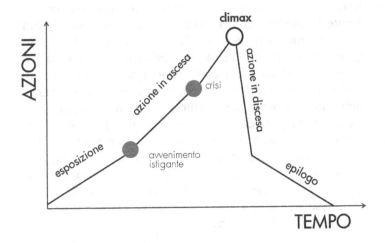

L'*esposizione* è la parte della rappresentazione atta a rivelare il contesto per l'azione dispiegata. Continua dal principio alla fine della rappresentazione, ma diminuisce con il progredire dell'azione. Porta all'avvènimento istigante, l'evento che riguarda l'azione centrale della rappresentazione.

L'*azione in ascesa* segue l'avvenimento istigante. In questa parte della rappresentazione i personaggi perseguono i loro obiettivi centrali, formulando, realizzando, rivedendo i piani e incontrando resistenze e ostacoli lungo il percorso, fino ad arrivare alla crisi. A questo punto, le attività e le responsabilità aumentano vertiginosamente. Il numero infinito di possibilità che avevamo all'inizio dell'azione si stanno esaurendo molto rapidamente. Il *climax* è il momento in cui una delle linee di probabilità diventa necessità e tutte le altre sono eliminate: i personaggi hanno successo nell'ottenere i loro obiettivi oppure falliscono miseramente nel tentativo; questo avvenimento chiave è il punto di svolta dell'azione. L'*azione in discesa* rappresenta le conseguenze del climax, attraverso la risoluzione dei conflitti tra i personaggi e il capovolgimento della situazione iniziale; gli eventi tendono a precipitare velocemente una volta che il climax è stato raggiunto, fino all'*epilogo*, che rappresenta il ritorno alla normalità e, a seconda del genere della narrazione, può portare a due differenti situazioni: lo scioglimento (il protagonista si ritrova in una posizione migliore di quella iniziale) o la catastrofe (il protagonista si trova in una posizione peggiore).

In cerca di quest

Mentre il triangolo di Freytag nel suo utilizzo classico descrive un macrofenomeno, ovvero il fluire delle azioni all'interno di un'intera rappresentazione, all'interno del videogioco tale modello descrive un fenomeno reiterato, che si ripete più volte in un lasso di tempo più ampio, in cui il climax è spesso rappresentato dal confronto con un boss; nella fattispecie, riguarda la costruzione di sequenze di eventi che prendono il nome di "quest". Preso in prestito dal gergo dei Giochi di Ruolo, il termine quest, in italiano "cerca", corrisponde a una missione che, per essere superata, richiede al giocatore di compiere determinate azioni. Dal punto di vista del game design, una quest è la rappresentazione di un insieme di parametri del mondo di gioco (ottenuta ricorrendo alle regole e alla giocabilità del gioco stesso) che costituisce una sfida per il giocatore. Dal punto di vista dell'utente, invece, una quest è un insieme di istruzioni specifiche per l'azione: queste possono riguardare tanto un obiettivo a lungo termine (rovesciare il regno del mago cattivo) quanto azioni a breve termine (trovare un secchio che consente di prendere l'acqua per spegnere l'incendio). Quando una quest è stata portata a termine può essere riraccontata come una storia. A livello semantico, le quest dimostrano come e perché le azioni del giocatore sono connesse le une alle altre fino al completamento del gioco. Dal punto di vista strutturale, le quest incarnano il tessuto di relazioni causa-effetto (regole e sanzioni) tra un piano d'azione e il risultato prodotto attraverso la performance. Idealmente, le quest rappresentano il collante tra il mondo di finzione, le regole del gioco e i temi trattati. Un modello che ritroviamo tanto nelle avventure, più strutturate dal punto di vista narrativo rispetto ad altri generi, quanto nei MMORPG come World of Warcraft. L'importante è fare in modo che la singola quest sia integrata nel mondo di gioco o collegata in qualche modo agli eventi principali della trama e non isolata e autoreferenziale.

L'ordine con cui si sviluppano e sovrappongono le varie quest costituisce differenti modelli narrativi:

- *Lineare*: una successione lineare delle quest guida il giocatore nel gioco passo per passo; la condizione di vittoria si ottiene al raggiungimento di obiettivi predefiniti.
- *Non lineare:* vari segmenti di narrazione possono vivere di vita propria oppure, quando aggiunti ad altri, possono rivelare uno scenario più complesso. In un gioco così strutturato possiamo avere un universo aperto ma la progressione narrativa avviene solo superando determinate quest (sia obbligatorie, sia opzionali).
- *Scorrimento libero (free flow)*: non ci sono pause nell'interazione; il gioco presenta un mondo aperto e l'avventura riguarda l'ordine delle azioni che si compiono in quel mondo, senza che una quest sia predominante rispetto a un'altra.
- *Storia consequenziale*: in questo caso l'universo di gioco è aperto, ma luoghi e personaggi tengono traccia del passaggio del giocatore, mostrando conseguenze per ogni quest compiuta.
- *Gioco di ruolo*: il progresso non avviene tanto tramite la vicenda narrata quanto attraverso la crescita del personaggio, indispensabile per interagire in maniera sempre più efficiente nei confronti dell'universo di gioco.

In tutti questi casi, il concetto che prende forza è quello di "branching", che possiamo intendere come ramificazione, ovvero l'esistenza di percorsi multipli all'interno della narrazione. Il tema della ramificazione conduce al problema di gestire la crescita esponenziale degli snodi narrativi, uno degli argomenti più dibattuti tra gli studiosi degli ipertesti fin dalle origini del concetto. Come abbiamo già visto, la soluzione che va per la maggiore in ambito videoludico riguarda una ramificazione moderata, che si sovrappone al concetto di struttura classica di gioco, stretta in colli di bottiglia a livello di trama, attraverso cui il giocatore è obbligato a passare per procedere nell'interazione. Tuttavia, nel tempo sono andate sviluppandosi diverse modalità di ramificazione che Dille e Zuur-Platten riconoscono nelle seguenti configurazioni.

Ramificazioni limitate. La progressione narrativa dipende da scelte del tipo "SÌ/NO". A seconda dell'azione compiuta dal giocatore il gioco segue una determinata ramificazione. Per limitare le ramificazioni molto spesso viene inserito un evento nella storia che riporta il giocatore sulla strada corretta. Possono esserci più finali. Una versione alternativa è rappresentata dal *percorso critico*, che presenta una sola strada percorribile da cui si può deviare solo di poco, e le deviazioni non hanno conseguenze sull'evoluzione della storia.

Ramificazioni aperte. Il giocatore può trovarsi a dover affrontare diverse situazioni, ciascuna delle quali può rimandare a nuove ramificazioni. È facile in questo modo perdere il controllo sulla storia. Il giocatore potrebbe addirittura non accorgersi della presenza di una storia.

Colli di bottiglia (chokepoints/funneling narrative). Il vantaggio di inserire delle strozzature nella storia permette di avere il controllo sull'arco narrativo. Al giocatore si lascia la libertà di esplorazione ma il controllo sullo sviluppo della vicenda rimane in mano al game designer. Fino a quando il giocatore non raggiunge la strozzatura, l'arco narrativo non cambia di scenario.

Storia nodale. Dipende dall'obiettivo o dallo scenario di gioco. Ogni nodo è autosufficiente, con un inizio, una parte centrale e una chiusura. Tutti i nodi possono condurre a un disegno superiore, oppure rimanere avventure isolate. Questa struttura non rientra appieno nel discorso della ramificazione, data l'indipendenza dei vari nodi, tuttavia il passaggio da un nodo all'altro della storia può dipendere da un elemento emerso in precedenza, funzionando in questo modo come una pseudo- ramificazione.

Descritta in termini di quest e ramificazioni, la storia che emerge dall'interazione non è tanto una storia creata insieme all'autore, quanto piuttosto una storia risolta sulla base delle indicazioni fornite dall'autore, dato che, per riuscire a procedere, il giocatore deve a portare a termine determinati obiettivi all'interno di ciascun segmento narrativo. La flessibilità concessa nell'ordine con cui affrontare alcuni dei compiti genera un senso libertà "vigilata": il game designer può solo contare sul senso di padronanza e sulla gratificazione per la vittoria che la risoluzione degli enigmi genera nel giocatore, non tanto sulla partecipazione al racconto. Ma si tratta di un compromesso tutto sommato accettabile, in cui la linearità di fondo consente di mantenere il controllo sul ritmo degli eventi importanti per la storia, mentre la non linearità con cui vengono superati i vari enigmi all'interno di uno stesso segmento narrativo fornisce quel senso di libertà e controllo degli eventi che rende il giocatore più coinvolto e partecipe.

Un ultimo elemento da prendere in considerazione riguarda lo stile della narrazione ovvero il modo in cui sono presentate le varie ramificazioni. Un modello è quello episodico, che ritroviamo anche nelle serie TV: c'è un reset all'inizio di ogni puntata; in pratica ogni livello è autoconclusivo e inizia tenendo in poco conto le abilità ottenute dal giocatore nella partita precedente (come accade in *Forbidden Siren* di Sony o in *Alan Wake* di Remedy per Xbox 360). Lo stile filmico è quello più comune: le parti di gioco corrispondono alle sequenze di azione di un film, mentre le parti narrative sono affidate al linguaggio cinematografico (dialoghi e cut-scene). Il modello seriale presenta invece vari episodi collegati tra loro: la fine di ogni livello offre degli spunti per affrontare quello successivo (questa tecnica, chiamata in gergo "cliffhanger", viene usata spesso quando si lavora su un franchise, come accade per esempio nel caso di *Halo*, in cui la fine dei vari episodi lascia intendere l'inevitabilità di un seguito).

Una storia in gioco

Tipi di esposizione

L'esposizione è la parte più complicata nella sceneggiatura di un videogioco, perché è ciò che serve a trasmettere informazioni utili non solo per lo sviluppo della storia ma anche per chiarire le modalità di interazione da parte dell'utente. I giochi migliori sono quelli che riescono a integrare tale trasmissione in un unico testo, senza dover ricorrere a registri differenti, che potrebbero interrompere l'esperienza di flusso.

L'esposizione di tali informazioni riguarda fondamentalmente quattro elementi: la trama principale (che fornisce le motivazioni per agire, ovvero il "perché"), i personaggi (alleati e avversari, il "chi"), il mondo ("dove") e la giocabilità ("come"). Nel peggiore dei casi, l'esposizione di una trama si risolve in un briefing da parte di uno o più personaggi, che comunicano al simulacro del giocatore cosa sta accadendo e perché. L'esposizione del personaggio riguarda invece il tentativo di raccontare al giocatore qualcosa di più sull'eroe e i comprimari, facendogli intuire le relazioni tra i vari attori sulla scena e, di conseguenza, i comportamenti da tenere. L'esposizione del mondo di gioco deriva in parte dall'esposizione dei personaggi, ovvero sapere chi fa cosa in che parte dello scenario, in modo da poterlo raggiungere per ottenere il suo aiuto, oppure per sconfiggerlo. Non bisogna dimenticare che il mondo di gioco è dettato anche dalla giocabilità e viceversa – per esempio, *Sly Raccon* (Sony Computer Entertainment, 2003), pur presentando la necessità di muoversi furtivi nell'ambiente, è un gioco molto diverso da *Splinter Cell* –. In questo senso contano anche le dimensioni della mappa: un gioco ambientato in un edificio è differente da uno ambientato in un'intera città. Esiste poi un tipo di esposizione unica nel videogioco, relativa alla giocabilità, e cioè atta a manifestare il sistema di controllo e di interazione con gli elementi ludici (premere quali tasti e in quali situazioni), del tipo "premi il pulsante A per aggrapparti", oppure "raggiungi la sala in alto per recuperare la chiave che apre il cancello principale". Queste informazioni sono le più vitali per consentire una corretta interazione; tuttavia, per evitare fratture nel coinvolgimento, diventa critico per il game designer fare in modo che siano mascherate insieme ad altre informazioni sul mondo, i personaggi e la trama; soprattutto, è necessario cercare di contestualizzarle, rivolgendosi al personaggio controllato dal giocatore e non al giocatore stesso inteso come elemento esterno (a meno che non si vogliano ottenere risultati specifici, come nel caso del combattimento tra Solid Snake e Psycho Mantis in *Metal Gear Solid*, in cui l'antagonista, dotato di poteri telepatici, è in grado di prevenire gli attacchi del protagonista e l'unico modo per sconfiggerlo è scollegare il controller dalla porta di gioco e collegarlo in quella adiacente. Tale effetto in teatro è noto come "rompere la quarta parete", quando l'attore si rivolge direttamente al pubblico, sfondando quel "muro" immaginario, posto di fronte al palco, attraverso il quale gli spettatori osservano l'azione che si svolge nel mondo dell'opera rappresentata).

Elementi della trama

La trama riguarda il "come" la storia si sviluppa piuttosto che "ciò di cui" la storia parla. La trama si dipana quindi attraverso l'interazione; da questo punto di vista diventa quindi fondamentale saper bilanciare il conflitto: difatti la tensione in una storia si mantiene quando l'eroe è sempre sull'orlo della disfatta, ma riesce a farcela per un pelo. Un'altra operazione critica riguarda la necessità di guidare costantemente l'attenzione dell'utente: nonostante il giocatore abbia libertà di controllo, le sue azioni devono essere ricondotte sempre allo sviluppo della trama (anche le quest collaterali devono avere dei punti di contatto con gli eventi principali, pur non modificando il corso della storia). Un terzo modo per tenere il giocatore motivato consiste nell'anticipare certi eventi, continuando a mantenere alto il livello di allerta nei confronti di qualcosa che accadrà in futuro, come fa *God of War*, che fin dalle prime battute mostra sullo sfondo Ares, il dio della guerra, intento a seminare distruzione, spronando il giocatore a raggiungerlo (obiettivo che realizzerà solo nella sequenza finale). Sulla base di queste premesse, possiamo definire la trama di una storia il resoconto delle tensioni drammatiche sperimentate come conseguenza delle sfide che il nostro eroe deve superare. La tensione drammatica è creata dal conflitto e dalla posta in gioco messi in discussione all'interno dell'arco narrativo in un determinato lasso di tempo.

Dille e Zuur-Platten formulano un'equazione per esprimere il concetto:

TRAMA = tensione drammatica (conflitti x posta in gioco / tempo = i rischi dell'eroe).

I vari ingredienti della formula sono riassunti nella tabella seguente:

Conflitto	Quale è la natura del confronto
Posta in gioco	Cosa c'è in palio
Livello di rischio	Come il conflitto e la posta in gioco mettono in pericolo l'eroe
Tensione drammatica	Quali sono i risultati del conflitto e della posta in gioco e come questi possono modificare l'eroe
Tempo	In quale lasso di tempo avviene il conflitto

Come faceva già notare Crawford, per loro stessa natura i giochi presuppongono il conflitto. A livello narrativo, il conflitto diventa l'espediente che fornisce la motivazione per accettare di superare le sfide proposte dalla CPU. Esistono vari tipi di conflitto che gli autori riconoscono in:

* *uomo contro uomo*: protagonista contro antagonista;
* *uomo contro la natura*: anche l'invasione aliena (o la presenza di mostri biologici) rientra tra le calamità che l'uomo non riesce a controllare;
* *uomo contro se stesso*: un conflitto con i propri demoni interni (come spesso accade nei survival horror);
* *uomo contro destino (fortuna)*: molto spesso non si ha intenzione di accettare il proprio fato;
* *uomo contro macchina*: rappresenta il conflitto contro la tecnologia, che spesso prende coscienza per sostituirsi all'uomo stesso;
* *uomo contro sistema*: l'eroe combatte conto il mondo intero, conosce la verità ma nessuno gli crede;
* *uomo contro passato*: rappresenta il tentativo di sfuggire al proprio passato (espediente tipico delle storie di amnesia).

La posta in gioco coincide con il motivo stesso per cui si continua a giocare. Ovviamente, più forte è il movente, maggiore sarà il livello di coinvolgimento. La prima dicotomia è quella tra vita e morte, che è la motivazione più importante e che può declinarsi in benessere contro povertà, in quanto anche la fame rappresenta una minaccia alla sopravvivenza. Un altro elemento forte che può caratterizzare un conflitto è dato dal raggiungimento di un rapporto affettivo che si traduce nel confronto tra amore e perdita dell'amore, che può diventare la premessa per intraprendere un viaggio verso la felicità. Felicità e tristezza si sublimano in trionfo e sconfitta, mentre sicurezza e instabilità riguardano la possibilità o meno di tenere il caos sotto controllo. Riassumendo:

VITA	MORTE	FELICITÀ	TRISTEZZA
BENESSERE	POVERTÀ	TRIONFO	SCONFITTA
AMORE	PERDITA	SICUREZZA	INSTABILITÀ

Insieme, il livello di conflitto e il peso della posta in gioco determinano l'intensità del rischio che l'eroe deve affrontare e, di conseguenza, la tensione drammatica della storia. Più grande il conflitto e maggiore la posta in gioco, più seria risulterà la storia. Al contrario, la commedia prevede un grande conflitto e un piccolo traguardo, di conseguenza il protagonista corre un rischio massimo per ottenere una cosa da niente.

L'ultimo elemento è costituito dal tempo, che definisce le regole a cui sottostanno i personaggi della storia. La posta in gioco aumenta quando c'è meno tempo per raggiungere gli obiettivi, di conseguenza il rischio diventa sempre più elevato.

Un eroe in viaggio

Se è vero che una buona storia non è necessaria per sentirsi appagati da un buon gioco, tuttavia lo stesso gioco può diventare indimenticabile se ha anche uno sviluppo narrativo emozionante. L'aspetto più sorprendente è che, se è vero che esistono regole per creare una struttura di gioco funzionale, allo stesso modo, come abbiamo cercato di evidenziare, esistono delle linee guida per poter generare anche una storia convincente, partendo innanzitutto dalla definizione dei personaggi e delle relazioni che intercorrono tra loro e che possono mutare seguendo (o precedendo) l'evoluzione della storia.

Come dimostrato dal linguista russo Vladimir Jakovlevi Propp, alcune forme di racconto presentano degli elementi costanti, indipendentemente dalla storia raccontata. Partendo dai riti di iniziazione e passando per i racconti della tradizione orale prima di arrivare alle fiabe più strutturate, Propp riuscì a individuare 31 funzioni, non tutte presenti contemporaneamente in tutte le fiabe ma, allo stesso tempo, riscontrabili anche in altre forme di narrazione, come, per esempio, l'Odissea. A livello più macroscopico, lo psicologo statunitense Joseph Campbell ha rilevato come determinati archetipi siano condivisi dalla struttura dei miti di tutte le culture del mondo. Nella fattispecie, è possibile sempre riconoscere differenti stadi che riguardano la vita del protagonista, che a grandi linee coincidono con: una nascita misteriosa; una relazione complicata col padre (l'eroe può essere tanto un orfano quanto succube di un padre crudele); questa posizione lo porta al ritiro dalla società che, tuttavia, consente l'apprendimento di un'importante lezione (solitamente tramite l'aiuto di una guida soprannaturale).

Questa crescita comporta il ritorno alla società per poter riportare gli insegnamenti appresi, molte volte grazie all'impiego di un'arma che solo lui/lei può usare. Per quanto qui descritta in maniera piuttosto generica, questa struttura può essere trovata in vari miti religiosi e non solo: da Re Artù a *Il Signore degli Anelli* di Tolkien, da *Guerre Stellari* di George Lucas (che applicò apertamente tali precetti) a *The Matrix* dei fratelli Wachowski, giusto per citare alcuni casi esemplari.

La lezione di Campbell è stata ripresa dallo sceneggiatore hollywoodiano Chris Vogler (che ha lavorato anche per Disney), *The Writer's Journey: Mythic Structure For Writers*, conosciuto in Italia come *Il viaggio dell'eroe*. Nel suo saggio, Vogler riduce la struttura del mito a uso e consumo degli scrittori dell'intrattenimento. In parole molto povere, l'idea alla base è che la maggior parte delle storie moderne sia in realtà il rifacimento sempre della stessa storia. L'attenzione però non è rivolta agli stereotipi, che rappresentano ruoli rigidi, ma agli archetipi, che trasformano i personaggi in funzioni. Questo strumento di analisi si rivela molto valido per non perdere mai il focus nelle trame videoludiche che, a differenza delle storie condensate del cinema, molto spesso si dipanano per decine e decine di ore.

Si parte dall'eroe che, ovviamente, rappresenta il fulcro della storia; è l'avatar/attore controllato dal giocatore e dotato di uno o più problemi da risolvere durante l'interazione. In genere ha un punto debole in cui può essere colpito senza pietà e, il più delle volte, deve confrontarsi con la morte (intesa anche simbolicamente).

Il secondo archetipo è quello del mentore: ovvero la guida dell'eroe, colui che gli mostra la strada da seguire e che gli fornisce le competenze e i doni necessari per percorrerla. A volte ci troviamo di fronte a ex-eroi, ma può trattarsi anche di una voce interiore e non sempre può essere un ruolo positivo. In ogni caso è destinato ad abbandonare l'eroe prima della prova principale.

La trinità si completa infine con la proiezione dell'Io, in pratica ciò che l'eroe aspira a essere. In molti giochi lo scopo è trasformare l'eroe nella proiezione più elevata di sé (come sempre accade nella saga di *The Legend of Zelda*).

Dalla parte dell'eroe ci sono anche gli alleati, ovvero tutti i personaggi che lo aiutano, per i motivi più svariati, a compiere la sua missione.

Ci sono poi i personaggi dal ruolo più ambiguo, come il trasformista, che appare inizialmente in una forma e solo più avanti nella storia si rivela con un'altra forma o per quello che veramente è. È l'amico che diventa nemico, l'elemento destabilizzante e generatore di suspense.

Il ruolo del guardiano della soglia, che cerca di prevenire l'intervento dell'eroe, nei videogiochi è rappresentato molto bene dal boss di fine livello.

Ci sono poi ruoli neutri, come quello dell'araldo, che indica una nuova strada all'eroe spesso forzando un cambiamento nella storia (può trattarsi anche di qualcosa di inanimato, come una telefonata...) oppure l'imbroglione, che può essere tanto la spalla dell'eroe quanto del cattivo di turno, che si caratterizza per un campionario di risorse imprevedibili.

Infine, c'è l'ombra, il personaggio più importante dopo l'eroe stesso: è la sua nemesi; non sempre, però, c'è un Ganondorf ad attenderci al varco, a volte l'ombra può anche rappresentare il lato oscuro dell'eroe.

ATTO I: preparare le valigie

Il viaggio raccontato dalla nostra storia si compone di tre atti (come *Il Signore degli Anelli*), a loro volta suddivisi in ulteriori "tappe" narrative che vanno di pari passo con la crescita del personaggio e la sua trasformazione in eroe. Si comincia dal "mondo ordinario", ovvero il prologo della storia che presenta una situazione, per l'appunto ordinaria, che contrasta nettamente con il mondo "speciale" in cui l'eroe entrerà all'inizio del gioco. In questa fase, tanto il nostro personaggio quanto il giocatore hanno una conoscenza molto limitata di ciò che li attende di lì a poco. Tutto precipita con la "chiamata all'avventura", che segna il passaggio tra i due mondi. È l'evento che dà inizio alla vicenda. Possono darsi più chiamate, in riferimento a situazioni personali, eventi esterni e tentazioni. La chiamata può essere opera di un araldo o di un vuoto sentito dall'eroe. Non è una fase opzionale, ma è necessaria per lo sviluppo della storia (e l'inizio dell'interazione!). Questa fase propone un aumento di conoscenza che può prendere la forma di una riluttanza verso il cambiamento, manifestata nella terza fase, il "rifiuto della chiamata". Nel caso del videogiochi, più di una volta è possibile abbandonare l'impresa centrale, nonostante l'insistenza di tutti i comprimari, per dedicarsi beatamente al compimento di missioni alternative. Tutto ciò può essere reiterato fino a un determinato punto, che coincide con "l'incontro con il mentore", che indica la strada da percorrere. In questa fase il protagonista viene colto da un senso di sopraffazione che lo spinge ad accettare la missione nonostante tutti i dubbi che lo assillano. La separazione definitiva dal mondo ordinario avviene con "l'attraversamento della prima soglia". Questa fase mostra la preparazione dell'eroe, mettendo in luce tutto il suo impegno nel portare a termine l'incarico.

ATTO II: il fulcro dell'interazione

Il secondo atto si apre con la fase più lunga dell'esperienza di gioco, ovvero quella chiamata "prove, alleati e nemici". Comincia con l'attraversamento della prima soglia e prosegue con la presentazione di sfide sempre più complesse. Lo scopo è consentire all'eroe di acquisire, tramite la sperimentazione, tutte le competenze indispensabili per superare il confronto finale. Ciò comporta "l'avvicinamento al centro del labirinto", rappresenta il climax della storia: l'eroe ha terminato la sua preparazione ed è pronto a ritirare la propria ricompensa, preparandosi allo scontro finale. Spesso si trova alla fine della storia. Altre volte questa fase è collocata a metà; in questo caso, verrà posta in seguito molta attenzione sul viaggio di ritorno. La "prova finale" è il duello definitivo con la nemesi dell'eroe, che rappresenta la sua grande opportunità per dimostrare il suo nuovo status eroico. Il secondo atto termina poi con la "ricompensa": è sempre positiva, anche se al giocatore potrebbe non sembrare – questo perché, in ogni caso, comporta delle conseguenze importanti. Può segnare l'inizio del viaggio di ritorno o mostrarsi come filmato finale. L'importante è che la ricompensa rifletta sempre gli sforzi fatti per essere raggiunta.

ATTO III: ritorno al futuro...

Il terzo atto, molto spesso opzionale, coincide con il viaggio di ritorno, ovvero il "rientro al mondo ordinario". Nonostante la rinnovata dedizione, l'esperienza vissuta avrà cambiato l'eroe, che non riuscirà più a integrarsi con la situazione di partenza. Mentre la guardia è abbassata, si può assistere alla "risurrezione dell'ombra", l'ultimo colpo di scena prima della fine vera e propria. Il nemico riemerge solo per venire definitivamente sconfitto. Il "ritorno con la ricompensa" è il momento in cui il protagonista ha completa padronanza della situazione. Il giocatore ha modo di constatare che l'eroe è finalmente in grado di godersi la sua ricompensa e che la storia è finita. Si ritorna al punto di partenza ed è possibile valutare il cambiamento dell'eroe durante il corso dell'avventura. Se alcune domande sono rimaste in sospeso, la fine può anche coincidere con un nuovo inizio, o meglio con un "cliff hanger" per il potenziale seguito.

LA STORIA CIRCOLARE

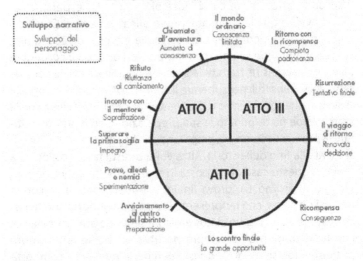

Take it easy

Partendo da questa storia circolare, un'ulteriore semplificazione usata dagli sceneggiatori hollywoodiani, chiamata struttura in tre atti, prevede lo sviluppo di una storia in 3 movimenti distinti: l'inizio (che coincide con il primo atto) serve per catturare l'attenzione e introdurre il problema che sarà il filo conduttore di tutta l'esperienza. Al cinema tutte le storie devono cominciare nel bel mezzo dell'azione: gli elementi scatenanti possono essere presentati successivamente, l'importante è catturare l'attenzione presentando subito il problema del protagonista. La parte centrale (il secondo atto) ha il compito di generare tensione e presentare gli ostacoli che impediscono al protagonista di risolvere il problema. E proprio il focus sugli ostacoli e i vari tentativi di superamento rappresentano la parte più consistente della storia. La fine (terzo atto) deve necessariamente fornire una chiusura al racconto, portando a una risoluzione del problema (non necessariamente positiva). La storia termina infatti quando il problema giunge a uno scioglimento e il protagonista è riuscito nel contempo a superare tutti gli ostacoli che si frapponevano fra lui e la meta.

Character design

Vivere dentro allo schermo

Come un libro ha i capitoli e una serie TV gli episodi, un videogioco ha i livelli, ciascuno strutturato intorno a una determinata ambientazione o dati personaggi. Anche senza avere una precisa cronologia di eventi in mente, già la presenza di un personaggio caratterizzato in un certo modo all'interno di un ambiente, altrettanto caratterizzato e strutturato per l'interazione, consente di dare vita a un racconto che, in definitiva, altro non è che il resoconto delle azioni compiute dal simulacro dell'utente nei confronti delle sfide poste dall'universo di gioco.

Che sia un'esperienza in solitaria o insieme ad altri utenti, uno dei piaceri maggiori che si riceve dall'interazione con un videogioco risiede nella possibilità di immedesimarsi con un'altra identità, più o meno costruita a regola d'arte (che sullo schermo si manifesta nei termini del simulacro).

Il primo processo di apprendimento, tramite l'imitazione, spinge infatti i bambini più piccoli a ripetere prima i gesti dei genitori poi quelli dei "modelli" che fanno parte del loro mondo. A una certa età, l'interpretazione di un ruolo diverso da quello che proponiamo nella nostra quotidianità viene relegato a momenti speciali come il carnevale o a eventi istituzionalizzati come le esibizioni sopra un palco. C'è anche chi gioca di ruolo, ma lo fa insieme a una compagnia selezionata in momenti precisi del tempo libero, senza la spontaneità dell'infanzia. In un certo senso, il videogioco ci permette di riappropriarci di questa gratificante esperienza "mimetica", dandoci la possibilità di affrontare la curva di difficoltà proposta vestendo i panni di uno specifico personaggio. Sia che si tratti di convincere un agente finanziario di essere il soldato geneticamente modificato di *Halo*, o una scolaretta di terza elementare di poter assimilare i poteri di Kirby, il game designer deve fare in modo che, nel suo intimo, il personaggio principale assecondi il desiderio della presenza del "mito" nella vita dell'individuo. Questo perché (fatta eccezione per alcune simulazioni sportive) certe convenzioni sono più centrali di altre nel definire l'eroe dai mille volti che è il perno dell'interazione. Infatti, come accade nell'opera lirica o nei film d'azione hollywoodiani, il protagonista ricade spesso in una categoria di una serie limitata: l'eterno perdente che trionfa, l'uomo della strada coinvolto nella salvezza del mondo, l'outsider che dimostra di essere più speciale che strambo, il predestinato di una profezia e così via.

Accanto a questi archetipi che ritroviamo anche in altre forme di intrattenimento, nei videogiochi compare di frequente l'eroe senza volto. Da *Ninja Gaiden* (Tecmo, 2004) a *Doom*, fino ad *Halo*, ai giochi di guida e a quelli strategici, il protagonista si nasconde dietro una maschera (o un casco) oppure è la natura stessa del gioco a celare i suoi tratti somatici. Ovviamente questi personaggi entrano immediatamente in relazione con il sentimento inconsapevole del giocatore di essere egli stesso il protagonista, senza nemmeno compiere lo sforzo di immaginare il proprio volto dietro all'elmo, un po' come accadeva agli ascoltatori dei trovatori delle saghe medievali. In questa fascia di eroi rientrano anche i personaggi dalla faccia insignificante, come per esempio i protagonisti degli episodi di *GTA*, caratterizzati dal contesto sociale (e morale) in cui si trovano ad agire piuttosto che dalla particolarità dei lineamenti; o gli sfortunati sopravvissuti/sopravviventi dei survival horror come *Silent Hill*. Molti di questi personaggi generici, inoltre, non sono nemmeno dotati di un'abilità speciale o di un super potere: sono persone ordinarie in tutto e per tutto. In questo modo, al giocatore viene data l'impressione che il successo possa dipendere esclusivamente dalla propria abilità nel riuscire a superare l'impresa facendo affidamento sui limiti del simulacro. In questi casi è opportuno offrire la possibilità di modificare l'aspetto fisico con tagli di capelli, vestiti, tatuaggi e accessori, così da amplificare il senso di "possesso". A quel punto, l'eroe digitale diventerà espressione dell'inconscio del giocatore.

Una variante di questa personalità è data dall'uomo/donna qualunque che scopre, cammin facendo, di avere un potere speciale che attende semplicemente di essere rivelato al mondo. La progressiva accettazione di questa consapevolezza si dovrà riflettere anche sul cambiamento estetico del personaggio nel corso del gioco, con l'acquisizione di armi e costumi sempre più impressionanti e sgargianti, stimolando in continuazione l'interesse dell'utente (un po' come accade con Link di *The Legend of Zelda*). Inoltre, in giochi come *Fable*, per esempio, pur partendo dalla stessa base ordinaria, il simulacro del giocatore potrà sviluppare un'aura angelica o corna demoniache a seconda delle scelte morali compiute e non solo in base agli accessori acquistati.

La nascita degli eroi

Nelle "leggende" che, a differenza dei "miti", si basano su eventi storici, al giocatore è data la possibilità di controllare un personaggio reale trasformato in modello poligonale. In particolar modo, nelle simulazioni sportive, dove i differenti talenti degli atleti vengono riprodotti con sempre maggiore cura, il giocatore ha la possibilità di acquisire l'identità di un altro essere umano esistito/esistente che, per qualche ragione, ha ottenuto uno status leggendario (mettete in questa parentesi il nome di un calciatore qualsiasi). La possibilità di ricorrere a queste abilità come fossero le proprie fa sì che il videogioco diventi la manifestazione definitiva del nostro bisogno di venerare gli eroi. Questa visione, portata ai suoi estremi, permette ai giocatori di diventare persino versioni leggendarie di loro stessi in opere come *The Sims*.

Con una sorprendente inossidabilità, uno dei modelli eroici "leggendari" che va più forte nel panorama videoludico, nonostante il clima internazionale non proprio favorevole, è quello del soldato americano, che continua a essere popolare sia nei giochi sviluppati in occidente sia nelle saghe giapponesi. È vero, ci sono anche i soldati di diverse epoche storiche, ma se dobbiamo pensare a uno stereotipo ricorrente, il marine è l'unico grande eroe delle guerre digitali contemporanee, dalla versione romantica di Solid Snake (*Metal Gear Solid*), a quella iper-realistica di Sam Fisher (*Splinter Cell*), fino a quella fantascientifica di Master Chief (*Halo*), senza dimenticare il realismo concreto di personaggi come quelli di *Full Spectrum Warrior* (THQ, 2004). Il debito della società contemporanea nei confronti di quei soldati che sbarcarono in Normandia riecheggia ancora oggi e, come conseguenza, i nazisti del passato e gli ordini neonazisti della fantascienza rappresentano una delle più popolari minacce in ambito videoludico insieme agli imprevedibili terroristi integralisti.

Un altro tipo di archetipo con cui i videogiochi dialogano volentieri è quello del cattivo (vampiro, spacciatore, assassino professionista...) che, pur trascinandosi dietro un'eredità malvagia, combatte per il bene lungo un sentiero di redenzione. Probabilmente la nascita di questa figura è il riflesso della distruzione dell'idea tradizionale dell'eroe portata dai nuovi media, i quali non si limitano a mostrare solo le virtù dei personaggi pubblici, ma amano indugiare soprattutto sui loro vizi. Allo stesso tempo, questi personaggi soddisfano l'esigenza di "giocare" con le nostre fantasie più oscure operando però entro i confini della moralità. Più o meno quello che succede anche con la presenza feticistica di una protagonista femminile. L'aspetto più interessante di questa categoria di simulacri è data dal fatto che si divide nettamente in due sole sottocategorie, la "vergine" e la "dominatrice". A differenza di altre forme di intrattenimento, nel videogioco non compare mai la donna sessualmente aggressiva che rappresenta la fantasia di ogni maschio adulto. Nei videogiochi troviamo invece la fanciulla innocente dotata di immensi poteri o l'irraggiungibile avventuriera solitaria. I simboli grafici del loro status sono sempre ben identificabili: visi acqua e sapone, divise scolastiche, e tinte chiare contraddistinguono la prima categoria, mentre i tacchi a spillo, i vestiti di pelle aderenti e tinte come il rosso e il nero caratterizzano l'altra. Questa drastica divisione in due tipologie fondamentalmente asessuate, nonostante le idealizzate forme fisiche, nasce probabilmente dal fatto che l'identificazione così intima con il proprio simulacro potrebbe creare qualche difficoltà d'approccio per la maggioranza di giocatori maschi. L'aspetto più interessante di questa faccenda riguarda anche la dicotomia che si verifica tra le fantasie sessuali consapevoli che stimolano le forme di questi personaggi e le fantasie inconsce legate al fatto di impersonare queste figure durante il gioco (se prendiamo in considerazione quanti maschi vestono i panni di anonimi personaggi femminili nei giochi di ruolo online, viene da chiedersi davvero se dietro a questi feticci digitali non ci sia qualcosa di più di una silhouette idealizzata).

Divi di bit

L'ingresso in scena del protagonista è sempre il momento più coinvolgente di ogni rappresentazione. Perché è proprio tramite il protagonista che anche noi prendiamo parte a quella rappresentazione. Mario che sbuca dal tubo, Master Chief che si infila il casco, Solid Snake che si libera dalla muta, Kratos che si lancia dallo scoglio, Dante (*Devil May Cry*) che mangia la pizza... Ma se l'ingresso in scena contribuisce a rendere memorabili questi personaggi, a monte è richiesta una preparazione incredibile: non ci si può improvvisare grandi attori solo perché ci capita in mano il copione giusto.

Come prima regola generale, a seconda del tipo di gioco, dovremo compiere la scelta tra due tipologie distinte di entità: da una parte l'avatar, ovvero un contenitore vuoto su cui il giocatore può imporre la propria personalità modificando vari attributi fisici e di abbigliamento (come i personaggi "custom" dei GdR occidentali) e, dall'altro lato, l'attore, da intendersi come un simulacro dalla spiccata personalità unidimensionale, le cui motivazioni devono essere facilmente assimilabili dal giocatore senza risultare per questo troppo invadenti (Gordon Freeman, Leon Kennedy, Samus Aran...). Sebbene i migliori esempi di divismo digitale facciano proprio parte di quest'ultima categoria di simulacri, sia nel caso dell'attore, sia in quello dell'avatar, il successo passa attraverso tre precise linee guida: innanzitutto il personaggio deve saper intrigare il giocatore, che deve provare interesse nel vestire i suoi panni (in assenza di motivazioni forti, difficilmente si stabilirà uno stretto legame empatico). In secondo luogo, il personaggio deve essere in grado di sapersi adattare costantemente all'universo di gioco e alle sue regole: le sue azioni devono sempre essere consistenti e coerenti con l'impalcatura ludica. Infine, il personaggio deve cambiare e crescere con l'esperienza: le sue abilità devono mutare e incrementare in relazione alla curva di difficoltà proposta; difficilmente un personaggio che perde tutte le abilità man mano che avanza susciterà la compassione del giocatore, al contrario, l'acquisizione di nuovi poteri o strumenti per superare sfide precedentemente inaccessibili si rivela un forte incentivo a proseguire nell'esplorazione.

In linea di massima, dunque, il design di un personaggio è determinato dalle scelte compiute in relazione all'ambiente di gioco e alla giocabilità in generale; possiamo addirittura dire che esiste una relazione transitiva tra le parti: il modello di gioco determina le azioni di un personaggio che a loro volta servono come modello per la creazione dei livelli, che delineano una certa curva di difficoltà, che permette l'acquisizione di nuove abilità.

Dimmi come salti e ti dirò chi sei

Se è vero che formuliamo il primo giudizio in base alle apparenze, è altrettanto vero che, per far apparire appropriato il nostro personaggio in un determinato contesto di gioco, prima ancora di lavorare sull'aspetto, converrà creare il suo background di riferimento, a seconda delle coordinate narrative e stilistiche del gioco. Fondamentalmente, si tratta di rispondere alle seguenti domande: cosa lo rende unico in mezzo a tutte le altre creature poligonali? Perché si trova in quella situazione? Come può risolverla? In pratica, prima ancora di disegnare il suo volto, dovremo diventare i suoi più grandi biografi: dovremo pensare a tutto ciò che può essergli capitato prima degli eventi presentati nel gioco, al suo carattere, ai suoi gusti e alle sue relazioni con gli altri personaggi. Per creare un consistente background di riferimento diventa essenziale riuscire a immaginare quali potrebbero essere le sue reazioni di fronte a ogni sorta di situazione. Difatti, sono le azioni che può compiere che ne definiscono il carattere (e che definiscono pure le meccaniche di gioco); la vera natura di un personaggio emerge soprattutto dalle decisioni drastiche che prende quando è sotto pressione: Lara Croft non esita a fare fuoco, Mario non si arrende mai e, per contro, protagonisti di giochi come *Silent Hill* o *Resident Evil* provano paura e insicurezza proprio come dovrebbe fare chi sta davanti allo schermo.

Inoltre, se è vero che ogni personaggio può compiere azioni come camminare, correre e saltare, ciò che lo differenzia è il modo in cui lo fa; sempre per tornare agli esempi precedenti, anche se entrambi fossero in grado di compiere la stessa distanza nello stesso tempo, non c'è paragone tra la buffa corsa di Mario e la flessuosa falcata di Lara, o gli strepitosi volteggi dell'idraulico e i pesanti tonfi dell'archeologa. E già partendo da queste due azioni siamo in grado di definire lo spirito del personaggio: goffo ma capace di compiere l'imprevedibile nel primo caso, seducente ma estremamente fragile come ogni creatura umana nel secondo.

Infine, non dobbiamo sottovalutare il potere della posa plastica, ovvero l'esagerazione di alcuni movimenti o di posture uniche e dinamiche capaci di comunicare istantaneamente i tratti distintivi del personaggio, come la spada portata con disinvoltura sulla spalla da Dante, o il salto con braccio teso di Mario, o le braccia incrociate di Sonic, o la sagoma appesa a testa in giù di Spider-Man, o le "victory pose" dei personaggi dei picchiaduro.

L'aspetto del personaggio si basa essenzialmente su due variabili: la forma fisiologica e l'abbigliamento. Nel primo caso vale il sentire comune per cui "bello" corrisponde a "buono" e "brutto" a "cattivo". Questa tendenza ad associare alle persone più attraenti anche attributi come intelligenza, competenza e qualità morali è spiegabile in termini biologici, dato che la bellezza è da sempre associata a salute e fertilità. Da questo punto di vista, un fattore di primaria importanza riguarda il rapporto vita-fianchi (ottenuto dalla divisione della circonferenza della vita per la circonferenza dei fianchi, rapporto che deve avvicinarsi a 0,70 per le donne e 0,90 per gli uomini); tale rapporto è un chiaro indicatore visivo dei diversi livelli di testosterone ed estrogeni e dell'influenza che hanno nella distribuzione dell'adipe nel corpo.

In termini ambientali, invece, mentre le donne trovano più attraenti gli uomini ricchi e potenti (che offrono quindi garanzia di sicurezza e posizione sociale), gli uomini provano attrazione per le donne che accentuano le caratteristiche della propria sessualità (come il trucco sulle labbra o una vistosa scollatura). Ed è proprio per stimolare un maggiore desiderio sessuale che nelle immagini pubblicitarie (e non solo) solitamente si esagerano particolari anatomici come il seno e le gambe (di circa un 33%). Questa stimolazione super-sensoriale funziona però anche al contrario: il gobbo di Notredame, per esempio, per quanto deforme, nella rilettura disneyana sopperisce all'assenza di simmetria con la presenza di tratti somatici che attivano comunque un'istantanea simpatia. Difatti, aumentando la dimensione della testa e degli occhi rispetto al resto del corpo, arrotondando il bacino e accorciando gambe e braccia, si ottiene una forma fisiologica che ricorda quella dei cuccioli d'uomo, richiamando così un innato sentimento di protezione e conferendo attributi di innocenza e onestà. Ecco spiegato il successo della fisionomia "super-deformed" che piace tanto ai giapponesi e che ha fatto la fortuna di personaggi come il sempre mitico Mario (a chi sarebbe mai potuto altrimenti interessare un idraulico baffuto di mezza età?).

Un altro elemento di design da tenere in considerazione consiste nella preferenza per i tratti del viso più comuni, cioè nella tendenza a sviluppare maggiore empatia per quei personaggi con volti in cui occhi, naso, labbra e altre caratteristiche si avvicinano alla media di una popolazione/cultura. Una preferenza che è il risultato di una combinazione di principi evolutivi, prototipi cognitivi e simmetria. Difatti, l'evoluzione per selezione naturale porta all'esclusione dei tratti eterocliti di una popolazione; inoltre, man mano che si vedono i volti di altre persone, si aggiorna la rappresentazione mentale del volto, sviluppando così determinati prototipi cognitivi; infine, i volti medi sono simmetrici e la simmetria, come già accennato, è considerata da tutte le civiltà espressione di salute e benessere. Tali condizionamenti operano anche a livello di etnia: non è un caso, quindi, che i supereroi di colore si contino sulle dita di una mano mentre, al contrario, i tratti somatici dei personaggi di manga e anime abbiano successo anche fuori dai confini nazionali perché la percezione che i giapponesi hanno di loro stessi incontra i favori del pubblico occidentale (che ritiene, a torto, di essere l'ispirazione di tali tratti).

Quando invece parliamo di abbigliamento, ci riferiamo in particolar modo alla palette di colori che riveste il personaggio e che, per essere ottimale, deve presentare un numero limitato di tinte e soprattutto diverse da tutto ciò che circonda il simulacro del giocatore, in modo da renderlo immediatamente visibile sullo schermo. Purtroppo l'impiego dei colori e il loro significato storico nell'immaginario collettivo richiederebbe un'analisi a parte; ci limiteremo a sottolineare ancora una volta come l'uso eccessivo di tinte e dettagli renda confuso e indistinto il design del personaggio. È dunque sempre meglio estremizzare gli elementi caratterizzanti per metterne in risalto l'essenza piuttosto che pasticciare con informazioni ridondanti (ecco perché Lara ha solo un top azzurrognolo, che permette di individuarla sempre sullo schermo, uno zainetto, un paio di shorts e gli anfibi).

Inoltre, proprio per il fatto che una limitata palette definisce l'aspetto del giocatore, allo stesso modo tonalità affini dovranno essere scelte anche per evidenziare i power-up e le ricariche di energia, mentre i malus e gli avversari dovranno essere chiaramente distinti da un'apposita scala cromatica, contrapposta a quella dell'eroe.

Uno schema di campiture ben definite è più importante di quanto si creda. La lezione viene direttamente dal mondo dei comics americani: lo schema originale di Batman (viola scuro/grigio/giallo), per esempio, è così ben definito che è possibile riconoscerlo nonostante la confusione generata dal costume nero dei film e quello della serie a cartoni animati. Lo stesso vale per le percentuali di rosso e blu nel costume dell'uomo ragno.

Un nome, un destino

Un buon nome rende un personaggio immortale. Ma quando un nome è buono? Come regola generale possiamo dire che un buon nome è quello che istintivamente genera aspettative sul personaggio, fornendo le prime indicazioni alle domande fondamentali che lo riguardano: chi è? da dove viene? dove va? Deve essere eufonico, facile da ricordare e in grado di creare all'istante l'immagine mentale del personaggio stesso. Prendiamo da un classico del cinema: Indiana Jones, Indy per gli amici e Dottor Jones per tutti gli altri. Il nome con cui si fa chiamare non è quello di battesimo bensì quello del cane che aveva nell'infanzia. Già questo fa capire di lui un sacco di cose, come se lo si conoscesse da tutta una vita. Ma anche nel mondo dei videogiochi non mancano casi degni di nota: Duke Nukem è un esponente eccellente, il cognome richiama infatti l'imperativo a nuclearizzare tutto e tutti (compito che puntualmente attende l'impavido eroe in ogni sua comparsata videoludica) e, anche senza aver mai visto in volto il protagonista, immediatamente ci immaginiamo un culturista dal cervello forse poco fino ma dalle idee sicuramente molto chiare e, soprattutto, con una stretta di mano che polverizza. Anche il nome Sonic invia subito alla mente il messaggio di super velocità che contraddistingue l'abilità del protagonista che lo porta, uno snello porcospino blu (come il cielo) con le scarpe da ginnastica – proprio perché corre e in questo richiamano i calzari alati di Mercurio – e un casco di spine aerodinamiche in testa. Che dire poi di Lara Croft? Un nome e un cognome che, per tutti gli anglofoni, suscitano istantaneamente sentimenti di aristocratico snobismo. La lista è lunga (Guybrush Treepwood, Pikachu, Gordon Freeman, Kratos, Solid Snake, Crash Bandicoot) ma ancor più lunga, purtroppo, è quella degli anonimi perdenti, goffi protagonisti di insipidi passatempi digitali, penalizzati proprio da un infelice nome di battesimo.

Se è vero che un buon nome è quello in grado di richiamare al volo la personalità del protagonista, allo stesso modo individuare il tipo di personalità che vogliamo affibbiargli ci può aiutare, non solo nella scelta onomastica ma, soprattutto, ad adattarlo meglio al contesto di gioco. In questa prospettiva possiamo indicare quattro differenti categorie, a seconda della profondità "psicologica" del nostro personaggio.

Al margine inferiore si incontra, o meglio ci si scontra, con una personalità zero-dimensionale, tipica di quando un personaggio presenta un unico stato emotivo (per esempio l'odio o la paura). Rientrano solitamente in questa categoria gli NPC dei giochi d'azione frenetici. Non hanno alcun tipo di coscienza se non quella relativa alla posizione del protagonista. Volendo fare un altro esemplare paragone cinematografico, questo tipo di personalità contraddistingue tutte le comparse nemiche nei film di Bond, che entrano in scena solo per morire sotto i colpi del protagonista.

Salendo di livello, troviamo le Bond-girl; la loro scala di pulsioni emotive è determinata da un'unica variabile, in questo caso l'asse amore-odio. Il loro comportamento è facile da prevedere: la compagna del Cattivo, innocente ma delusa, odia Bond fino a quando non lo incontra e lui la convince a mollare il Cattivo. Nel caso dei videogiochi, la personalità uni-dimensionale è quella che presenta due tipi di affinità relazionali: nei confronti del giocatore e nei confronti degli altri NPC. Le azioni che il giocatore compie possono provocare la variazione di stato, ovvero attaccare il protagonista se questo attacca per primo un alleato.

Il caso di personalità bi-dimensionale è quello del personaggio che presenta diverse pulsioni emotive nel rispetto di altrettante variabili, purché queste non entrino in conflitto tra loro. Il nostro personaggio sa sempre cosa fare, non ha mai dubbi morali, ma è in grado di affrontare una sola situazione per volta. È il caso del "poliziotto corrotto" o del "ladro gentiluomo", in cui le due variabili sono "stare dalla parte della legge" e "condotta morale". Bi-dimensionale è lo stesso Bond: le sue emozioni sono sempre consistenti perché non interferiscono l'una con l'altra: ama cibi e oggetti raffinati ma anche il rischio e il sesso promiscuo. Ha il senso del dovere ma mostra poco patriottismo. Della stessa pasta è fatta la connazionale Lara Croft al tempo stesso sofisticata ma sempre in mezzo alla polvere, interessata ai reperti archeologici ma meno alla vita delle specie in via di estinzione.

Al top della classifica troviamo infine la personalità tri-dimensionale, che presenta una scala emotiva più sfumata, e prevede anche l'emergere di sentimenti contraddittori a seconda delle circostanze. In questo caso, l'intera filmografia di Bond stenta a fornirci materiale, meglio spulciare fra le produzioni di cineasti come Lars Von Trier: la splendida Grace di "Dogville", per esempio, interpretata da Nicole Kidman, è un ottimo soggetto. Va da sé che di personalità tri-dimensionali se ne incontrano davvero poche anche all'interno dei videogiochi (protagonisti come quello di *Silent Hill 2* sono più unici che rari), proprio perché nella maggior parte dei casi le motivazioni del simulacro principale devono essere facili da accettare da parte di tutti i giocatori.

Comporre il cast

Gli elementi che definiscono la trama hanno ripercussioni anche sulla creazione dei personaggi, e viceversa. Per quanto la fisiognomica rappresenti solo una disciplina pseudo-scientifica, per compiere determinate azioni ci vuole il fisico giusto; al contempo, l'intrattenimento (di stampo hollywoodiano) ci ha abituati a stereotipi ben delineati, abbinando un certo tipo di attore ad altrettante trame: la presenza di Ben Stiller in un film d'azione crea un certo genere di aspettative nel pubblico, già predisposto ad accettare un pizzico di comicità surreale. Lo stesso discorso si applica alle trame dei videogiochi che, ancor più del cinema, richiedono al proprio pubblico di fare inferenze. Nel momento in cui si comincia a comporre il cast, ci si trova di fronte a dover compiere delle scelte fra tre categorie principali di personaggi: quelli controllati dal giocatore, che corrispondono al simulacro che compare su schermo, che può essere rappresentato da un eroe singolo ma anche da più personaggi insieme. Il passaggio da un personaggio all'altro può essere forzato (come accade in *Final Fantasy XIII* o in *Heavy Rain*), oppure il giocatore può cambiare simulacro a seconda del contesto, dato che i vari comprimari hanno abilità differenti (come nel caso di *Trine* – Frozenbyte, 2009 – in cui i tre protagonisti hanno abilità peculiari adatte a situazioni differenti).

Vicina a questa classe c'è quella dei personaggi direzionati dal giocatore: pur essendo gestiti dal sistema di Intelligenza Artificiale, il giocatore può impartire loro ordini tramite il suo simulacro su schermo. Fornire i comandi indispensabili per superare gli ostacoli e rimanere in vita diventa l'elemento principale di gioco, fondamentale quanto sopravvivere con il personaggio controllato direttamente (ciò accade in produzioni come *ICO*, *Resident Evil 5*, *Gears of War*, *Mass Effect*).

La terza classe riguarda i Non Playing Characters (NPC) gestiti dalla CPU: pur non avendo un controllo diretto su di essi, i loro comportamenti possono essere influenzati dalle scelte compiute dal giocatore. All'interno di questa classe possiamo distinguere i personaggi in tre differenti categorie: gli alleati, che aiutano il giocatore a superare le sfide di gioco; i personaggi neutrali, che non essendo né ostili né amichevoli, forniscono "colore" all'universo di gioco, determinando la realtà del mondo virtuale; infine gli avversari, che si frappongono tra il giocatore e la meta, creando il conflitto. L'incrocio tra queste categorie di personaggi e l'insieme delle loro predisposizioni, tanto nei confronti del giocatore quanto nell'ambiente circostante, e le motivazioni personali, genera il seguente schema di relazioni:

	Alleati	**Neutrali**	**Avversari**
Giocatore	Combatte a fianco del protagonista e lo accompagna nel suo viaggio	Può aiutare il protagonista a seconda delle scelte che ha compiuto in precedenza	Ha come unico obiettivo quello di eliminare il protagonista
Ambiente	Protegge una postazione nel gioco e fornisce aiuto temporaneo	Specifico di un determinato livello	Il tipo più comune di avversario, che difende uno scenario messo a ferro e fuoco dal protagonista
Motivazioni personali	È spinto dagli stessi obiettivi del protagonista e per questo lo aiuta, pur continuando a farsi gli affari propri	Agisce per le proprie ragioni e percorre la propria strada, che può incrociare quella del protagonista	Le stesse motivazioni del protagonista lo portano a essere in conflitto. È un nemico anche se non appartiene agli avversari

Un mondo sembra più vivo e realistico quando le relazioni tra i personaggi si evolvono nel tempo. Nel corso della partita le alleanze possono cambiare: il tradimento diventa molto spesso il centro di una storia. Tale cambio di prospettiva risulta soddisfacente se siamo in grado di fornire tutti gli indizi al giocatore, mascherandoli in maniera appropriata. I capovolgimenti, se causati dalle azioni del giocatore, hanno un impatto maggiore delle semplici rivelazioni, tuttavia nessun colpo di scena deve avere conseguenze nefaste per il giocatore (come accade in *Mass Effect 2*, dove anche le decisioni più drastiche sono ricollocate all'interno degli eventi principali, senza mai dare giudizi sull'operato del giocatore). Gli archi narrativi che riguardano le interazioni con i personaggi non devono essere pensati come ramificazioni ma come un insieme di condizioni che, consapevolmente innescate, modificano i comportamenti e le propensioni dei personaggi nei confronti del protagonista.

Il triangolo sì

Uno dei modelli relazionali più semplici ma estremamente efficaci assume la forma del triangolo, in cui personaggi in contrasto tra loro sono collegati dallo stesso oggetto di interesse. L'esempio classico è il triangolo amoroso, perfettamente rappresentato in *Uncharted 2: il covo dei ladri*, in cui il protagonista, Nathan Drake, è l'oggetto conteso tra la vecchia e la nuova fiamma.

Anche quando il gioco non è in prima persona, la vicenda è raccontata dal punto di vista del protagonista, che è il personaggio principale del cast. Il protagonista deve spingere avanti la storia, agendo piuttosto che reagendo, facendo accadere le cose. Quando invece si trova costretto a reagire è solo per recuperare il controllo della situazione. Accanto alla figura principale possono apparirne altre di sostituzione o supporto, come nel caso del co-protagonista, che unisce le forze con l'eroe della trama per raggiungere un obiettivo comune. Può comparire inizialmente come antagonista (magari entrando in competizione per una stessa risorsa nel gioco). Altri personaggi di supporto possono poi venire introdotti per non far allontanare il protagonista dall'obiettivo: si tratta di comparse che possono stare tanto dalla parte del protagonista quanto da quella dell'avversario (come le truppe in un gioco di strategia).

L'antagonista rappresenta l'opposto del protagonista nel senso che ha una visione opposta delle cose ma non necessariamente deve essere "cattivo". In ogni storia la tensione drammatica deriva dal conflitto, che si esprime molto spesso in questa forma di contrasto. L'antagonista in trasformazione è l'anti-eroe che avrebbe anche potuto essere il protagonista. Alla fine, solitamente, viene punito (come accade al "terribile" Wario, l'antitesi di Mario). Il finto antagonista è un personaggio inizialmente creduto malvagio dall'audience ma che alla fine si rivela innocente.

Ci sono poi antagonisti esagerati, nel senso che sono più interessanti dell'eroe stesso (come capita nel caso del Joker di Batman o, in ambito videoludico con Albert Wesker, il deus ex-machina che tiene i fili dell'intera serie di Resident Evil) e altri assolutamente "normali" (il killer della porta accanto).

Solitamente l'antagonista non è mai da solo, ma la reiterazione del conflitto avviene tramite una serie di sottoposti che rallentano il cammino dell'eroe verso lo scontro finale.

La creazione di una visione completa dei nemici, degli alleati e delle varie organizzazioni presenti nel gioco può avere un impatto fondamentale anche sulla giocabilità: per questo è importante creare delle gerarchie che possano essere d'aiuto innanzitutto ai level designer; per farlo occorre organizzare i personaggi in gruppi e individuare i leader e le motivazioni. A tale proposito può essere utile fare ricorso alla "teoria dei cinque anelli" (Five Rings) sviluppata da John Warden, stratega della campagna aerea USA durante la prima guerra del Golfo. Secondo Warden un'organizzazione è definita da 5 elementi chiave, gli anelli che danno il nome alla teoria, ovvero: la leadership, che definisce chi è in carica; i sistemi essenziali, senza i quali una comunità non può sopravvivere; le infrastrutture, che rappresentano le materializzazioni sul territorio dei sistemi essenziali; la popolazione, quindi le persone che fanno parte di questo gruppo; infine, le forze sul campo, cioè chi protegge la popolazione. Oltre a questi cinque elementi, in un documento di game design è importante evidenziare anche quali sono gli obiettivi dell'organizzazione e la dottrina del gruppo, che ne definisce la natura stessa e che influisce sul metodo operativo (sono in posizione d'attacco o di difesa?). Può essere d'aiuto definire anche il rapporto dell'organizzazione con l'opinione pubblica: opera in segretezza o le sue attività sono note e/o apprezzate/contrastate? In una certa misura queste informazioni servono a definire anche il potere e l'influenza che possono avvenire a livello locale oppure internazionale. Come conseguenza questo si ripercuote sui rapporti diplomatici, nel senso che, piuttosto che combatterli, potrebbe essere più strategico averli come alleati. Per dare poi una motivazione forte al giocatore devono rendersi manifesti i punti vulnerabili, così da consentire di impostare una linea d'azione. Aspetto, simbolismo e caratteristiche comuni (come uniformi, tipi di armi e simboli ricorrenti) devono arrivare come ultimo elemento d'analisi, conseguenza del posizionamento dell'organizzazione, in modo da non lasciarsi influenzare (troppo) dall'aspetto.

La fabbrica dei mostri

Il valore di un eroe si giudica dagli avversari che affronta. Il numero non sempre conta, ma le dimensioni e l'aspetto di sicuro hanno un certo impatto sull'immaginario collettivo. E se è vero che nei videogiochi gli eroi spesso non hanno un volto, i loro avversari compaiono sullo schermo con una maniacale cura per i dettagli. Stiamo parlando dei mostri che popolano gli universi digitali che, nella maggior parte dei casi, suscitano l'apprezzamento dei combattenti videoludici più delle controparti simulacrali. Cosa sarebbe stato di *Doom* senza i cacodemoni o i baroni infernali? O di *Resident Evil* senza le mutazioni del virus-T? Lo stesso *Space Invaders* non avrebbe riscosso altrettanto successo se, al posto degli alieni insettoidi, ci fosse stata una pattuglia di astronavi affusolate. Per andare alle origini di tutte queste aberrazioni dobbiamo però fare un salto nel passato, quando ancora i videogiochi non erano nemmeno lontanamente contemplati, ma l'immaginazione correva veloce sulla scia delle prime macchine a vapore. Estate del 1816. Svizzera. Ginevra. Villa Diodati. L'abitazione ospita per le vacanze uno dei personaggi più famosi della sua epoca, il poeta inglese George Gordon Byron. Insieme a lui l'amico e assistente John Polidori e una coppia molto in vista, Percy Bysshe Shelley con la seconda moglie Mary. Come forma di intrattenimento, il gruppo di amici decide di cimentarsi nella composizione di storie di fantasmi. Byron presenta un frammento di romanzo che in seguito Polidori rielaborerà nella forma popolare de *Il Vampiro* (1819). Mary Shelley, dopo aver ascoltato il marito e Byron discutere di teorie speculative sulla base elettrica della vita e la rianimazione galvanica dei cadaveri, ha una potente visione che culmina in *Frankenstein* o *Il Prometeo Moderno*, pubblicato in tre volumi nel 1818. Da quel momento in poi, la letteratura fantastica perderà la sua innocenza, diventando materia di un nuovo genere, che troverà la consacrazione con il capolavoro di Bram Stoker (1897) dedicato al più famoso principe della Transilvania.

Frankenstein e Dracula, i migliori esponenti della progenie aberrante partorita dal XIX secolo, sono importanti miti moderni, due icone che si completano vicendevolmente, incarnazioni della guerra secolare tra scienza e superstizione. Le loro storie si fondano sul concetto romanzesco di autoreplicazione. Il dottor Frankenstein crea il proprio doppio assemblando cadaveri trafugati da cimiteri e mattatoi; Dracula riproduce la propria stirpe attraverso una mistica trasfusione di sangue. Per avere il quadro completo, a questi due archetipi bisogna aggiungere il dualismo licantropico del dottor Jekyll e Mister Hyde (che mette in scena il tema dell'Ombra e del Doppio, ovvero del rimosso e dell'opposto) e il freak di un baraccone da incubo, che cambia ogni volta che lo si guarda, una violazione del nostro senso più radicato della forma umana nei suoi confini naturali (cfr. Skal, 1993).

La figura del mostro incarna metaforicamente un insieme di credenze universalmente condivise, in base alle quali è possibile effettuare la seguente classificazione: la convinzione che i morti possano ritornare in vita genera mostri reincarnati. Quando sono i corpi a ritornare in vita, essi vengono chiamati zombi (e a loro volta si distinguono in zombi soprannaturali, come Dracula, la Mummia, il Golem oppure zombi medico-scientifici, come quelli di Romero in *La città verrà distrutta all'alba* e il mostro di Frankenstein). Se è l'anima del defunto a ritornare, questa viene riconosciuta come spirito. Quando lo spirito è fuori dal corpo, si presenta come fantasma, quando invece si incarna in un corpo nuovo, si manifesta come possessione demoniaca. I mostri psichici derivano invece dalla convinzione che la mente sia onnipotente; in questo caso, a seconda che ci si confronti con oggetti o con il pensiero stesso, si parla di telecinesi o di telepatia. L'ultima categoria riguarda l'esistenza del Doppio, che dà vita a mostri diadici. Quando il doppio esiste sul piano fisico parliamo di replica. Se la replica ha origine naturale, genera un doppleganger (che può

essere un gemello, un clone oppure uno stesso individuo cama-
leontico); se è artificiale, dà luogo a un replicante (robot e cyborg).
Quando il doppio è di natura mentale origina quattro categorie di
psicotici: gli schizofrenici (come Norman Bates di "Psycho": stesso
corpo, diversa coscienza), i muta-forma (come il lupo mannaro:
stesso corpo, trasformazione fisica), le proiezioni (come il mostro
di Frankenstein: corpo differente) e il serial killer (stesso corpo e
stessa coscienza).

LA FABBRICA DEI MOSTRI

Quando parliamo di mostruosità, questa non scatena solo una reazione che riguarda la paura, ovvero l'essere spaventati da qualcosa
che simboleggia minacciosamente il pericolo; piuttosto, la minaccia si accompagna alla repulsione, alla nausea e al disgusto; a ciò
corrisponde una descrizione del mostro con termini associati al
decadimento, all'infezione, alla malattia e così via. La studiosa Mary
Douglas mette in relazione la reazione all'impurità con la tra-
sgressione o la violazione di schemi che appartengono a determinate categorie culturali. Si rivelano impure tutte le entità intersti-
ziali che attraversano i confini delle categorie più profonde nello
schema concettuale di una cultura – per esempio l'insetto alato
dotato di quattro zampe: queste ultime rappresentano gli animali

di terra, mentre le ali appartengono alle creature del cielo. Elementi come il sangue, le lacrime o le feci rappresentano un'altra caratteristica dell'impurità, relativa a opposizioni categoriche come io/non io, dentro/fuori e vivo/morto. Impure sono anche le entità che presentano la caratteristica di essere incomplete (come oggetti in frantumi e carne in putrefazione) o di essere prive di forma (come la polvere). Lo zombie, come morto vivente, creatura sospesa tra due piani contrapposti dell'esistenza, ammasso scoordinato di carne decomposta, è un ottimo esempio di impura mostruosità, che viola evidentemente lo schema concettuale relativo a ogni legge di natura. Un tale mostro rappresenta una minaccia non solo "fisica" ma anche cognitiva.

Ma se lo zombie va di gran moda in questa epoca storica, non è detto che continuerà a suscitare le stesse sensazioni anche in futuro; difatti, se è vero che tutto ciò che di mostruoso accade nel mondo ha un'origine ancestrale, è altrettanto vero che ogni epoca ha i propri orrori da evocare. Il mostro è una figura intrinseca della cultura, tuttavia la nostra consapevolezza del mostro è in continua evoluzione. Tant'è che uno degli schemi classici della narrazione horror è il collegamento con l'ambiente scientifico contemporaneo al fruitore, in modo da rendergli plausibili gli eventi della finzione. L'orrore e le creature che lo popolano devono dunque essere indagati ricorrendo all'intricata matrice di relazioni (sociali, culturali e storiche) che li producono.

Mondi possibili

Fondamenta di level design

La presenza di elementi architettonici nell'ambiente già di per sé consente di crearsi delle aspettative. L'architettura, intesa come passaggio guidato attraverso le mura di uno o più edifici, è la più interattiva delle forme di narrazione. La pianta di una cattedrale racconta della religione praticata e il suo attraversamento serve per espletare le varie fasi del rito. I greci, per esempio, costruirono l'Acropoli con l'intento di presentare la loro visione del mondo ispirata dalla religione. Situata su una collina sopra Atene, l'Acropoli racconta la supremazia della città. Il visitatore dell'antichità era invitato a entrare da uno stretto condotto in un vasto spazio aperto, dominato dalla statua di Atena, la dea protettrice (a cui erano dedicati ben due templi su tre).

Considerato che nel caso dei videogiochi non si tratta solo di turismo digitale ma, soprattutto, di risoluzione attiva di problemi mentre si vaga alla ricerca di un luogo di transito obbligato, l'articolazione dello spazio si manifesta solitamente come area contesa tra due forze: il bilanciamento creato dal game designer e l'azione disgregante del giocatore. Per avere successo nel gioco tale spazio va conquistato, sia dal punto di vista cognitivo (esplorando il territorio) sia all'atto pratico (eliminando ogni avversità e superando ogni trappola). Il piacere dell'interazione sta sempre in questo viaggio di scoperta e conquista del territorio.

La disciplina che si occupa della gestione di questa dimensione dello spazio ludico si chiama level design. Un gioco solitamente si presenta come la somma di più parti, che chiamiamo, appunto, livelli. La successione dei singoli livelli scandisce il ritmo di gioco e determina la curva di difficoltà. La varietà e la consistenza dei singoli livelli (prima) e del loro inserimento nell'economia del gioco (dopo) sono le chiavi di un level design di successo. Si tratta di un processo molto delicato, che richiede continue rifiniture.

Innanzitutto, a seconda del tipo di interattività prevista, avremo la possibilità di scegliere fra diverse configurazioni. Il primo tipo è quello che possiamo chiamare mappa lineare: è ideale per i giochi in single player, perché permette di incentivare il giocatore presentando un percorso univoco e non troppo ambiguo, composto da scenari sempre nuovi che stimolano la curiosità, incanalando il giocatore verso il soddisfacimento della condizione di vittoria. Quindi, se la mappa risulta troppo aperta, il giocatore rischia di perdersi; è importante dunque non considerare la vastità come parametro di costruzione del livello ma il ritmo che dovrà sostenere il giocatore per raggiungere l'obiettivo principale. Al contrario, la mappa circolare si rivela l'ideale per i giochi multiplayer (pensiamo ai circuiti automobilistici, a un campo da calcio o a una mappa di *Quake III*): deve essere semplice da memorizzare e non deve presentare zone franche dove il giocatore possa nascondersi all'infinito. Il piacere che il giocatore trae nel vagare in questi livelli (solo all'apparenza circoscritti) dipende proprio dalla perfetta conoscenza del territorio e della disposizione di oggetti e di altri elementi che gli permettono di acquisire vantaggio nel confronto con l'avversario, pur partendo dalle stesse identiche condizioni. Mentre nel primo caso la sfida è rappresentata dallo spazio di gioco, nel secondo sono gli altri giocatori umani a rappresentare il test per la propria abilità.

In entrambi i casi ogni livello dovrà presentare uno stile grafico (per non dire un'identità) ben riconoscibile, mantenendolo coerente all'interno di un certo confine. L'aggiunta di dettagli sempre nuovi ma conformi aiuta a rafforzare il senso di immersione del giocatore mentre attraversa il paesaggio. In questa opera di "landscape design" bisogna ricordarsi di inserire sempre degli elementi distintivi che permettano al giocatore di orientarsi, aiutandolo a non perdere mai la direzione. Per quanto sia piacevole andare alla scoperta di ogni anfratto nascosto, non bisogna infatti dimenticare che il compito principale del "giocatore modello" è quello di raggiungere l'uscita. Detto così può suonare sconfortante, tanto lavoro per nulla ma, in realtà, quello che ricordiamo dell'intera esperienza di gioco è proprio la costruzione di un singolo scenario o di un passaggio particolare. A questo proposito, i livelli più memorabili sono solitamente quelli costruiti attorno a un evento principale: l'ingresso di un mostro colossale, l'improvvisa comparsa di un panorama mozzafiato... L'intera costruzione del livello deve quindi servire da preparazione allo scatenarsi di questo evento e alla sua risoluzione. E siccome un libro si giudica dalla copertina, l'impressione iniziale suscitata dall'ingresso nell'ambientazione inciderà notevolmente sulle aspettative e sugli atteggiamenti del giocatore. Gli elementi chiave per costruire un buon punto di ingresso sono: barriere minime (non ostacolare l'accesso e lo spostamento), punti di prospettiva (offrire elementi per l'orientamento e presentare chiaramente le opzioni di interazione disponibili) e richiami progressivi (per indurre a varcare la "soglia" senza indugio, come se si trattasse degli strilli di una copertina). E proprio su questi ultimi si basa l'efficacia dell'intero livello: presentando le informazioni rilevanti in maniera progressiva, facendo quindi intuire le varie tappe per raggiungere l'uscita, si riesce a gestire in maniera ottimale la percezione della complessità, mostrando di volta in volta solo le informazioni necessarie al soddisfacimento dell'obiettivo corrente. Tale tecnica è impiegata diffusamente dai progettisti dei parchi a tema che, per evitare che nuovi visitatori siano scoraggiati da una lunga fila, progettano l'attrazione in modo che la fila venga svelata solo per segmenti progressivi, di modo che nessuno, all'esterno e all'interno, possa vederla completamente. Chiaramente, nel caso dei videogiochi, i richiami progressivi non devono servire a mascherare la noia, ma a favorire il proseguimento dell'interazione, incentivando il giocatore ad affrontare le sfide di difficoltà crescente proposte man mano.

Quando invece parliamo di barriere minime e di punti di prospettiva facciamo riferimento ad altri due principi universali di design. Il primo riguarda la preferenza per la savana o ambienti simili, caratterizzati, per esempio, da aree aperte, vegetazione uniforme, alberi sparsi e presenza d'acqua (come accade nei percorsi di golf); ambienti, quindi, in cui è facile trovare l'orientamento e distinguere eventuali pericoli. Il secondo principio è quello della prospettiva-rifugio: la tendenza innata a preferire ambienti caratterizzati da viste prive di ostacoli (prospettive) e luoghi per nascondersi (rifugi), ovvero spazi in cui è possibile vedere senza essere visti. In uno spazio vasto, inesplorato e potenzialmente pericoloso come, appunto, il livello di un videogioco, l'utente tenderà a muoversi lungo i lati piuttosto che al centro, andando alla ricerca di zone riparate, magari coperte da un soffitto, e con pochi punti di accesso, protetti sul retro o sui lati, e quindi facilmente "difendibili". Dato che questi elementi sono un retaggio evoluzionistico, è sempre opportuno assecondarli ai fini di un level design efficace, collocando, per esempio, i nemici al centro dell'arena in posizione ben visibile e disponendo tutt'intorno rifugi da sfruttare per procedere furtivamente e attaccare alle spalle gli avversari o ripararsi in caso di intercettazione.

La mappa è il territorio

Dato che ogni singolo livello rappresenta il gioco nel suo piccolo, dovrà offrire al suo interno la medesima struttura interattiva, fornendo oltre all'obiettivo principale (che consente il passaggio al livello successivo) altri obiettivi secondari. All'atto pratico, tali obiettivi possono essere introdotti usando una sequenza filmata, muovendo la telecamera lungo la mappa per indicare gli "hot spot" da raggiungere, oppure fornendo un briefing dettagliato della missione all'inizio del livello.

Anche a livello di singolo scenario è importante variare il ritmo, presentando sfide di difficoltà crescente, spezzate da sequenze più "rilassate" o narrative (per consentire al giocatore di riorganizzare il proprio status o l'inventario) fino al raggiungimento di un climax (che condurrà al livello successivo).

È inoltre fondamentale fornire sempre al giocatore una misura del proprio successo nel raggiungimento dei vari obiettivi, modificando elementi dello scenario (cumoli di macerie dove prima sorgeva il covo dei cattivi), fornendo l'accesso ad aree precedentemente precluse (leggi alla voce "raccolta di chiavi"), mostrando messaggi su schermo (congratulandosi, oppure descrivendo l'obiettivo successivo o mostrandolo su una mappa).

Una problematica che non affligge i giochi in multiplayer, ma che invece diventa centrale in quelli in singolo, è data dalla necessità di intrattenere il giocatore in una data area del livello fino a quando non avrà compiuto ciò che il game designer ha previsto, facendo in modo che non si rovini la partita eseguendo qualcosa di inaspettato e, allo stesso tempo, che non ritorni indietro una volta che ha superato le sfide proposte (non solo per gestire meglio le unità di memoria ma anche per prevenire la noia). Se il giocatore non può tornare sui propri passi deve sapere di aver compiuto un progresso, senza doversi chiedere se ha lasciato indietro qualcosa di importante. Un espediente a cui spesso si ricorre è quello di generare barriere naturali che possono "scomparire" quando il giocatore ha superato l'obiettivo. Allo stesso modo, si può introdurre una barriera che impedisce al giocatore di tornare indietro una volta oltrepassata. Nel caso delle sequenze di combattimento, poi, per evitare che il giocatore si trascini dietro tutti i nemici del livello, nelle aree aperte si possono introdurre dei check point obbligatori protetti da un mini-boss. L'importante è che il giocatore non raggiunga l'uscita troppo velocemente.

Per riuscire a soddisfare le esigenze sia di un pubblico esperto, sia di un target più generico, bisogna inserire tipi di sfide differenti all'interno dello stesso livello. In questo caso, il modello da prendere come esempio è quello dei parchi a tema: tutti entrano dallo stesso ingresso e hanno l'accesso a tutte le attrazioni (o quasi). Tuttavia alcune saranno troppo ardite per un certo pubblico e altre troppo tranquille per un altro tipo: nessuno, però, si sente offeso dalla presenza di attrazioni che non lo interessano (visto che ce ne sono a sufficienza per intrattenerlo comunque).

In altre parole, il compito principale del level designer è quello di fare in modo che tutti i giocatori entrino dallo stesso ingresso, intuendo subito dove potersi dirigere. Devono poi essere inseriti chiari punti di riferimento per non far perdere l'orientamento al giocatore: l'impiego di frecce e suggerimenti è solo indice di una progettazione distratta. Ovviamente ne consegue che tutti i giocatori dovranno essere in grado di trovare immediatamente l'uscita quando avranno fatto ciò che dovevano. Mentre l'esperto potrà scegliere una strategia ad alto rischio e alta ricompensa (magari solo per recuperare un oggetto molto nascosto non indispensabile ai fini dell'interazione), il giocatore meno smaliziato dovrà invece avere la possibilità di procedere (più o meno speditamente) verso l'uscita. Non è indispensabile infatti che ogni "visitatore" esplori ogni singolo millimetro quadrato della mappa. L'importante è fare in modo che il giocatore si diverta e continui a giocare per riprovare le stesse emozioni in un livello successivo o ripetendo l'esperienza ludica dal principio.

Dar vita a un mondo

Per creare un ambiente di gioco credibile e coerente in cui ambientare una vicenda occorre innanzitutto rispondere alle seguenti domande:

- Qual è la cosa di maggior valore in questo mondo? (in un gioco di guerra saranno le armi e le munizioni, per esempio)
- Cosa deve fare il giocatore per vincere?
- Chi e cosa cercano di fermarlo e perché?
- Cosa accadrebbe al mondo se l'eroe fallisse?
- Cosa accade quando ha successo?
- Come è fatto un bar nel gioco? (i bar sono gli edifici più comuni e popolari)
- Cosa impedisce al giocatore di recarsi nei posti in cui non può andare?
- Cosa offre l'illusione della libertà di scelta?
- Il tempo influenza il mondo di gioco?

Il labirinto come archetipo

Dal punto di vista del game design, lo spazio (la mappa) è un problema – un enigma che il giocatore è chiamato a risolvere tramite l'interazione con l'interfaccia. Avventure, giochi di guida, sparatutto, platform... in tutti i casi l'obiettivo è sempre quello di riuscire a decrittare con successo lo spazio ludico per superare le sfide proposte o avere la meglio sugli avversari. La forma che questo spazio problematico assume è, il più delle volte, quella del labirinto e questo solo perché la ripetitività di un tracciato rettilineo e privo di sfide senza obiettivi viene presto a noia.

Il labirinto è una struttura archetipica, un simbolo che parla all'uomo della sua condizione: esistono numerose situazioni in cui è facile entrare e difficile uscire. Da sempre il labirinto compare nell'immaginario collettivo: associato ai riti del culto solare, come giri di una danza propiziatoria, come cammino d'iniziazione e di espiazione (pensiamo alla funzione dei labirinti nelle cattedrali). Molto probabilmente la sua forma primitiva deriva da quella della spirale e da questa si è sviluppata, senza però mai mutare il suo significato ancestrale.

Le curve sinuose lasciate sulla terra dal serpente sono la prima raffigurazione grafica del labirinto. Il fatto che il serpente strisci a stretto contatto con il terreno è stato identificato dalle popolazioni antiche (dai Maya agli Egizi) con l'energia tellurica primigenia e quindi con il ciclo della vita, che passa inevitabilmente attraverso la morte (rappresentata dal morso velenoso). Proprio per questa bipolarità il serpente è stato progressivamente associato all'idea di male. Il serpente tentatore della Bibbia invita alla conoscenza condannando il genere umano. In realtà è una forza fecondante, che spinge alla comprensione del significato della vita. La sua forma fallica e il suo legame con le costellazioni sono l'essenza del filo di Arianna, grazie a cui si riesce a capire il labirinto e quindi a uscirne. Le spire indicano la ciclicità dell'eterno ritorno e ricorrono nell'alchimia: le due serpi attorcigliate del caduceo di Mercurio rappresentano la bipolarità dell'energia della Terra, mentre il caduceo di Asclepio (dio della medicina) con un unico serpente simboleggia l'uso mirato di questa forza. Alla sua morte, Asclepio assurge in cielo, trasformandosi nella costellazione dell'Ofiuco (o Serpentario – il fantomatico XIII segno dello Zodiaco).

L'altro animale strettamente associato alla simbologia del labirinto è il toro: considerato sacro in quanto simbolo di virilità e forza vitale (e per questo oggetto di sacrificio nei riti catartici) è anch'esso presente nelle più antiche raffigurazioni umane. Mentre il serpente è il labirinto, perché lo costruisce con il suo movimento, il toro è nel labirinto e lì viene sacrificato (il suo sangue genera infatti prosperità e le sue viscere non solo richiamano le volute spiraliformi del labirinto ma evocano il mistero che si ricollega all'oltretomba e, di conseguenza, alle cavità infernali del sottosuolo). Nella veste diabolica del Minotauro, il toro rappresenta il nostro alter-ego negativo che deve essere immolato per ottenere la purificazione.

Nella Creta minoica viene dunque disegnato un oggetto architettonico di culto, il Palazzo di Cnosso, intricato al suo interno, che definisce il limite per affermare il rito, legando indissolubilmente il serpente e il toro. Successivamente, durante il Medioevo, la paura del mondo infero sfocerà nella costruzione delle cattedrali, il baluardo di pietra contro il demonio. Le cattedrali presentano la stessa radice del labirinto di Cnosso, proponendo al loro interno percorsi iniziatici che, tramite la preghiera e l'introspezione, portano al centro ideale: la Vergine, Grande Madre e Madonna Nera simile a Iside.

Nel Rinascimento si sviluppa invece l'idea di giardino come recinto protetto, elemento di separazione dal mondo esterno e, allo stesso tempo, modello della creazione e luogo dove l'uomo prende coscienza di sé. Sorgono paesaggi favolistici che conformano lo spazio in chiave mitologica e che prevedono una diversa tipologia d'iniziazione: il gioco. Il giardino racchiude un doppio significato: da una parte luogo idilliaco dell'Eden, dall'altro meandro vegetale che nasconde misteri di Madre Natura, dove il visitatore è invitato a perdersi, abbandonandosi all'irrazionalità dell'esperienza onirica. Se nell'Antichità dominava il labirinto inteso come sacrificio catartico e nel Medioevo come pellegrinaggio di redenzione, dal Rinascimento in poi si fa largo l'idea del gioco intriso di mistero. Da qui nasce l'estetica ludica che condurrà la struttura mentale del labirinto a tradursi in videogioco tridimensionale.

Detto questo, non c'è dubbio come il simbolo supremo del labirinto sia un altro: il muro, l'elemento minimo senza il quale non potrebbe esistere. Questo limite fisico assurge a simbolo psicologico: l'architettura stessa fissa il tempo, istituendo punti fermi nel deserto dello spazio. Il limite archetipico è presente inizialmente in natura (un sasso, una caverna) e solo in un secondo momento diviene costruzione - il riparo artificiale è elemento fondamentale per la sopravvivenza.

Dalla modificazione territoriale si passa all'architettura della sovrapposizione, con edifici di pietra che ridisegnano il panorama naturale, in un'escalation che porta alla nascita della città, che ha le sembianze del labirinto sia nelle sue parti più piccole (la planimetria di un'abitazione) sia nella sua estensione (la mappa urbana). La metropoli stessa produce poi ulteriori sotto-labirinti, nella forma del supermarket - che impone il percorso tra gli scaffali, partendo da un ingresso e finendo con l'uscita alle casse.

Tra tutte le configurazioni che il labirinto può assumere, riusciamo a distinguere tre categorie fondamentali. La prima è quella che assume forma "unicursale", che all'apparenza può confondere, ma in realtà presenta un percorso che si dispiega come un gomitolo a due capi: entrando da una parte non si può che uscire dall'altra. È il labirinto classico, che non ha bisogno del filo di Arianna perché è esso stesso il filo d'Arianna. Per questo motivo al centro c'è il Minotauro: per rendere l'intera vicenda meno monotona e un po' più speziata. Il problema posto da questo labirinto non è tanto "da quale parte uscirò?", bensì "uscirò?", che tradotto sta per "uscirò vivo?". Questa forma rappresenta l'immagine di un microcosmo difficile da vivere, ma tutto sommato ordinato, perché dietro si nasconde una mente che lo ha concepito. Ed è proprio questa forma che meglio si adatta alla struttura videoludica.

Diverso è il labirinto manieristico, che non ha la struttura a filo raggomitolato ma ad albero dalle infinite ramificazioni, una sola delle quali porta all'uscita, mentre tutte le altre conducono a un vicolo cieco. Può accadere di ritornare sui propri passi all'infinito, tuttavia esiste una regola che porta alla soluzione, visto che è ancora possibile distinguere il dentro dal fuori. L'immagine videoludica che meglio calza questa struttura labirintica è quella della sandbox (come GTA) nel momento in cui non si riesce a trovare il punto di inizio (o di fine) di una nuova missione.

Terzo tipo è il rizoma, una rete infinita dove ogni punto è connesso all'altro e la successione delle connessioni non ha termine; si perde infatti la dimensione di interno ed esterno. Anche le scelte sbagliate producono delle soluzioni (che ovviamente complicheranno il problema). Sebbene possa esistere una mente che ha pensato il rizoma, non ne avrà potuto comunque stabilire la struttura. Internet è l'espressione più riuscita del rizoma digitale.

Guardando alla struttura interna, invece, è possibile procedere a una classificazione più dettagliata. Innanzitutto possiamo distinguere tra labirinti univiari e pluriviari, i primi sono pseudolabirinti, perché non si può considerare labirintico un percorso lineare, solo lungo, che non dia luogo a dubbi o non imponga delle scelte. Inoltre, potranno darsi labirinti senza centro, con un centro solo o con più centri, e il centro potrà essere di passaggio o di arrivo. In altre parole, possono esserci lungo il passaggio dei rigiri obbligati dai quali bisognerà riprendere il cammino per arrivare al vero e ultimo centro, un po' come accade nel secondo remake di *Prince of Persia* (Ubisoft, 2008).

A seconda che il percorso cominci dal centro o lì vada a finire, distingueremo tra labirinti centrifughi e centripeti. Potremo avere labirinti bi- o tridimensionali a seconda che il labirinto si svolga su un piano solo in lunghezza e larghezza oppure su più piani, in tal caso potrà scendere o salire. Infine, la complessità di un labirinto potrà essere dettata anche dalle sue diramazioni, dal loro numero e dalla loro disposizione.

Infine, il labirinto non è solo un'espressione spaziale, ma anche temporale. La durata della nostra permanenza in mezzo agli intrichi generati dal game designer è sempre una funzione di due componenti: l'estensione e la complessità del disegno (che è lo stato oggettivo) e il grado della nostra intelligenza e intuito (la situazione soggettiva). Sarà la fusione dei fattori interni ed esterni a determinare il tempo necessario per raggiungere la camera dei segreti. Tempo che, solitamente, viene ricompensato con bonus di diversa natura e che ovviamente rappresenta l'aspetto agonistico del gioco una volta che si esaurisce l'effetto "iniziatico".

L'industria del videogioco

In teoria, non c'è nessuna differenza tra teoria e pratica.
In pratica sì.
Lawrence Peter "Yogi" Berra (giocatore di baseball)

Dal garage al jet set

Nata come passatempo nei grandi laboratori di ricerca scientifica, trasferitasi subito dopo nelle camere da letto di giovani geni della programmazione, l'industria videoludica è diventata, dalla seconda metà degli anni '80 in poi, un affare quasi esclusivo delle mega corporazioni. Il progresso tecnologico, che ha consentito una sempre maggiore complessità degli universi descritti, ha generato la necessità di coinvolgere sempre più figure professionali per il completamento del progetto. Mentre il concept di un gioco può essere il frutto di un'unica persona, le competenze richieste per arrivare alla pubblicazione di un prodotto più o meno commerciale (anche a livello di sviluppo indipendente) sono così diversificate da richiedere necessariamente la collaborazione di un team di talenti. Per capire su che scala stiamo ragionando, mentre a fine anni '80 per produrre un blockbuster si poteva arrivare a team di venti persone, quindici anni più tardi un progetto di buon livello supererà con disinvoltura il centinaio di professionisti coinvolti. Chiaramente, il boom dei costi di realizzazione per un gioco "importante" ha portato parallelamente alla crescita del mercato indipendente: i giochi a basso budget realizzati da piccoli team fuori dalle logiche di mercato sono diventati un vero fenomeno di massa (basti solamente pensare ai mini-giochi online o alle applicazioni per i telefoni cellulari più evoluti).

In quest'ultima sezione cercheremo dunque di offrire una panoramica sulle attuali dinamiche di sviluppo e sugli attori più importanti che operano sul mercato. Un mercato che, pur essendo in crescita costante, occupa comunque un settore di nicchia dell'intrattenimento, in confronto diretto con altri mercati, come quello cinematografico e discografico. Sebbene tutte e tre le industrie condivdano alti costi di produzione e marketing e la stessa dipendenza dai blockbuster (per cui vale l'assioma secondo cui il 90% dei ricavi è generato dal 10% delle pubblicazioni), considerate le diversità nel modello di business e di fruizione delle opere complete, paragonare un videogioco a un film o a un album musicale non ha senso. Sebbene il fatturato annuo dell'industria videoludica nel suo complesso superi quello dell'industria cinematografica, in realtà i dati fanno riferimento al solo box office, e quando anche i costi a livello di produzione siano ormai equiparabili, il piano di business di un film riguarda, oltre alla distribuzione nelle sale, la realizzazione di DVD e Blu-Ray e la cessione dei diritti per la programmazione televisiva, oltre al merchandise, mentre gran parte dei ricavi nella produzione del videogioco non viene dalle licenze ma dalla vendita del prodotto al consumatore finale. Prodotto che, proprio per questo motivo, ha un prezzo di accesso al pubblico che alla prima uscita a scaffale raggiunge mediamente la soglia dei 50$. Tralasciando le dinamiche del mercato italiano, su cui pesa anche il discorso della localizzazione e della distribuzione, facendo un conto molto "spannometrico", il 35% circa del prezzo medio va al rivenditore, il detentore dell'hardware su cui gira il software si garantisce un 15% e il rimenente 50% viene suddiviso a seconda dei contratti tra distributore, publisher e sviluppatore. A livello di costi e tempi di realizzazione, un gioco "AAA" (cioè il blockbuster di stagione per un dato publisher) può costare dai 5 ai 15 milioni di dollari e richiedere dai 18 ai 36 mesi di sviluppo. A questo budget, che riguarda solo la realizzazione, si vanno inoltre ad aggiungere consistenti spese di marketing che oscillano tra 1 e 10 milioni di dollari. A fianco di queste mega-produzioni coesistono giochi di "secondo rango", i cui costi di sviluppo oscillano tra il mezzo e il milione di dollari (per un tempo di realizzazione compreso fra i 12 e i 18 mesi) mentre al marketing vengono destinati circa 200 mila dollari. Infine, quelli chiamati "value titles", destinati a un pubblico molto meno smaliziato, hanno un budget di 200-300.000 dollari (40.000 $ destinati al marketing) e un tempo di sviluppo di circa 5-6 mesi.

A questo modello di business standard, da un paio d'anni si sono aggiunte le microtransazioni favorite dalle modalità online, oltre alla vendita diretta di software scaricabile dall'utente finale. Va anche detto come una buona parte del fatturato sia generato dalla vendita dell'usato che, ovviamente, non procura marginalità alle software house.

IL MERCATO DEI VIDEOGIOCHI

- Produttore dell'hardware
- Sviluppatore del gioco
- Casa editrice (publisher)
- Distributore
- Rivenditore
- Consumatore

In alcuni casi, lo sviluppatore del gioco è un team interno a quello del publisher, che può coincidere anche con il produttore dell'hardware, come accade, per esempio, con la serie di *Gran Turismo*, realizzata da Polyphony Digital, sussidiaria di Sony Computer Entertainment. Molto più frequente è la situazione in cui una software house stipula un contratto con un publisher internazionale per la realizzazione di uno o più prodotti che dovranno essere sottoposti anche al controllo qualità del detentore dell'hardware prima della pubblicazione. Una volta che il master del gioco è stampato e incelophanato, passa dal distributore e raggiunge i consumatori finali tramite catene o negozi specializzati.

Se il ciclo di vita di una piattaforma hardware si estende su un periodo di 4-6 anni, molto più contratta è la vita a scaffale del software. Il maggior numero di pubblicazioni esaurisce la spinta propulsiva in termini di vendite nell'arco di 45-60 giorni e la parte più consistente di venduto si realizza comunque nelle prime tre settimane dal lancio. Le rare eccezioni che si sottraggono a questo modello di consunzione rapida sono le cosiddette *killer application*, classici istantanei che generano flussi di vendita costanti e consistenti per un periodo relativamente lungo che, nei casi più eclatanti (come un nuovo gioco di Super Mario) può superare anche l'anno dalla data di uscita. In ogni caso, anche i titoli più resistenti scompaiono dagli scaffali dei rivenditori e il loro ciclo di vita viene solitamente dilatato con la riedizione "budget" a 9-12 mesi dalla prima uscita, caratterizzata da un prezzo molto più economico e da un packaging più essenziale.

A livello globale, la principale segmentazione del mercato avviene in tre macro aree geografiche: il mercato nordamericano (USA e Canada), quello asiatico (con il Giappone in testa nel settore console e la Corea del Sud inarrivabile in quello PC) e il mercato europeo. Ogni area presenta una domanda dalle caratteristiche peculiari, non solo per le eventuali barriere linguistiche, ma anche per il background culturale (giusto per fare un esempio, la Formula 1 e il calcio non godono della stessa popolarità in USA quanto nel Vecchio Continente), la diffusione delle varie piattaforme e il livello di alfabetizzazione digitale. Per esempio, il mercato giapponese, per quanto evoluto, si è sempre dimostrato refrattario alla penetrazione di Xbox (un hardware straniero) e anche i giochi per PC rappresentano un mercato marginale e specialistico (incentrato soprattutto su software di natura erotica). Inoltre, sempre in Giappone, i coin-op fanno ancora parte del vissuto quotidiano mentre in occidente hanno ceduto il posto ad altre forme pubbliche di intrattenimento. Nord America ed Europa presentano anche in ambito videoludico quell'omogeneità che si applica a gran parte della cultura pop. I prodotti statunitensi trovano uno sbocco quasi automatico sui mercati europei (non fosse altro per i differenti standard video, che solo in parte l'alta definizione risolve), tuttavia il fenomeno inverso presenta ancora qualche difficoltà, dato l'atteggiamento più chiuso del mercato americano rispetto alle produzioni straniere. Per quanto riguarda i territori europei nello specifico, le differenze linguistiche rendono necessaria la localizzazione sui mercati nazionali dei prodotti originariamente pubblicati in lingua inglese.

Il processo creativo

Come già accennato, la richiesta di competenze per lo sviluppo di un gioco dipende dalle dimensioni e dalle ambizioni del progetto. Tuttavia, sia nel caso di titoli AAA sia di quelli da cesto del supermercato, le fasi attraverso cui si passa dal concept al prodotto vero e proprio sono almeno tre. La prima fase, di pre-produzione, è la fase in cui una semplice idea deve trasformarsi in un progetto di design. Il primissimo step consiste nella redazione di un documento che illustri gli elementi chiave del gioco che si desidera realizzare. In secondo luogo, per attirare le attenzioni di un potenziale publisher, occorre sviluppare un piano di produzione che tenga conto anche dell'analisi della concorrenza, della situazione di mercato, di eventuali necessità tecnologiche e proiezioni del budget. Tali materiali saranno integrati da indicazioni sullo stile audiovisivo del progetto e di come il modello di gioco implementato influenzi la costruzione dell'universo digitale. Mentre continua la ricerca di fondi e materiali (tra cui i kit di sviluppo specifici per ogni piattaforma di gioco), si rivela opportuna la creazione di una versione dimostrativa interattiva del concept, che può essere costruita anche ricorrendo a tool generici. Successiva all'approvazione del prototipo c'è la fase di inizializzazione dei tool di sviluppo veri e propri, nel senso che, nel caso di un gioco dal budget elevato, il motore (che definisce l'intelaiatura del gioco) sarà costituito, se non addirittura da un engine proprietario, dall'assemblaggio personalizzato di vari "middleware", specifici per diversi ambiti (dalla modellazione poligonale al sistema di collisioni a quello di Intelligenza Artificiale, e così via). Contemporaneamente si procede alla definizione della direzione artistica del progetto, coinvolgendo professionalità diverse fino a raggiungere l'impatto visivo/sonoro ricercato.

Conclusa con successo la fase di prototipizzazione, si passa a quella di produzione, che riguarda l'acquisizione di nuovi membri del team specializzati in determinati comparti e la finalizzazione dei tool di sviluppo. Uno dei processi chiave per il successo del progetto risiede nell'accurata programmazione dei calendari e della logistica, per evitare di sforare dal budget e dai tempi di consegna. A livello operativo, la fase di produzione riguarda la realizzazione dei personaggi, con le relative animazioni, e degli scenari che precede il design dei livelli in termini di obiettivi e missioni, e, contemporaneamente si definisce il sound design sia come effetti sia come dinamiche interattive della colonna sonora. Man mano che le varie parti vengono assemblate in quella che in gergo è definita versione alfa, il codice viene affidato a un team di tester che deve riportare ogni singolo errore di programmazione o di design. La fase di produzione vera e propria si conclude con il processo di approvazione, sia presso il publisher sia presso il produttore delle piattaforme di riferimento, e la distribuzione di versioni beta del codice al mondo esterno per ottenere un feedback dall'utenza più evoluta (giornalisti e opinion leader).

L'ultima fase, quella di post-produzione, che precede l'imminente realizzazione del gold master, e quindi la messa a scaffale del prodotto, riguarda l'eventuale localizzazione dei contenuti (doppiaggio, sottotitoli, manualistica, se non addirittura la rimozione/sostituzione di intere parti di codice), la pianificazione di seguiti ed espansioni, la gestione di un'eventuale comunità online, il marketing e la distribuzione.

Ricapitolando:

. **Pre-produzione**
   - redazione del documento di design;
   - demo giocabile del concept;
   - inizializzazione dei tool di sviluppo;
   - definizione della direzione artistica;
   - ricerca fondi e materiali (kit di sviluppo).

. **Produzione**
   - acquisizione membri del team;
   - programmazione dei calendari e logistica;
   - finalizzazione dei tool di sviluppo (rendering, AI, fisica);
   - realizzazione di personaggi, scenari e animazioni;
   - design dei livelli e delle missioni;
   - sound design (musica e effetti sonori);
   - testing delle parti giocabili;
   - processo di approvazione (publisher/produttore console).

. **Post-produzione**
   - localizzazione per i mercati stranieri;
   - pianificazione seguiti ed espansioni;
   - marketing e distribuzione;
   - sviluppo comunità online.

Il team di lavoro

Per riuscire a mettere insieme la mole di lavoro sopra descritta, soprattutto nel caso delle produzioni più importanti, sono necessarie cinque aree di competenza: design, creatività artistica (grafica e sonoro), programmazione, gestione e logistica (nella figura del producer, innanzitutto) e testing. Accanto a queste figure indispensabili, sempre più spesso fa parte integrante del team lo sceneggiatore, responsabile tanto dello sviluppo della storia, delle relazioni tra i personaggi e dei dialoghi. Sia i tester sia il reparto di localizzazione possono essere reclutati all'esterno e intervengono in una seconda fase della produzione.

IL TEAM DI LAVORO

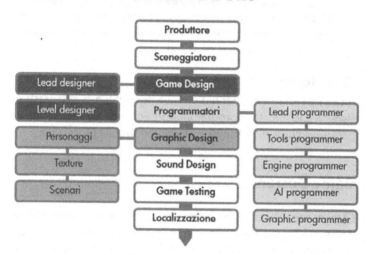

Produttore

Coordina il lavoro del team, principalmente dal punto di vista logistico e della gestione del budget. Deve tuttavia possedere conoscenze di tipo tecnico e dare input alla creatività. Il problema maggiore nello sviluppo di un gioco, infatti, è dato dalla necessità di far coesistere tecnologia informatica e creazione artistica, la prima riconducibile a una serie di processi quantificabili e programmabili con una certa precisione, mentre la seconda esula completamente da queste rigide logiche quantitative, dando così vita a un mix che può risultare tanto esplosivo (quando funziona) quanto innescare una spirale negativa che può condurre a quello che viene definito "development hell", ovvero la sospensione del progetto, che può essere causata anche dai cambiamenti di tecnologia. Sempre per questo motivo, un ritardo di pochi mesi sulla data di lancio può avere un impatto molto negativo per il publisher in termini di incassi, nel frattempo, infatti, potrebbero essere stati immessi sul mercato software più evoluti. Proprio perché funge da interfaccia fra il publisher e il team sviluppo, il producer rappresenta una figura chiave nel successo di una produzione videoludica.

Sceneggiatore

Sebbene molto spesso il game designer sia anche sceneggiatore, sempre più spesso si ricorre a professionisti per la storia, i dialoghi e tutti i testi presenti nel gioco. La sua formazione è prettamente umanistica ma, come abbiamo visto, deve saper trattare la materia come un'opera aperta.

Game Tester

Gioca ripetutamente per individuare ogni glitch, bug o crash di sistema e lo riporta ai programmatori. Fornisce ai designer feedback sulla curva di difficoltà e suggerimenti sulla giocabilità.

Game Design

Chi si occupa di *game design* concepisce il gioco dal punto di vista dell'interattività e stabilisce il ritmo con cui si susseguono gli elementi fondamentali contemplati dalla sceneggiatura e dal documento di design. Più grande il progetto, più numerose le figure coinvolte.

Lead designer

Solitamente coincide con un'unica figura che durante tutto il processo di sviluppo continua a implementare parti del progetto, revisionando e raffinando il game design. Deve avere sufficienti conoscenze tecniche per sapere cosa può essere implementato e in che tempi. In termini cinematografici è colui che occupa la sedia del regista.

Level designer

Possono essere più persone (su cui sovrintende il lead designer) a seconda delle dimensioni del progetto: creano l'architettura dei livelli e delle singole missioni, popolandole di avversari, trappole e obiettivi. Si coordinano con i grafici degli scenari e i programmatori dell'Intelligenza Artificiale.

Programmazione

Il reparto di programmazione si occupa della trasformazione del documento di design in una serie di comandi eseguibili dalla piattaforma hardware di riferimento. Il compito principale consiste nella definizione dell'impalcatura grafica/interattiva (il cosiddetto motore di gioco, su cui vengono successivamente integrati gli elementi artistici).

Lead programmer

La figura più importante dopo il produttore, fa da filtro alle idee del designer, sviluppa il motore di gioco e crea i tool per gestire la grafica e l'audio. È richiesta una formazione scientifica e la conoscenza dei linguaggi di programmazione (tipicamente C++) e *assembler* (il cosiddetto "linguaggio macchina" per la programmazione di basso livello).

Tools programmer

Crea gli strumenti per realizzare il gioco: generare i livelli, importare i file grafici, ecc. Sebbene si possano usare middleware, i tool creati in proprio sono più flessibili.

AI programmer

Responsabile del sistema di Intelligenza Artificiale, fa in modo che le varie entità si comportino in maniera credibile, rispondendo agli input forniti dal giocatore.

Engine programmer

Il motore di gioco è la struttura a cui fanno riferimento gli altri team di programmazione per creare le singole parti di gioco. Genera i mondi poligonali dotati di fisica e li anima di personaggi.

Graphic programmer

Si concentra sulle tecniche più avanzate di rendering 3D e sui vari effetti visivi.

Graphic Design

Il comparto grafico si occupa della creazione dei vari elementi artistici (dalla creazione dei personaggi alle schermate dei menu) inseriti nell'infrastruttura creata dai programmatori; proprio per questo, la vena creativa non basta, è richiesto anche un minimo di preparazione informatica. Lo staff grafico deve sapere interpretare la
visione estetica del game designer e trasformarla in un insieme di
immagini originali e coerenti. Le competenze richieste si dividono
in tre ambiti: disegno "manuale" (per la realizzazione di immagini in
fase di concept e la creazione di texture), modellazione tridimensionale (per personaggi, oggetti e scenari) e animazione. Il reparto
grafico è responsabile fondamentalmente di tre aspetti del gioco:

Personaggi

Chi si occupa di character design indica il look generale di ogni
personaggio e il tipo di animazioni che andranno implementate.

Texture

Creano le tessiture che ricoprono gli oggetti del gioco, sia dise-
gnandole a mano, sia ricorrendo a materiale fotografico.

Scenari

Generano l'ambiente di gioco. Mentre i level designer progettano
una bozza di layout, i grafici degli scenari inseriscono tutti i dettagli e gli effetti.

Sound Design

È il reparto responsabile di tutti gli elementi sonori: dalla musica, al
doppiaggio, agli effetti sonori ambientali e quelli legati agli eventi
di gioco.

Compositore musicale

I *musicisti* compongono la colonna sonora, coniugando la formazione musicale con la preparazione informatica per riuscire a
modulare la transizione dinamica tra le diverse melodie in accordo
ad altrettante situazioni di gioco.

Tecnico del suono

Realizza i campionamenti digitali degli effetti sonori più appropriati da collegare ai diversi eventi di gioco.

Attore

Recita i brani di dialogo previsti dalla sceneggiatura e fornisce varie intonazioni per le battute ripetute, a seconda delle esigenze dinamiche di gioco.

Localizzazione

Si tratta di adattare il gioco ai mercati stranieri, a livello di testi e doppiaggio e, in alcuni casi, anche di contenuti.

La documentazione

Considerata la quantità di forza lavoro necessaria per sviluppare un videogioco e il numero di differenti professionalità (interne ed esterne) coinvolte nella realizzazione, ciascuna spesso indipendente per buona parte del progetto, diventa fondamentale condividere una serie di linee guida costantemente aggiornate a cui tutti possano fare riferimento in qualsiasi momento. Per questo è importante produrre, sia prima sia in corso d'opera, una documentazione precisa che solitamente viene suddivisa in tre ambiti.

Game design. Lo "script" che descrive la struttura fondamentale del videogioco in termini di concept, direzione artistica, interfaccia utente, struttura dei livelli, funzione e collocazione di personaggi e oggetti; man mano che lo sviluppo procede, e si arricchisce di dettagli la sceneggiatura, al documento di design possono venire integrati uno script cinematografico, che contiene la sceneggiatura vera e propria, divisa in livelli e sequenze; un documento con i dialoghi di gioco, presentato in un foglio di calcolo per agevolare adattamenti e traduzioni; e, infine, un elenco delle onomatopee, che contiene tutte le variazioni delle frasi ripetute e la descrizione dei suoni.

Technical design. Offre una panoramica su come è costruito il gioco, fornendo l'elenco di tool, middleware e altri software/hardware impiegati. Analizza inoltre il dettaglio tecnico della programmazione, con particolare riguardo all'engine di gioco.

Project management. È composto da una task list che suddivide il progetto in un insieme di compiti precisi su cui viene abbozzata una baseline schedule, ovvero la cadenza temporale delle varie fasi di completamento. A questi si aggiunge la pianificazione del budget, relativa alle risorse umane e finanziarie, che può essere organizzata in milestone che stabiliscono traguardi intermedi di completamento. Questi hanno una particolare rilevanza quando il progetto è sviluppato da una software house esterna: il contratto contemplerà infatti nel dettaglio il contenuto delle varie milestone, al cui raggiungimento verrà corrisposto il compenso economico pattuito. Tale documentazione deve essere integrata con un'analisi del rischio che mostri con consapevolezza il tipo di imprevisti che potrebbero minare il successo dell'introduzione del prodotto sul mercato, mettendo in evidenza le contromisure.

Ai fini del presente volume, vale la pena concentrarsi sul primo tipo di documento. A tale proposito va precisato come ogni trattazione in materia tenti di proporre un proprio modello di riferimento, tentazione a cui non si vuole rinunciare nemmeno in queste pagine. Il modello di seguito presentato è un tentativo di ottimizzazione delle varie fonti consultate e, a livello didattico, si è già dimostrato efficace nell'incentivare anche gli studenti meno motivati a organizzare le idee in maniera sistematica. Tale modello rappresenta una via di mezzo tra il documento di vendita (il riassunto del gioco con i dati tecnici principali, il genere di appartenenza, la piattaforma di riferimento, dettagli sulla giocabilità e le caratteristiche uniche che gli permetteranno di avere successo sul mercato) e il documento di design vero e proprio che, dettagliato in ogni singolo aspetto, costituisce la bibbia per il team di sviluppo. In maniera sintetica, il documento con il concept di game design può essere suddiviso in sette punti fondamentali:

- *High Concept*. Il concetto che sta alla base del gioco: l'idea forte (risponde alla domanda "what's new?") seguita a ruota dagli

USP ("unique selling points", ovvero le caratteristiche distintive per la vendita).

- *Marketing e requisiti tecnici*
  - il pubblico di riferimento;
  - l'esigenza di acquisire licenze (sportive, cinematografiche, musicali...);
  - posizionamento sul mercato (eventuale concorrenza);
  - configurazione hardware (quale e perché);
  - tecnologie supportate (online, altre periferiche).

- *Caratteristiche di gioco*
  - giocatori: il tipo di giocatori previsti (single- o multi- player, NPC ecc...) e il loro ruolo nell'economia del gioco;
  - look & feel: aspetto e impatto emotivo (indicare le fonti di riferimento - film, musiche, libri, altri giochi);
  - interfaccia: scelta del tipo di controlli (icone o tasti funzione) e della presentazione su schermo.

- *Start up.* I primi 5 minuti di gioco sono il momento più importante dell'intera esperienza: considerato che un giocatore dovrà decidere se investire una parte importante del suo tempo libero su una determinata opera, è necessario fare in modo che venga catturato subito. Nei primi 5 minuti il gioco deve mostrare tutto ciò di cui è capace.

- *Obiettivi.* Dipendono dallo scenario e possono essere combinati a seconda delle situazioni di gioco (per ogni obiettivo possono darsi diversi sotto-obiettivi):
  - collezionare qualcosa;
  - occupare dei territori;
  - raggiungere qualcosa per primi;
  - scoprire qualcosa;
  - eliminare gli avversari.

- *Entità.* Gli oggetti possono essere suddivisi in varie classi a seconda della funzione assolta:
  - medi-kit/vite (per ripristinare energia);
  - armi/munizioni (per eliminare ostacoli dinamici);

- oggetti di scambio (per interagire con npc);
- oggetti (singoli o composti) per la risoluzione di un rompi-capo o progredire nell'esplorazione (chiavi);
- oggetti bonus e power-up;
- elementi interattivi dello scenario (porte e trappole).

- *Giocabilità*
  - regole e sanzioni: definire la condizione di vittoria e le altre regole di gioco;
  - meccaniche di gioco: evidenziare le diverse strategie applicabili alla fruizione;
  - design dei livelli: indicare la progressione all'interno del gioco (lineare o non lineare) fornendo i dettagli sulla struttura dello scenario.

I nomi più influenti dell'industria

The place to be

Prima di lanciarsi in un segmento così competitivo come l'industria videoludica è bene avere almeno una infarinatura sulle aziende che fanno il mercato e sui game designer più illustri che, con le loro opere, hanno contribuito a plasmare i canoni di questa forma di intrattenimento. Il fermento pionieristico delle origini si è progressivamente andato a cristallizzare in un numero di conglomerati sempre minore: nel corso degli anni (e delle crisi economiche mondiali) si è infatti assistito alla fusione di grandi publisher, come testimoniano i nomi composti delle aziende che dominano oggi il mercato.

Activision Blizzard

Il colosso americano è il risultato della fusione tra Activision, la prima software house indipendente della storia (1979) e il conglomerato francese Vivendi (proprietari di Blizzard, gli autori di *World of Warcraft*), annunciata a fine 2007 e giunta a termine nel 2008. Si tratta di uno dei gruppi più importanti dell'industria, ed è capitanato da Robert Kotick, considerato nel 2010 una delle persone più influenti sul pianeta. Tra gli asset più importanti della nuova corporazione, oltre agli universi di *StarCraft* e *WarCraft*, si annoverano gli storici franchise di *Call of Duty* (FPS) e *Guitar Hero* (musicale), che ogni anno o poco più si arricchiscono di un nuovo capitolo della serie e di vari spin-off.

Capcom

Fondata nel 1983, Capcom ha sede a Osaka. Dedita allo sviluppo di titoli multipiattaforma, vanta nel suo palmares serie storiche e di grande successo come quelle di *Street Fighter, Resident Evil* e *Megaman*. In seguito alle ristrutturazioni interne avvenute nel secondo lustro del nuovo millennio, alcuni personaggi chiave si sono prima esternalizzati e poi sganciati dalla casa madre. Stiamo parlando di personalità come Shinji Mikami (*Resident Evil*), Hideki Kamiya (*Devil May Cry*) e Atsushi Inaba (*Steel Battalion*), che hanno fondato Clover Studio all'interno di Capcom prima di diventare indipendenti con Platinum Games e firmare per Sega. Nonostante la fuga di cervelli, Capcom continua a rimanere leader di mercato grazie allo sfruttamento dei famosi franchise e al consolidamento di nuove IP, come *Monster Hunter* e *Dead Rising*.

Electronic Arts

Si tratta della più importante realtà industriale nell'ambito del software di intrattenimento. Fondata nel 1982 da Trip Hawkins (che prenderà altre strade) è depositaria delle maggiori licenze sportive come FIFA, NBA e NFL. Ma le serie che vanno sotto il marchio EA Sports non rappresentano l'unico asset di rilievo. Tra i maggiori successi di EA ci sono la saga automobilistica di *Need for Speed*, rilanciata dagli assi della guida digitale Criterion Studios, quella di *The Sims* (il gioco di maggior successo sul mercato PC) e le serie di combattimento *Medal of Honor* e *Battlefield*. In un'ottica di espansione e creazione di nuove IP, EA ha acquisito nel corso degli ultimi anni software house dall'enorme potenziale come la svedese DiCE (*Mirror's Edge*), Visceral Games (*Dead Space, Dantès Inferno*) e, soprattutto, stretto accordi di pubblicazione con BioWare, autori di pietre miliari del genere GdR, con cui hanno pubblicato il blockbuster *Mass Effect 2*.

Konami

La corporation giapponese, fondata già nel 1969, rappresenta uno dei pilastri dell'intrattenimento del Sol Levante. Si contende con EA il primato nel settore del calcio digitale, grazie alla serie di *Pro*

Evolution Soccer e schiera in campo pezzi da novanta come le saghe di *Castlevania* (che ha attraversato tutte le generazioni hardware) e *Metal Gear*. Forte in terra natale anche nel segmento di macchine per il fitness, ha dato nuova linfa al genere ritmico-musicale con la serie di *Beat Mania*. Tra gli altri franchise va segnalato *Silent Hill*, che contende a *Resident Evil* lo scettro di re del survival horror.

Microsoft Games Studio

Famosa un tempo per la serie di *Flight Simulator*, la divisione Games di Microsoft è esplosa in seguito alla produzione di Xbox. Il primo grande colpo di Microsoft in territorio console è stata l'acquisizione di Rare, l'asset esterno più importante per Nintendo, autori di pietre miliari come *Donkey Kong Country* e *Goldeneye 007*. Il secondo e decisamente più fruttifero investimento è stata la partnership in esclusiva con Bungie per lo sviluppo di *Halo*, lo sparatutto fantascientifico che ha ridefinito i canoni del genere, determinante nell'affermazione di Xbox sul territorio americano. Tra gli altri nomi grossi dell'industria, Microsoft si è assicurata l'esclusiva con partner come Epic, responsabili del blockbuster *Gears of War* e creatori dell'*Unreal Engine* (una delle tecnologie più evolute per lo sviluppo) e l'inglese Lionhead, capitanata dall'eclettico Peter Molyneux, che per Microsoft ha realizzato la saga di *Fable*. Non ha dato invece i risultati sperati la partnership esclusiva con Hironobu Sakaguchi (ex-CEO Square), autore della saga di *Final Fantasy*: nonostante i successi di *Blue Dragoon* e *Lost Odyssey*, il mercato giapponese continua a rimanere refrattario al fascino di Xbox.

Namco Bandai

È la holding giapponese nata nel 2005 dalla fusione dei due colossi Namco e Bandai e nel 2009 ha incorporato anche D3Publisher. Sempre in quell'anno ha acquisito varie quote di Atari da Infogrames e da altre divisioni internazionali, prendendo la distribuzione dei titoli sui territori PAL. Quello dei videogiochi non è l'unico business di Namco Bandai, forte anche nei segmenti dei giocattoli, del modellismo e dei parchi a tema. Tra i franchise di maggior caratura si segnalano le serie di combattimento *Tekken* e *Soul Calibur*, il gioco di guida *Ridge Racer* e, ovviamente, qualsiasi cosa legata a *Pac-Man*.

Nintendo

Le fondamenta del più importante dei tre "regni" sono state poste nel 1889. In origine dedita alla produzione di carte da gioco, Nintendo è poi passata alla distribuzione di coin-op, consolidando la sua supremazia in ambito domestico nel 1983, con l'introduzione del NES. Da sempre la line-up delle varie console è definita da tre franchise imprescindibili: *Super Mario*, *The Legend of Zelda* e *Metroid*, ai quali si sono affiancati negli anni altri incredibili successi, alcuni del tutto originali (*Pokémon*, *Animal Crossing*, *Brain Training*, *Wii Fit*) altri in qualità di spin-off dei titoli principali (*Mario Kart*, *Super Smash Bros*). La leadership del colosso giapponese, che nel 2007 ha superato Sony nel suo complesso come azienda tra le dieci più importanti del Sol Levante, non sta solo nell'aver saputo anticipare le richieste del mercato ma anche nell'aver posizionato saldamente nell'immaginario collettivo le sue proprietà intellettuali più importanti come, appunto, Super Mario, la faccia stessa dei videogiochi a livello planetario.

Sega

Un tempo concorrente numero uno di Nintendo, Sega (fondata da David Rosen nel 1951) cominciò la sua attività esportando opere d'arte, per poi dedicarsi all'import di dispositivi elettronici dagli USA, fra cui i coin-op. L'ascesa e il declino in ambito console, avvenuto molto rapidamente con i flop consecutivi di Saturn e Dreamcast, ha portato a una drastica riorganizzazione interna, allontanando l'azienda dal business hardware per dedicarsi allo sviluppo di titoli multi-piattaforma. Tra gli asset più importanti, oltre al porcospino blu Sonic, che ha dato vita a numerose produzioni, si contano la saga di tiro allo zombie *House of the Dead*, i combattimenti di *Virtua Fighter* e *Yakuza*, GDR sulla criminalità organizzata. C'è stato un momento, all'inizio del nuovo millennio, in cui la ricerca di nuove idee ha portato alla creazione di opere straordinarie, come *Jet Set Radio* e *REZ* che, pur venendo acclamate dalla critica, non hanno riscosso il successo commerciale sperato, riportando l'attenzione su produzioni più "facili". Il videogioco d'autore prende ora il nome di Platinum Games, che per Sega ha pubblicato *MadWorld*, *Bayonetta* e *Vanquish*.

Sony

Il colosso dell'elettronica giapponese ha consolidato la propria posizione di predominio non solo a livello hardware ma anche

dando vita ad alcune tra le serie di maggior successo dell'intrattenimento digitale, come, per esempio, quella di *Gran Turismo*. Dalla
sede giapponese proviene anche il Team ICO, coordinato da
Fumito Ueda, responsabile dei due indiscutibili gioielli di game
design *ICO* e *Shadow of the Colossus*. Sul fronte occidentale, invece,
Sony può contare sul contributo degli studios di Santa Monica, che
hanno dato i natali al dio della guerra Kratos e tra i partner più
importanti annovera Naughty Dog che, in ogni generazione
hardware, ha sfornato serie campioni di incassi: *Crash Bandicoot*
(PSOne), *Jak & Daxter* (PS2) e *Uncharted* (PS3). Gli studi europei, di
stanza a Londra, nati dall'acquisizione di importanti software
house del passato come Psygnosys, hanno contribuito alla causa
con il successo di *WipEout* prima di dedicarsi alla tecnologia di Eye-
Toy, successivamente integrata in PlayStation Move.

Square Enix

Holding giapponese nata nel 2003 dalla fusione di due delle realtà
di maggior successo nella produzione di Giochi di Ruolo, rispettivamente con le saghe di *Final Fantasy* (SquareSoft) e *Dragon Quest*
(Enix). Accanto ai due pilastri portanti, che continuano a macinare
successi di episodio in episodio, si è affiancata negli anni la saga di
Kingdom Hearts, nata dalla partnership con Disney Interactive. Nel-
l'ottica di maggiore espansione verso i sempre più importanti mercati occidentali, nel 2009 Square Enix ha cominciato l'acquisizione
dell'ultimo colosso inglese, Eidos, accaparrandosi così due altri
franchise multimilionari (in termini di copie vendute, oltre che di
incassi) come *Tomb Raider* e *Deus Ex*.

Take Two Interactive

Nonostante lo strepitoso successo internazionale di *Grand Theft
Auto*, opera della sussidiaria Rockstar Games, numerosi problemi
di gestione finanziaria avrebbero potuto portare al collasso della
società, che comincerà a ristrutturarsi a partire dal 2007, con le
dimissioni di cinque dei sei consiglieri di amministrazione. Nel
2008 EA tenterà una scalata all'azienda, ma tutto finirà con un nulla
di fatto. Tra gli altri asset di rilievo si conta Visual Concept, responsabile di alcune tra le migliori trasposizioni digitali degli sport a
stelle e strisce, pubblicati con il marchio ESPN, e Firaxis, il team
capitanato da Sid Meier, creatore dello strategico *Civilization*. Tra le

IP più recenti di maggior successo bisogna segnalare lo sparatutto *BioShock* e il western *Red Dead Redemption*.

Tecmo Koei

Nuova holding nata nell'aprile del 2009 dalla fusione di Tecmo e Koei, realtà di un certo rilievo sul mercato giapponese grazie rispettivamente a serie come *Dead or Alive* e *Ninja Gaiden* (Tecmo) e *Dinasty Warriors* (Koei). Nel 2010 Nintendo ha affidato la realizzazione del nuovo episodio di Metroid (*Metroid Other M*) al Team Ninja, studio interno del gruppo.

THQ

Una delle prime ad aver risentito pesantemente della crisi economica, THQ (un tempo famosa solo per i giochi di wrestling) è stata anche la prima a uscirne, cementando la propria presenza sul mercato con nuovi titoli dall'importante valore autoriale come *Darksiders* e *Metro 2033*. Tra le nuove firme esclusive si contano lo studio di Tomonobu Itagaki (ex leader di Team Ninja) e quello di Patrice Desilets, l'autore della serie di *Assassin's Creed* per conto di Ubisoft.

Ubisoft

Con base operativa in Francia e sedi sparse in oltre venti nazioni, Ubisoft Entertainment è il frutto dei cinque fratelli Guillemot che fondarono l'azienda nel 1986. È il terzo più importante publiher indipendente occidentale, dopo Electronic Arts e Activision Blizzard. La mascotte del gruppo è lo strambo Rayman, ma le proprietà intellettuali originali non mancano di certo, come il cult *Beyond Good & Evil* o le serie di successo a marchio Tom Clancy, ovvero *Ghost Recon* e *Splinter Cell*. Tra gli altri franchise vanno citati *Prince of Persia*, che tiene banco dal 1989 e che Ubisoft ha rilanciato con successo dal 2003 e la nuova saga di *Assassin's Creed*, giunta al terzo episodio.

ZeniMax Media

Fondata nel 1999, ZeniMax è proprietaria degli studi Bethesda Softworks (responsabili di saghe importanti come *Fallout* e *The Elder Scrolls*), e in tempi recenti si è accaparrata id Software (sviluppatori di *Doom* e *Quake*), Arkane Studios e, per ultimo, Tango Gameworks, la nuova società di Shinji Mikami.

I maestri del videogioco

Autografi di valore

Il videogioco come lo conosciamo oggi è un'opera collettiva e mai il frutto di una singola mente. Tuttavia, la visione, l'idea che fa la differenza, può essere il pensiero di un solo individuo, che ci arriva prima o meglio degli altri e che, proprio per questo, è in grado di dare un apporto determinante al progetto. Molti dei personaggi presentati di seguito rifiuterebbero (soprattutto per modestia) l'appellativo di maestri, ma è chiaro che le opere su cui direzionano il loro intervento finiscono per diventare punti di riferimento per lo sviluppo di titoli futuri, oppure semplicemente si rivelano migliori di tutto ciò che c'è in circolazione. Basta la loro firma accanto a un progetto per suscitare in automatico l'interesse della stampa e, appena possibile, i vari publisher cercano di contenderseli come i campioni delle squadre di calcio. Tuttavia, pur avendo contribuito all'intrattenimento di milioni di giocatori in tutto il pianeta, molto spesso, non solo i loro volti, ma nemmeno i loro nomi sono noti al grande pubblico.

Quello seguente non è un elenco esaustivo, ma una lista di venti personaggi di spicco che hanno contribuito a fissare i canoni dell'intrattenimento elettronico interattivo odierno.

John Carmack

Fondatore di id Software (dove "id" fa riferimento proprio alle teorie freudiane) nel 1991 e genio indiscusso della programmazione, Carmack non è un game designer vero e proprio, ma con il suo motore grafico ha praticamente inventato gli sparatutto in prima persona, prima con *Wolfenstein 3D* e poi *Doom* e *Quake*. Il suo innato talento nel confronto dei codici informatici lo rende ancora oggi una delle persone di riferimento dell'industria. Il suo nuovo motore grafico è l'anima di *Rage*, pubblicato da ZeniMax.

Dan & Sam Houser

I fratelli Houser sono le menti dietro a *Gran Theft Auto* e già questo basta a consacrarli nel gotha del sistema videoludico internazionale. Insieme a Terry Donovan, Jamie King e Gary Foreman fondarono Rockstar nel 1998. L'approccio anarchico alla materia trattata (in termini di temi e situazioni) sarà la chiave del successo del nuovo brand, sul quale verrà capitalizzato come se si trattasse di un marchio al pari di Adidas o CocaCola. Oltre alla serie campione di incassi *GTA*, Rockstar ha dato vita a classici come *Max Payne* (sviluppato da Remedy), ai giochi di guida di *Midnight Club* e al western *Red Dead* (il cui primo episodio venne iniziato da Capcom). Forza creativa del gruppo, i fratelli Houser sono accreditati come produttori esecutivi e direttori e a loro spetta il merito di aver traghettato con successo la serie di *GTA* in tre dimensioni. Nonostante questo, sfuggono con disinvoltura allo star system, preferendo far parlare il loro marchio.

Hideo Kojima

Come il suo alter ego digitale Solid Snake, il leader di Kojima Production è un lupo solitario. Entrato in Konami nel 1986, sognando tuttavia una carriera da regista, già nel 1987 darà vita a quello che diventerà il suo franchise più conosciuto: *Metal Gear* (sviluppato inizialmente su MSX). La diffusione del 3D gli consentirà finalmente di dare libero sfogo alla sua vena cinematografica e alla sua scrittura prolissa, trasformando le cut scene e le sequenze di dialogo nel tratto distintivo di tutti gli episodi della serie "Solid". Tra un *Metal Gear* e l'altro, Kojima si è concesso la pausa fantascientifica di *Zone of the Enders*, con enormi robot e lunghe sequenze in puro stile anime. Inoltre, il suo team fornisce supporto creativo alle produzioni più importanti di Konami, come nel caso di *Castlevania: Lords of Shadow*, sviluppato da Mercury Steam.

Sid Meier

Veterano dell'industria videoludica, Meier fondò Microprose nel 1982 insieme al pilota dell'Air Force Bill Stealy. Prima di arrivare a concepire *Civilization*, il miglior gioco di strategia di tutti i tempi, Meier affinerà la sua arte con *Railroad Tycoon*, conquistandosi una nicchia devota. Nel 1996 ha fondato Firaxis e da allora il suo nome compare in copertina assieme al titolo del gioco, a garanzia di un prodotto dallo spessore unico (tratto sicuramente non comune nel panorama dell'intrattenimento digitale), tuttavia stimolante e divertente allo stesso tempo.

Shinji Mikami

Sfruttando al meglio le limitazioni imposte nella fase di progettazione, Shinji Mikami ha dato vita al genere survival horror con *Resi-*

dent *Evil* e ne ha ridefinito i canoni dalle fondamenta con *Resident Evil 4*, gettando contemporaneamente le basi per gli sparatutto 3D in terza persona (come *Gears of War*). Accreditato nella produzione di altri classici Capcom, come la serie di *Devil May Cry*, ha dato vita anche a cult per veri intenditori, come *P.N.03* e *God Hand*. Per Platinum Games ha sviluppato *Vanquish* e, prima di passare alla carriera "solista" ha unito le forze con l'eclettico Suda 51 per *Shadows of the Damned*.

Shigeru Miyamoto

Miyamoto sta ai videogiochi come i Beatles alla musica pop e Steven Spielberg al cinema, e il paragone, per quanto approssimativo, non è azzardato, nel senso che tutto ciò che passa per le sue mani si tramuta in un'esperienza che ridefinisce ciò che rappresenta il videogioco stesso. Oltre alle serie di *Super Mario* e *The Legend of Zelda* (che vantano i punteggi più elevati della critica a livello mondiale), Miyamoto è riuscito a stupire le platee con produzioni come *Starfox*, *Pilot Wings* e l'inaspettato *Pikmin*, un titolo di strategia/allevamento dalle dinamiche assolutamente innovative, e continua a raccogliere successi anche presso chi non videogioca sul serio con creazioni come *Nintendogs* e *Wii Fit*. Attualmente è responsabile della divisione Nintendo Entertainment Analisys and Development, che si occupa di tutti i progetti più importanti per l'azienda. Si diletta a suonare il banjo.

Peter Molyneux

Con *Populous* ha creato il genere dei god game, affinato in seguito da *Black & White*. Per conto di Electronic Arts - con il suo primo team, Bullfrog - ha dato vita a *Theme Park*, fornendo nuova linfa ai gestionali. Con *Dungeon Keeper* ha stravolto i giochi di ruolo, facendo diventare protagoniste le forze del male. Con *The Movies* ha capito per primo l'importanza di machinima. Con *Fable*, che non ha ridefinito i canoni dell'avventura, in compenso ha contribuito a riempire le casse di Microsoft. E tra i suoi successi si contano anche *Syndicate* e *Magic Carpet*. A capo di Liohnead dal 1997 (venduta a poi Microsoft nel 2006), oltre alle idee in ambito di game design Molyneux ha la capacità di incantare le folle quando parla e, anche per questo, è considerato una delle personalità più influenti dell'industria.

Yuji Naka

In qualità di direttore del Sonic Team, nel 2001 Yuji Naka è balzato alla cronaca proprio come il porcospino blu del fulminante blockbuster *Sonic The Hedgehog*. Nel suo curriculum, però, figurano altri franchise chiave per Sega, come l'onirico *Nights*, il GdR di fantascienza *Phantasy Star Online* e il coloratissimo gioco musicale *Samba de Amigo*. Nel 2006 Naka ha lasciato SEGA per fondare il proprio studio, Prope, che nel 2010 ha pubblicato *Ivy the Kiwi*.

Gabe Newell

Dopo tredici anni in Microsoft, nel 1996 Gabe Newell decide di mettersi in proprio, fondando Valve. Il suo primo gioco, *Half-Life*, sarà pubblicato nel 1998 da Sierra Studios, raccogliendo ovazioni ovunque, sia in termini di meccaniche di gioco sia, soprattutto, per l'ambientazione e lo sviluppo narrativo. Rendendo disponibile l'*engine* tramite un editor semplice da impiegare, ha aggregato attorno a Valve la scena dei "modders", dando vita a nuovi modelli di business online, che si sono perfezionati nel 2007 con il lancio della piattaforma Steam, un canale indipendente di distribuzione.

Warren Spector

Assunto da Richard Garriot in Origin per lavorare sulla serie di *Ultima*, dal 1989 Spector continuerà a inanellare un successo dopo l'altro: il suo nome compare in produzioni come *Wing Commander*, *Ultima Underworld*, *System Shock*, *Thief: the Dark Project* e *Deus Ex*. Eppure, proprio Spector è il primo a riconoscere come non sia giusto attribuire la creazione di un gioco a una sola persona. Dopo aver lasciato Origin nel 1995 e fondato Looking Glass, passando poi per Ion Storm, nel 2005 ha dato vita Junction Point Studio, che nel 2007 è stato acquisito da Disney, con cui ha pubblicato *Epic Mikey*.

Yu Suzuki

Se il videogioco è come un romanzo, allora il coin-op è poesia: così può essere tradotta l'opera di Yu Suzuki, leader del team AM2 di Sega con cui ha creato i più importanti giochi da sala, come *Space Harrier*, *Hang-On*, *OutRun*, *After Burner*, *Virtua Racing* e *Virtua Fighter*. Tra i suoi capolavori si annovera anche la saga di *Shenmue*: un colossale flop per Sega (a causa degli esorbitanti costi di sviluppo) ma una delle pietre miliari di questa forma espressiva.

Will Wright

Come Warren Spector e Sid Meier, Will Wright è uno dei pochi game desiger apprezzati sia dagli "intellettuali" sia dal mercato. Wright concepì la prima versione di *SimCity* nel 1987 su Commodore 64, ma nessuno lo prese seriamente fino a quando, due anni dopo, fondò Maxis per pubblicare la sua idea su PC. Nella linea di quelli che lui stesso considera "software toys" si collocano anche *SimEarth*, *SimAnt* e *SimCopter* (oltre ovviamente a nuovi episodi della serie principale). Nel '97 Maxis viene acquisita da Electronic Arts, per cui Wright realizza il suo più grande successo, *The Sims*, e *Spore*, un curioso titolo di Vita Artificiale, elogiato dalla comunità scientifica. Eclettico e irriverente, nel 2009 ha fondato insieme a EA lo Stupid Fun Club.

Ron Gilbert & Tim Schafer

Sarebbe un grave errore non citare il peso di LucasArts nello sviluppo del linguaggio videoludico, e non solo per le numerose versioni digitali di "Guerre Stellari", ma per aver dato vita ai migliori universi interattivi in termini di sceneggiatura e ambientazione. Tra i suoi uomini di spicco, Gilbert e Shafer, che hanno collaborato insieme sui classici *The Secret of Monkey Island* e seguito. Mentre Gilbert avvierà la carriera solista nel 1992 (pubblicando con successo lo strategico *Total Annihilation*), Schafer continuerà a dare lustro a LucasArts con *Full Throttle* e, soprattutto, *Grim Fandango*, prima di fondare Doublefine Productions nel 2000, con cui realizza i cult *Psychonauts* e *Brutal Legend*. Nel 2010 anche Gilbert è entrato a far parte di Doublefine.

Jason Rubin & Andy Gavin

Cosa sarebbe stata PlayStation senza *Crash Bandicoot*? O PS2 senza *Jak & Daxter*? O PS3 senza *Uncharted*? I responsabili di questi classici che hanno definito l'unicità del catalogo PlayStation sono proprio Jason Rubin e Andy Gavin, che fondarono Naughty Dog ancora sedicenni nel 1986: quando si dice "il videogioco scorre nelle vene"... Nel 2001 il duo venne acquisito da Sony e da allora hanno contribuito a diffondere l'immagine di PlayStation con i loro blockbuster digitali.

Greg Zeschuk & Ray Muzyka

Medici di famiglia, un giorno Zeschuk e Muzyka decisero di reinventarsi come designer di videogiochi. Fondarono BioWare nel 1995 e, inizialmente, si dedicarono allo sviluppo di programmi per la formazione medica. Nel 1996 pubblicarono il primo gioco, *Shattered Steel* su PC, che raggiunse in fretta le cento mila copie, ancora nulla in confronto al milione e mezzo del GdR *Baldur's Gate* (1998). Da allora hanno continuato a rivoluzionare il genere dei giochi di ruolo, sia su PC, sia su console, con una serie strepitosa di successi: *Neverwinter Nights*, *Star Wars: Knights of the Old Republic*, *Jade Empire*, *Mass Effect*, *Dragon Age: Origins*, e *Mass Effect 2* (gli ultimi due pubblicati per conto di Electronic Arts).

Bibliografia

AA.VV. (2004) *Game Culture*, C: Cube Anno II, n°5, giugno 2004, Francesco Bevivino Editore, Milano.

AA.VV. (1981) *Enciclopedia Garzanti di Filosofia*, Garzanti, Milano.

AA.VV. (1989) *Knaus Lexikon der Symbole*, Droemersche Verlagsanstalt Th. Knaur Nachf., Monaco (trad. it. (1991) *Enciclopedia dei Simboli*, Garzanti, Milano).

Aarset E. (1997) *Cybertext: Perspectives on Ergodic Literature*, The John Hopkins University Press, Baltimore.

Alinovi F. (2000) *Mi gioco il cervello. Nascita e furori dei videogiochi*, Liocorno, Roma.

Alinovi F. (2004) *Sopravvivere all'orrore*, Edizioni Unicopli, Milano.

Ashcraft B. (2008) *Arcade Mania*, Kodansha International, Tokyo.

Bates B. (2004) *Game Design*, Thomson Course Technology PTM, Boston.

Bateson G. (1956) *The Message "This is Play"*, a cura di Bertram Shaffner – Josiah Macy Jr. Foundation (trad. it. (1996) *"Questo è un gioco?" Perché non si può dire a qualcuno "gioca!"*, Cortina, Milano).

Bettetini G. (1976) *Tempo del Senso*, Logica Temporare dei Testi Audiovisivi, Bompiani, Milano.

Bettetini G. (1987) *Il segno dell'informatica*, Bompiani, Milano.

Bettetini G., Colombo F. (a cura di) (1993) *Le nuove tecnologie della comunicazione*, Bompiani, Milano.

Berens K., Howard G. (2008) *The Rough Guide to Videogames*, Rough Guides, New York.

Bittanti M. (1999) *L'innovazione tecnoludica. I videogiochi dell'era simbolica (1958-1984)*, Jackson Libri, Milano.

Bittanti M. (a cura di) (2002) *Per Una Cultura dei Videogames. Teorie e Prassi del Videogiocare*, Edizioni Unicopli, Milano.

Bogost I. (2008) *Unit Operations*, The MIT Press, Cambridge (MA).

Byron S., Curran S., McCarthy D. (2005) *Game Development, Art and Design!*, Ilex, Lewes.

Byron S., Curran S., McCarthy D. (2006) *Game On!*, Headline Publishing Group, Londra.

Caillois R. (1967) *Les Jeux et les Hommes. La Masque et le Vertige*, Editions Gallimard, Parigi (trad. it. (1995) *I Giochi e gli Uomini. La maschera e la vertigine*, Bompiani, Milano).

Carlà F. (1996) *Space Invaders. La vera storia dei videogiochi*, Castelvecchi, Roma.

Carotenuto A. (1997) *Il Fascino Discreto dell'Orrore*, Tascabili Bompiani, Milano.

Carroll N. (1990) *The Philosophy of Horror. Or the Paradoxes of the Heart*, Routledge, New York.

Cesareo G. (1995) *Lo Strabismo Telematico. Previsioni e profezie sulla Società dell'Informazione*, Centro di Studi San Salvador di Telecom Italia, Venezia.

Colombo F., Cardini D. (1995) *Il videogioco come mezzo di comunicazione*, Centro Studi San Salvador di Telecom Italia, Venezia.

Colombo F., Eugeni R. (1996) *Il testo visibile*, La Nuova Italia Scientifica, Roma.

Colombo F. (1995) *Confucio nel computer*, Rizzoli, Milano.

Craiat Università di Firenze (1997) *Manuale di istruzioni – Lezioni di gioco*, Greve in Chianti.

Crawford C. (1982) *The Art of Computer Game Design*, edizione elettronica a cura di Peabody S., www.vancuver.wsu.edu/fac/peabody/game-book/Coverpage.html.

Curran S. (2004) *Game Plan*, Rotovision SA, Mies Svizzera.

Dal Lago A., Rovatti P.A. (1993) *Per gioco*, Cortina, Milano.

Demaria R., Wilson J.L. (2004) *High Score!*, McGraw-Hill/Osborne, Emeryville.

Dille F., Zuur-Platten J. (2007) *The Ultimate Guide to Video Game Writing and Design*, Lone Eagle Publishing Company, New York.

Dolezel L. (1998) *Heterocosmica*, The Johns Hopkins University Press Baltimore (trad. it. (1999) Rizzoli, Milano).

Donald M. (1991) *Origins of the modern mind*, Harvard University Press, Cambridge (MA) (trad. it. (1996) *L'evoluzione della mente*, Garzanti, Milano).

Eco U. (1979) *Lector in fabula*, Bompiani, Milano.

Egenfeldt-Nielsen S.E., Smith J.H., Tosca S.P. (2008) *Understanding Video Games*, Routledge, New York.

Emmeche C. (1994) *The Garden in the Machine. The Emerging Science of Artificial Life*, Princeton University Press, Princeton (trad. it. (1996) *Il giardino nella macchina*, Bollati Boringhieri, Torino).

Fraschini B. (2003) *Metal Gear Solid*, Edizioni Unicopli, Milano.

Gee J.P. (2003) *What Videogames Have to Teach Us About Learning and Literacy*, Palgrave Macmillan, New York.

Gersting J.L. (1993) *Mathematical Structures for Computer Science*, Computer Science Press, New York.

Gibson W. (1984) *Neuromancer*, Ace Books, New York (trad. it. (1993) *Neuromante*, Editrice Nord, Milano).

Haken M. (2007) *La scienza della visione*, Apogeo, Milano.

Hayes M., Dinsey S. (1995) *Games War. Video games: a business review*, Bowerdean, Londra.

Herman L. (1997) *Phoenix. The Fall & Rise of Videogames*, Rolenta Press, New Jersey.

Herz J.C. (1996) *Surfing on the Internet*, Little, Brown and Company, Boston.

Herz J.C. (1997) *Joystick Nation. How videogames ate our quarters, won our hearts, and rewired our minds*, Abacus, Londra.

Huizinga J. (1939) *Homo Ludens*, Amsterdam (trad. it. (1946), Giulio Einaudi Editore, Torino).

IDSA, Interactive Digital Software Association (2001) "Video Games & Youth Violence", www.idsa.com.

Johnson-Laird P.N. (1986) *The Computer and the Mind. An Introduction to Cognitive Science*, William Collins Sons&Co. Ltd., Londra (trad. it. (1986) *La mente e il computer. Introduzione alla scienza cognitiva*, Il Mulino, Bologna).

Jolivault B. (1994) *Les jeux vidéo*, Presse Universitaire de France, Parigi.

Juul J. (2005) *Half-Real*, The MIT Press, Cambridge (MA).

Kelly K. (1994) *Out of control*, Addison-Wesley Publishing Company, Reading (MA) (trad. it. (1996) *Out of control. La nuova biologia delle macchine, dei sistemi sociali e dell'economia globale*, Urra/Apogeo, Milano).

King L. (a cura di) (2002) *Game On*, Laurence King Publishing, Londra.

Kelman N. (2005) *Video Game Art*, Assouline Publishing, New York.

Kent S. L. (2001) *The Ultimate History of Video Games*, Prima Publishing, Roseville.

Kohler C. (2005) *Power Up*, Pearson Education, Indianapolis.

Koster R. (2005) *A Theory of Fun For Game Desing*, Paraglyph Press, Scottsdale.

La Mothe A. et al. (1994) *Tricks of the Game-Progamming Gurus*, Sams Publishing, Indianapolis (trad. it. (1995) *Programmare Videogiochi Professionali*, Jackson Libri, Milano).

Le Diberdier A., Le Diberdier F. (1993) *Qui a peur des jeux vidéo?*, La Decouverte, Parigi.

Levy S. (1984) *Hakers: Heroes of the Computer Revolution*, Anchor Press/Doubleday, New York (trad. it. (1996) *Hakers, gli eroi della rivoluzione elettronica*, ShaKe Edizioni, Milano).

Lidwell W., Holden K., Butler J. (2005) *Universal Principles of Design*, Rockport Publishers Inc (trad. it. (2005) *Principi Universali del Design*, Logos, Modena).

Loftus G.R. (1993) *Mind at Play: the Psychology of Video Games*, Basic Books, New York.

Maietti M. (2004) *Semiotica dei videogiochi*, Edizioni Unicopli, Milano.

Manovich L. (2001) *The Language of New Media*, Cambridge, The MIT Press, Cambridge (MA) (trad. it. *Il linguaggio dei nuovi media*, Edizioni Olivares, Roma).

Maragliano R. (1996) *Esseri Multimediali*, La Nuova Italia Editrice, Firenze.

McCloud S. (1993) *Understanding Comics: The Invisible Art*, Tundra Publishing, Northampton (MA).

Meadows M.S. (2003) *Pause & Effect*, New Riders, Indianapolis.

Meyrowitz J. (1985) *No Sense of Place. The Impact of Electronic Media on Social Behavior*, Oxford University Press, New York (trad. it. (1993) *Oltre il senso del luogo. Come i media elettronici influenzano il comportamento sociale*, Baskerville, Bologna).

Monks C. (2008) *The Ultimate Game Guide to Your Life*, F+W Publications, Cincinnati.

Morris D. (1977) *Manwatching – A Field Guide to Human Behaviour*, Equinox Limited, Londra (trad. it. (1977) *L'uomo e i suoi gesti*, Mondadori, Milano).

Morris D., Rollings A. (1999) *Game Architecture and Design*, Coriolis Publishing, Scottsdale.

Morris D., Hartas, L. (2003) *Game Art*, Watson-Guptill Publications, New York.

Murray J. (1997) *Hamlet on the Holodeck: The Future of Narrative in Cyberspace*, The MIT Press, Cambridge MA.

Negroponte N. (1995) *Being Digital*, Alfred A. Knopf, New York (trad. it. (1995) *Essere digitali*, Sperling&Kupfer, Milano).

Newman J., Simons I. (2007) *100 Videogames*, BFI Publishing, Londra.

Norman D.A. (1988) *The Psychology of Everyday Things*, Basic Books, New York (trad. it. (1990) *La caffettiera del masochista*, Giunti Gruppo Editoriale, Firenze).

Norman, D.A. (1998) The Invisibile Computer, The MIT Press (trad. it. (2000) Il computer invisibile, Apogeo, Milano).

Norman D.A. (2004) *Emotional Design*, Basik Books, New York (trad. it. (2004) *Emotional Design. Perché amiamo (o odiamo) gli oggeti di tutti i giorni*, Apogeo, Milano).

Novak J. (2008) *Game Development Essentials*, Delmar Cengage Learning, New York.

Ong W. J. (1982) *Orality and Literacy. The Technologizing of the Word*, Methuen, Londra e New York (trad. it. (1986) *Oralità e scrittura. Le tecnologie della parola*, Il Mulino, Bologna).

Parisi D. (1989) *Intervista sulle Reti Neurali*, Il Mulino, Bologna.

Passerini L. (1995) *Oralità, scrittura, nuove regole del comunicare*, Centro di Studi San Salvador di Telecom Italia, Venezia.

Pecchinenda G. (2003) *Videogiochi e cultura della simulazione*, Editori Laterza, Roma.

Penrose R. (1989) *The Emperor's New Mind*, Oxford University Press, New York (trad. it. (1992) *La Mente Nuova dell'Imperatore*, Sansoni Editore, Milano).

Provenzo E.F. (1991) *Video Kids: Making Sense of Nintendo*, Harvard University Press, Cambridge (MA).

Pesce M. (2000) *The Playful World*, Ballantine Books, New York.

Perez X. (1999) *El Suspens Cinematografic*, Portic, Barcellona (trad. it. (2001) *La Suspense Cinematografica*, Editori Riuniti, Roma).

Poole S. (2000) *Trigger Happy: Videogames and the entertainment revolution*, Arcade Publishing, New York.

Rabin S. (a cura di) (2005) *Introduction to Game Development*, Charles River Media Inc, Hingham (MA).

Rana M. (1997) "Videogiochi", Grande Dizionario Enciclopedico - Appendice 1997, UTET, Torino.

Rana M. (1997) "Il mercato dei videogiochi tra on-line e off-line" - Mediario 1997, *Annuario Italiano dei Media*, Edizioni Viva e Poliedra, Torino.

Rana M. (1998) *Dinamiche competitive nel settore dei videogiochi*, tesi di Laurea in Economia Aziendale discussa all'Università Commerciale "Luigi Bocconi", A.A. 1997-98.

Rana M., Dubini P. (1999) "Il settore dei videogiochi. Costruzione e difesa del vantaggio competitivo" - Economia & Management, n. 3, maggio 1999.

Rossi F. (1993) *Dizionario dei videogame*, Garzanti-Vallardi, Milano.

Russel S.J., Norvig P. (1995) *Artificial Intelligence. A Modern Approach*, Prentice Hall, Londra.

Salen K., Zimmerman E. (2004) *Rules of Play*, The MIT Press, Cambridge (MA).

Sambo M.M. (2004) *Labirinti*, Castelvecchi Editore, Roma.

Sanger J. et al. (1997) *Young Children, Videos and Computer Games. Issues for Teachers and Parents*, The Falmer Press, Londra.

Santarcangeli P. (1984) *Il Libro dei Labirinti*, Edizioni Frassinelli, Milano.

Schneider S. (1999) "Monsters as (Uncanny) Metaphors: Freud, Lakoff, ad the Representation of Monstrosity in Cinematic Horror", in *Other Voices*, vol.1, n. 3, gennaio 1999, online: http://www.othervoices.org/1.3/sschneider/monsters.html.

Shaw D. (1997) "A Humean Definition of Horror", in *Film-Philosophy*, vol. 1, n. 4, agosto 1997, online: http://www.film-philosophy.com/vol1-1997/n4Shaw.

Sheff D. (1993) *Game Over: Nintendo's battle to dominate an industry*, Hodder and Stoughton, Londra.

Sheff D. (1994) Video Games: the Parents' Definitive Guide, Random House, New York.

Skal D.J. (1993) *The Monster Show*, Plexus, Londra (trad. it. (1998) T*he Monster Show. Storia e Cultura dell'Horror*, Baldini&Castoldi, Milano).

Stork D.G. (a cura di) (1997) *HAL's Legacy: 2001's Computer as Dream and Reality*, The MIT Press, Cambridge (MA).

Thompson J. (2007) *The Computer Game Design Course*, Thames & Hudson, Londra.

Turkle S. (1996) *Life on the Screen*, Simon & Schuster, New York (trad. it. (1997) *La vita sullo schermo*, Apogeo, Milano).

Turner V. (1982) *From Ritual to Theatre. The human seriousness of play*, Performing Arts Journal Publications, New York (trad. it. (1986) *Dal Rito al teatro*, Il Mulino, Bologna).

Van Gennep A. (1909) *Les rites de passage*, Emile Nourry, Parigi (trad. it. (1981) *I riti di passaggio*, Bollati Boringhieri, Torino).

Volli U. (1994) *Il libro della Comunicazione. Idee, strumenti, modelli*, Il Saggiatore, Milano.

Von Neumann J., Morgenstern O. (1944) *Theory of games and economic behaviour*, University Press, Princeton.

Vygotskij L.S. (1978) *Mind in Society. The Development of Higher Psychological Processes*, Harvard University Press, Cambridge (MA) (trad. it. (1987) *Il Processo Cognitivo*, Bollati Boringhieri, Torino).

Waldrop M.M. (1992) *Complexity. The Emerging Science at the Edge of Order and Chaos*, Simon & Shuster, New York (trad. it. (1996) *Complessità: uomini e idee al confine tra ordine e caos*, Instar Libri, Torino).

Wardrip-Fruin N., Harrigan P. (2004) *First Person*, The MIT Press, Cambridge (MA).

Wiener, N. (1965) *Cybernetics, or Control and Communication in the Animal and the Machine*, The MIT Press, Cambridge (MA) (trad. it. (1968) *La Cibernetica: Controllo e Comunicazione nell'Animale e nella Macchina*, Il Saggiatore, Milano).

William J.F. (2002) *William's Almanac - Everything You Ever Wanted to Know About Video Games*, Isabelle Quentin Editeur, Québec.

Winograd T., Flores F. (1986) *Understanding Computer and Cognition. A new fondation for design*, Ablex Publishing Corporation, Norwood (trad. it. (1987) *Calcolatori e Conoscenza. Un nuovo approccio alla progettazione delle tecnologie dell'informazione*, Mondadori, Milano).

Wooley B. (1992) *Virtual Worlds*, Blackwell Publishers, Cambridge (MA) (trad. it. (1993) *Mondi Virtuali*, Bollati Boringhieri, Torino).

Works Corporation (2004) *Japanese Game Graphics*, Harper Design International, New York.

Zolla E. (1988) *Archetipi*, Marsilio Editori, Venezia.

i blu - pagine di scienza

Attraverso il microscopio
Neuroscienze e basi del ragionamento clinico
D. Schiffer

Teletrasporto
Dalla fantascienza alla realtà
L. Castellani, G.A. Fornaro

GAME START!
Strumenti per comprendere i videogiochi
F. Alinovi

Di prossima pubblicazione

Pensare l'impossibile
Dialogo infinito tra arte e scienza
L. Boi

Sanità e Web
Come Internet ha cambiato il modo di essere medico e malato in Italia
W. Gatti

L'enigma dei raggi cosmici
A. De Angelis

Mercury 13
La vera storia di tredici donne e del sogno di volare nello spazio
M. Ackmann